高新纺织材料研究与应用丛书

医用敷料的功能与应用

[英] 秦益民　著

中国纺织出版社有限公司

内 容 提 要

本书全面阐述了功能性医用敷料的发展和最新研究成果，系统总结了国际市场上各种功能性医用敷料的结构、性能和功效，重点介绍了海藻酸盐敷料、壳聚糖敷料、羧甲基纤维素敷料、聚氨酯敷料、水胶体敷料、水凝胶敷料、胶原蛋白敷料、含银抗菌敷料等先进医用产品的结构、制备、性能、功能化改性、作用机理、临床应用及相关分析测试方法。

本书可供纺织工程、高分子材料、生物医用材料、临床护理专业从事产品研发、生产的技术人员以及高等院校相关专业的师生阅读参考。

著作权合同登记号：图字：01-2023-0291

图书在版编目（CIP）数据

医用敷料的功能与应用/（英）秦益民著．—北京：中国纺织出版社有限公司，2023.4
（高新纺织材料研究与应用丛书）
ISBN 978-7-5229-0327-9

Ⅰ.①医… Ⅱ.①秦… Ⅲ.①医用织物—敷料—研究 Ⅳ.①TS106.6

中国国家版本馆 CIP 数据核字（2023）第 023145 号

责任编辑：范雨昕　　责任校对：高　涵　　责任印制：王艳丽

中国纺织出版社有限公司出版发行
地址：北京市朝阳区百子湾东里 A407 号楼　邮政编码：100124
销售电话：010—67004422　传真：010—87155801
http://www.c-textilep.com
中国纺织出版社天猫旗舰店
官方微博 http://weibo.com/2119887771
北京通天印刷有限责任公司印刷　各地新华书店经销
2023 年 4 月第 1 版第 1 次印刷
开本：710×1000　1/16　印张：19.5
字数：348 千字　定价：138.00 元

前　言

医用纺织材料是纺织工程、材料技术与医学科学交叉融合后形成的一个新兴领域，是目前功能性纺织品中科技含量最高、发展速度最快的领域之一。随着人们健康意识的增强以及材料科学和技术的不断进步，围绕健康产业的医用纺织材料为民用纺织材料的升级及传统纺织企业的转型提供了一个广阔的发展空间。

医用敷料是医用纺织材料的一个重要组成部分。临床上，由于伤口的种类繁多，并且每个伤口在其愈合的不同阶段对敷料的要求也不同，用于护理伤口的医用敷料应该具有吸湿、保湿、止血、除臭、抗菌、低黏合、充填、脱痂、去疤痕等一系列功能，涉及纺织技术、材料科学以及医疗卫生知识的综合应用。成功开发和应用高质量的功能性医用敷料需要多学科、多部门的协同努力，在此过程中涉及各类企业与学术界、临床护理等机构的深入合作，并且通过行业内机构的紧密协作，大力开发产品的生产和加工技术以及产品性能的检测方法、标准化的分析测试仪器、3D 应用模型等，以便更好地服务伤口患者的临床需要。

近年来，科技的进步改变了人们对伤口愈合和伤口护理过程的理解，许多新型材料被应用于医用敷料的生产中，这些高科技敷料结合材料学、生物学、生理学、营养学、外科手术、临床护理等各方面的先进知识，把伤口患者对敷料的各种需求结合到产品的设计中，使材料的高效性和产品的高效能与护理过程的高效率有机统一。在当前全球人口老龄化、慢性溃疡性伤口增多的背景下，开发和应用新型高科技医用敷料具有很重要的社会和经济意义。

在各级政府部门的支持下，我国高科技医用敷料行业经历了翻天覆地的变化。全国各地的生产企业、科研机构、大专院校在医用敷料的研究、开发、生产及应用等方面取得了很大进步，拉近了与世界先进水平的差距，特别是我国在海洋生物医用材料领域已经赶上世界先进水平，在基于海藻酸盐、壳聚糖等海洋源生物高分子材料的研究、开发及其在功能性医用敷料中的应用方面取得了丰硕的成果，形成从海洋生物活性物质提取到纺丝、织造、功能化改性以及在医用敷料中应用的完整产业链，在伤口护理领域实现了利用海洋资源、造福人类健康的目标。

本书共分 16 章，由嘉兴学院秦益民教授撰写。本书全面阐述了功能性医用敷料的发展和最新研究成果，系统总结了国际市场上各种功能性医用敷料的结构、性能和功效，重点介绍了海藻酸盐敷料、壳聚糖敷料、羧甲基纤维素敷料、聚氨酯敷料、水胶体敷料、水凝胶敷料、胶原蛋白敷料、含银抗菌敷料等先进医用产品的结构、制备、性能、功能化改性、作用机理、临床应用及相关分析测试方法。

面向未来,伤口与用于护理伤口的医用敷料给纺织和材料行业提供了一个新产品开发的良好空间。现代社会的快节奏、更多的体育和旅游等活动使伤口的形成越来越频繁,而人类的老龄化又增加了各类慢性伤口形成的概率。社会对高性能医用敷料的需求正在不断增长。随着人们对伤口和伤口愈合过程的进一步理解以及材料科学的不断发展,越来越多的功能性医用敷料将会以更优良的性能取代传统医用敷料,成为纺织和材料技术创新发展的一个重要方向。

本书可供纺织、材料、临床护理等行业从事产品研发、生产的专业技术人员以及高等院校相关专业的师生阅读、参考。

由于本人学识有限,而医用敷料的功能与应用涉及的学科广泛,内容深邃,故疏漏之处在所难免,敬请读者批评指正。

秦益民

2022 年 11 月

目　　录

第1章　伤口与伤口护理

1.1　引言

伤口是由机械、电、热、化学等外部因素造成的，或者是由人体自身的生理疾患引起的皮肤破损，如在皮肤与子弹、刀、咬、手术、摩擦等作用过程中产生的机械损伤；由热、电、化学、辐射等因素造成的烧伤；以及压疮、下肢溃疡、糖尿病足溃疡等慢性皮肤损伤（秦益民，2007；THOMAS，1997；THOMAS，1994；陆树良，2003）。

如图1-1所示，伤口可以分成三大类，即手术伤口、创伤和慢性伤口（DEALEY，1994；LEAPER，1998）。从形成的背景看，手术伤口是在洁净的环境下有计划、有控制地产生的，伤口所在的人体机理正常，其愈合过程也比较快。创伤的形成有其突然性，根据不同的受伤情景，伤口对人体健康产生的影响有很大的变化，其愈合过程与皮肤损伤的性质和程度密切相关。慢性伤口主要发生在老年人、糖尿病患者及行动不便的人群，这类伤口的形成有其不可避免的因素，例如由于健康状况下降和活动能力减弱，老龄人中比较容易产生压疮、下肢溃疡等皮肤疾患。

在各种类型的伤口中，慢性溃疡性伤口的发生率呈现快速增多的趋势，其中糖尿病足溃疡、压疮、下肢溃疡等慢性伤口已经成为伤口护理的一个重要领域。改革开放40多年后，我国经济总量跃居世界第二，社会发展的许多方面已经与世界接轨，但是我国国民的健康状况却不容乐观，高节奏的工作和生活使很多人处于亚健康状态，最新数据显示我国已经有1亿多糖尿病患者。与此同时，我国正迅速进入老龄化，65岁以上人口比重呈不断上升趋势，包括慢性伤口在内的老年人健康问题日益突出。

慢性伤口又称难愈性溃疡，其中有皮肤长期受压造成的压疮、糖尿病造成神经功能和血液循环变坏后产生的足溃疡、下肢深静脉瓣膜功能不全造成的下肢静脉溃疡、下肢动脉狭窄造成供血不足引起的溃疡等。此外，感染、坏疽、出血、下肢截肢等临床合并症也会带来慢性伤口，一般很难通过机体的自我愈合机制有

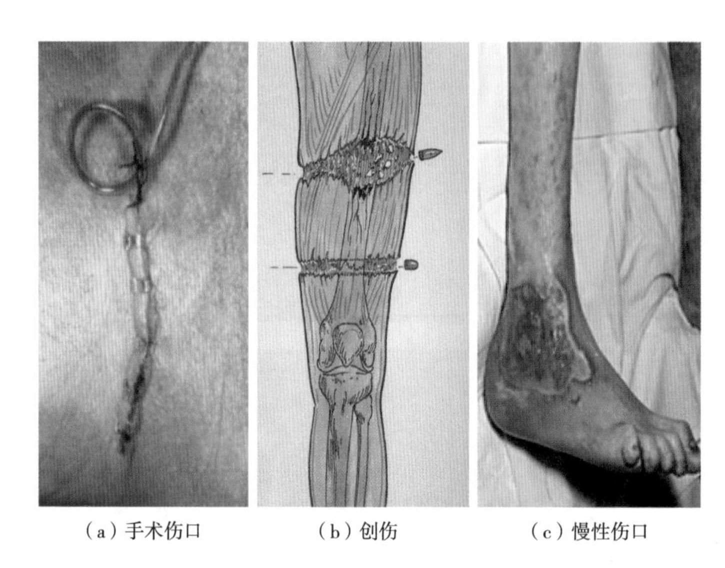

图 1-1　伤口的三种类型

序、快速愈合，通常需要 3 个月以上的护理时间（宁宁，2010）。

慢性伤口护理已经成为一个重要的医疗问题，给全球各地医疗体系带来严重的经济负担。例如英国有 20 多万名慢性伤口患者，美国有 600 多万人承受慢性伤口的影响（SHARPE，2012；JARBRINK，2016）。随着糖尿病、肥胖症以及人口老龄化的加剧，估计有 1%~2%的人口会带有慢性伤口，25%的糖尿病患者会产生足溃疡（NAVES，2016）。

糖尿病引起的溃疡是皮肤溃疡中最大的部分，全球范围内每年有超过 9%的增长率。压疮在全球范围内也在不断增长，其主要原因是人口老龄化和衰弱失常等行动不便或皮肤撕裂的大龄人口的增多。据估计全球有 11500000 名压疮患者，每年以 8%的速度增长。静脉淤积压疮患者全球总计达 11000000 名与其他溃疡相比，静脉淤积溃疡的增长是因为人口老龄化的增长和衰竭性疾病的增加。与此同时，全球范围内每年有超过 10400000 名烧伤患者，其中有超过 5200000 人受伤后死亡。据估计，2020 年全球有 840 万人死于受伤，其中交通事故受伤是全球致残的第三个主要原因以及发展中国家的第二主要原因。

在全球约 70 亿人口中，亚洲占 60%、非洲占 14%、欧洲占 11%、北美占 8%、拉丁美洲占 6%、大洋洲约占 1%，到 2050 年全球人口可达 94 亿。目前在超过 65 岁的老龄化人口中，亚洲有近 3 亿、欧洲有 1.2 亿。老龄化人口的增多在催生出一个巨大的伤口护理市场的同时，也为新技术、新材料、新产品的开发和应用提供了一个重要的发展空间。

1.2 伤口的特征

从生理学角度看，伤口是人体皮肤破损后形成的一种肌体缺陷，尽管如此，它仍是一种生物组织，是人体的一部分，既与人体密不可分，又有自己的特性。伤口可以发生在人体的任何部位，由于造成伤口形成的原因很多，临床上遇到的各种类型的伤口在尺寸大小、形状、深度、渗出液多少等方面有很大的变化。伤口上细菌的数量和感染程度也是区别伤口、确定护理用敷料类别的一个重要因素（秦益民，2003）。

伤口可以根据其物理、生理和微生物特征进行分类。表1-1总结了伤口的物理、生理和微生物特征（THOMAS，1997）。

表1-1 伤口的特征

伤口的特征	伤口的类别	临床症状
物理特征	表皮伤口	表皮伤口主要涉及皮肤表面的损伤
	深度伤口	深度伤口则涉及皮下组织和肌肉的损伤
	腔隙伤口	腔隙伤口一般很深，这类伤口大多是慢性伤口，其涉及的人体组织已经腐烂
生理特征	干燥伤口	不同的伤口在其愈合的不同阶段有不同程度的流血流脓现象。根据渗出液的多少，护理过程中需采用相应的敷料
	潮湿伤口	
	高渗出液伤口	
	发臭的伤口	这类伤口一般细菌感染严重，气味重、味道难闻
	过分疼痛的伤口	这类伤口的患者感觉特别疼痛
	难以包扎的伤口	有些伤口发生在人体上较难包扎的部位，如颈部、肩部等
微生物特征	无菌伤口	这类伤口上的细菌数量很少
	有菌伤口	这类伤口上有一定数量的细菌，但细菌数量少，不会对患者造成严重的不良影响
	受感染的伤口	这类伤口上细菌活性很强，给患者造成不良的生理影响
	有可能造成交叉感染的伤口	这类伤口上的细菌数量多，可能给患者本人及病区内其他病人造成不良影响

1.3 伤口的分类

医疗界对伤口的分类及如何根据伤口的类别选择最佳的敷料做了很多研究。

目前伤口被分为五大类（表1-2），其中每一类别有相应的颜色符号以及明显的特征。图1-2为五类伤口的典型症状。

表1-2　伤口的种类和特征

伤口种类	颜色符号	伤口特征
干燥型伤口	黑色	这类伤口上面一般覆盖着一层干燥的伤痂，伤口的渗出液很少
潮湿型伤口	黄色	这类伤口一般处在炎症反应阶段，产生的渗出液很多
肉芽型伤口	红色	这类伤口处在愈合的最后阶段，红色的皮肤组织已经开始形成
上皮化伤口	粉红色	这个阶段的伤口已开始结疤，伤口表面被一层粉红色的上皮细胞覆盖，创面已经基本愈合
感染的伤口	绿色	受感染的伤口一般产生很浓的气味，同时有较多的渗出液

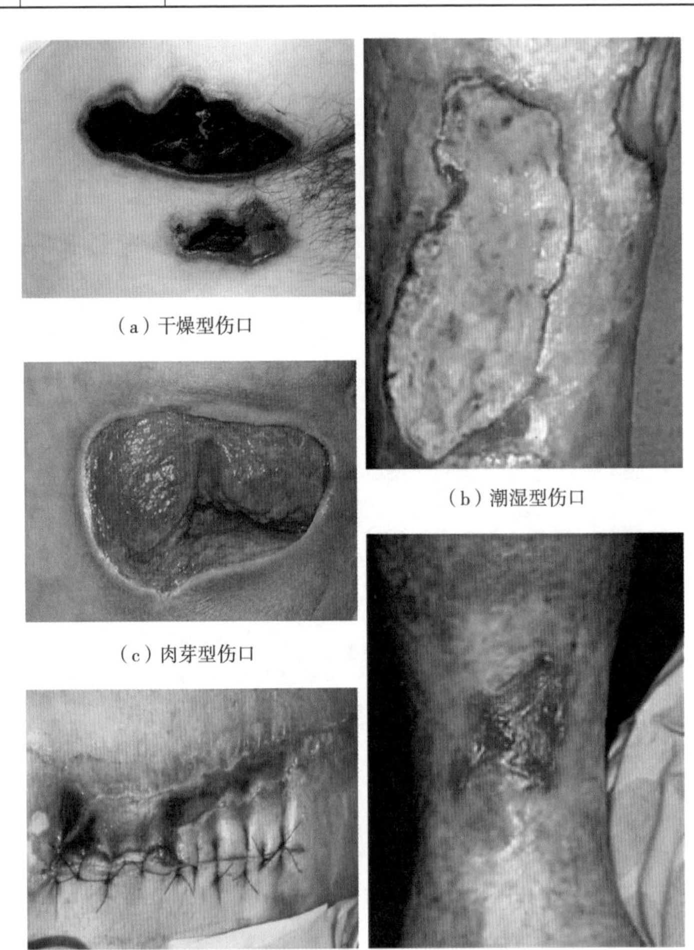

（a）干燥型伤口

（b）潮湿型伤口

（c）肉芽型伤口

（d）感染的伤口

（e）上皮化伤口

图1-2　五类伤口的典型症状

1.4　伤口的愈合过程

伤口的愈合与修复是一个复杂的过程，涉及细胞参与的炎症反应、细胞运动、迁移和增殖、细胞信息的传递、细胞间的相互作用、各种细胞因子的生成和作用、细胞外基质的参与和调节，在尽快完成炎症过程后使成纤维细胞和角化细胞开始增殖，最终使创面愈合。20 世纪 70 年代以来，伤口愈合领域的研究有很大进展，这些进展起源于生命科学基础研究的迅猛发展，由细胞水平的研究进入分子生物学水平，其研究成果对理解伤口的愈合过程、采取合理的护理方法和正确应用敷料有很好的指导意义（HO，2017），其中的关键要素是血小板的活化和炎性细胞因子的分泌，巨噬细胞、成纤维细胞和角质形成细胞的迁移，以及基质金属蛋白酶和生长因子的表达，在各种要素的共同作用下最终促进伤口收缩和闭合，并通过细胞外基质的生成导致皮肤功能的恢复。在此过程中，基质金属蛋白酶的有序释放对吞噬、血管生成、细胞迁移和组织重塑起关键作用。

临床上创面愈合是一个复杂但有序的生物学过程，主要包括炎症反应、创面重建、上皮化和创面重塑四个阶段，其中各个阶段之间不是独立的，而是相互交叉、相互重叠，涉及多种炎症细胞、修复细胞、炎症介质、生长因子和细胞外基质等成分的共同参与。

在慢性伤口上，愈合过程的有序机制因为伤口处于持续炎症状态而受到破坏，其中涉及不受调控的基质金属蛋白酶和活性氧、生长因子表达受损、细菌污染风险增加等因素（STEFANOV，2017）。慢性伤口渗出液中基质金属蛋白酶的活性是急性伤口的 30 倍以上，导致新鲜的细胞外基质由于基质金属蛋白酶及其抑制剂之间的不平衡而不断被破坏。在创面微环境中，基质金属蛋白酶的上调对成纤维细胞起负面作用，可造成生长因子失活，延缓伤口愈合。

对于一般的伤口，创面的愈合过程在机体调控下呈现高度的有序性、完整性和网络性。皮肤受伤后，血管受损、胶原被暴露，受损伤的细胞开始释放出促凝因子，使血小板立即相互聚集后在伤口上形成血栓，起到止血和保护伤口的作用。随后，创面进入包括炎症反应、创面重建、创面上皮化、创面重塑在内的有序愈合。

1.4.1　炎症反应

止血过程后的炎症反应是创面愈合的始动环节。从血小板上释放出的生长因子吸引巨噬细胞、中性粒细胞、淋巴细胞等炎症细胞按一定的时间趋化到创面局部，其中巨噬细胞在创面愈合中起重要作用，被称为创面愈合的“调控细胞”。巨噬细胞在清除坏死细胞、细菌和异物的同时，还能分化出多种生长因子，趋化修复细胞、刺激成纤维细胞的有丝分裂和新生血管的形成，以促进肉芽形成。图1-3显示巨噬细胞的超微结构立体模式图。

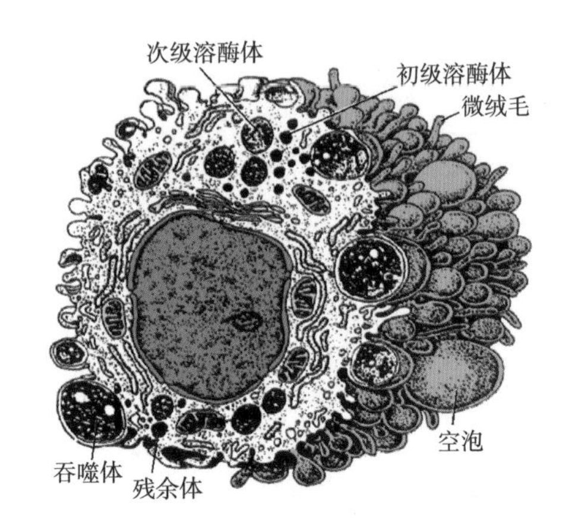

图1-3　巨噬细胞超微结构立体模式图

在巨噬细胞清理创面的同时，由于毛细血管的扩张，大量水分进入创面后形成水疱，其中含有钠、钾、氯化物、糖、血浆蛋白、氨基酸等多种血浆成分。这些物质进入水疱后改变了创面的局部渗透压，使更多水分被吸引到水疱中，成为伤口渗出液的来源。

随着炎症反应的进行，巨噬细胞释放出生长因子，吸引成纤维细胞进入创面。与此同时，内皮细胞在胶原酶和其他酶的作用下，从未受损的血管部位分离后，向损伤部位迁移并增生。内皮细胞慢慢地形成管状结构和毛细血管芽，并相互连接形成血管网。氧气和营养成分通过这些血管网进入创面，为成纤维细胞的增殖提供条件。

1.4.2　创面重建

在创面重建阶段，成纤维细胞在增殖过程中分泌出胶原蛋白质。这些胶原蛋白质互相结合后形成胶原纤维，为新生皮肤组织提供强度。成纤维细胞的活性与氧气浓度有关，如果伤口上的微血管网没有充分形成，氧气不能通过血液流动传递，伤口的愈合速度就会下降。

1.4.3　创面上皮化

当新鲜的肉芽在成纤维细胞作用下开始形成时，上皮细胞开始从伤口的边缘或创面残存的毛囊及汗腺处向创面迁移、增生和分化。迁移的上皮细胞经增生覆盖创面，最终与基底膜相连接。上皮细胞的移动只能在皮肤组织上进行，并且需要一个湿润的环境。

1.4.4　创面重塑

当创面被覆盖上一层新的上皮细胞后，其流血流脓现象已经停止，愈合过程进入重塑阶段。这时创面中的胶原纤维开始重组，皮肤的强度得以慢慢提高。

1.5　影响伤口愈合的因素

伤口愈合受患者本身的身体素质和伤口所处的环境等一系列因素的影响，其中患者的身体素质是决定伤口愈合的内因。一个年轻健康的人身上的伤口往往比年老、营养状况不良的患者愈合快。患者的医疗状况和相关病症对伤口愈合有很重要的影响，例如糖尿病患者的炎症反应慢，身上的伤口更容易受到感染。患者的营养状况对伤口愈合也有重要影响，由于炎症反应和皮肤组织修复需要消耗大量的能量，伤口愈合过程中需要通过合理的饮食为身体补充各种营养成分，包括维生素 C、A、K 和 B，以及锌、铜等微量金属离子。伤口患者应该多吃新鲜水果和蔬菜，并且在饮食结构中保持足够的蛋白质、淀粉等营养成分（GORDON，1985；KANNON，1995；KNUTSON，1981；WARDROPE，1992）。伤口愈合过程中患者感受到的疼痛可以影响血管组织的重建，并且通过降低皮肤组织的氧气供应对愈合速度产生不良影响。为了加快伤口愈合，护理过程中应该采用各种方法舒缓伤口的疼痛。

影响伤口愈合的外因是与创面有关的各种环境因素。创面受到的机械张力可以压迫伤口上残留的微血管，影响营养成分和氧气进入伤口，因而可以引起创面的进一步破坏。长时间躺在病床上或坐在椅子上的患者特别容易引发溃疡伤口。痂的形成对伤口愈合也有不利影响。创痂一般是一种干硬的、覆盖在创面上的坏死组织，可影响二氧化碳从伤口上的挥发以及氧气的进入，对伤口正常的代谢功能有很大影响。护理过程中应该通过手术或敷料的作用去除创面上的干痂（THOMAS，1996）。

伤口的愈合也受温度的影响。伤口上的各种细胞和酶在体温下的活性最高，如果创面温度低于体温 2℃以上，细胞和酶的活性有明显的下降。在更换敷料的过程中，创面的温度需要 4h 后才能恢复到正常体温。敷料的更换频率越高，其对伤口愈合的影响也越大。创面的湿润状况也是影响伤口愈合的外在因素。伤口上的细胞、酶及生长因子不能在干燥的条件下产生作用，正因如此，护理过程中不能把伤口暴露在空气中，或者由于日晒、敷贴干燥的敷料等原因使创面过分干燥。伤口上生成的肉芽组织很脆弱，也很容易受损伤，如果在干燥的情况下剥离敷料，新鲜的肉芽组织很容易被破坏，使伤口重新进入炎症反应阶段。当创面处于湿润的环境中时，细胞、酶及生长因子的活性得到加强，肉芽组织的增生加快，可以促进伤口愈合。

临床感染对伤口愈合也有很大的影响。感染增加了伤口的疼痛，并且在创面上形成大量脓包（JACOBSSON，1976；SMITH，1994）。临床上如果伤口出现感染症状，护理人员应该通过微生物测试确定造成感染的细菌种类，并采取相应的抗菌措施（THOMAS，2003；WILSON，1988）。

创面用敷料对伤口愈合起重要作用。敷料的基本功能是吸收渗出液以及降低感染风险，早期的敷料开发主要是为了提高其吸湿性（WARING，2001）。随着技术的进步，敷料的功能从简单的吸湿和提供保护发展到为创面调节 pH 值、蛋白质分解活性、活性氧浓度等微环境，以及分解基质蛋白酶、螯合金属离子、释放生长因子等。

1.6 伤口的湿润愈合

伤口是一个与人类有着一样古老历史的生理现象，护理伤口用的敷料也已经有很长的发展历史，各种类型的天然材料曾经在世界各地被用于护理伤口。从敷料的用途来看，20 世纪 60 年代以前沿用的创面敷料均以吸收、排除创面渗出液和隔离创面为主要功能，对敷料材质的研究也主要从生物惰性、无毒性、生物相容性等方面考虑。以传统理念开发出的敷料在吸收创面渗出液的同时使创面脱水，造成创面更加干燥的环境，进而导致创面结痂，而创面的结痂对其上皮化有明显障碍。

20 世纪 50 年代后，人们在研究中发现创面环境对创面愈合起重要作用，其中有三个重要的发现：

（1）Odland 在 1958 年首先发现有水泡的创面比水泡破裂的创面愈合速度快（ODLAND，1958）。

（2）Winter 在 1962 年报道的研究结果显示，用聚乙烯薄膜覆盖小猪创面后，其上皮化率比普通纱布对照组增加一倍（WINTER，1962）。

（3）Hinman 和 Maibach 在 1963 年报道了人体伤口上与 Winter 在小猪创面上得到的实验结果相似（HINMAN，1963）。

这三项重要的发现标志着湿润环境愈合理论的诞生。从这些研究中人们得到一个启示：保持湿润环境能加速创面愈合（ARCHER，1990）。许多学者对湿润环境与创面愈合进行了深入的研究，在 Winter 应用聚乙烯薄膜进行研究以后的 20 多年中，相继研制出了许多种类的新型医用敷料，这些敷料的基本特性是能封闭创面，使其维持湿润的愈合环境。在此背景下，一系列有关伤口湿润愈合的研究开发成果相继问世，逐渐构筑了湿润环境下创面愈合的理论和产品体系。

1.6.1　湿润的愈合环境

基于发现了水泡下的创面愈合速度较快的现象，很多学者在研究创面愈合时模拟水泡的环境并提取创面渗出液，从创面愈合的各个环节中分析影响愈合的机理。Winter 和 Hinman 等发现在湿润环境下和无结痂的条件下，上皮细胞的迁移速度比暴露的创面更快。Rovee（ROVEE，1972）认为，湿润环境下创面上皮化率的增加主要是以上皮细胞的迁移为主，Wheeland（WHEELAND，1992）的研究也表明湿润环境下创面不产生结痂，而结痂阻碍上皮细胞的迁移。细胞的迁移主要是从创缘开始，结痂迫使上皮细胞的迁移绕经痂下，从而延长了愈合时间。

湿润环境之所以能加快上皮细胞的迁移，其原因之一是湿润环境能维持创缘到创面中央正常的电势梯度。皮肤损伤时，皮肤上跨皮的电势差降低，而湿润创面能维持这种电势梯度。电刺激使人体真皮中成纤维细胞的某些生长因子的受体表达增加，湿润环境能促使更多的生长因子受体与生长因子结合，这可能是湿润环境促进创面愈合的基础。湿润环境不仅能够维持细胞的存活，使它们释放生长因子，而且也能调节和刺激细胞的增殖，创面渗出液中含有的 PDGF、EGF、bFGF、IL-1 等多种细胞生长因子能刺激成纤维细胞和内皮细胞的生长以及促进角质细胞的增殖。

尽管温暖、湿润的环境似乎有利于细菌的繁殖和生长，大量统计数据证明密闭湿润环境没有引起创面感染率的增加，一些体外实验证实了密闭的环境允许多形核白细胞（PMNs）更好地发挥功能。同时，一些临床观察也证实了密闭环境除了可以隔绝外界细菌的侵入，该环境贮留的创液中含有 PMNs、巨噬细胞、淋巴细胞、单核细胞等细胞，与干燥的创面相比，PMNs 更容易渗入湿润创面，而且创液中 PMNs 的活性和血液中是相等的。Hutchinson 等（HUTCHINSON，1990）在回顾 79 位学者的调查以及 36 位学者对感染率的对比性研究后发现，应用密闭性敷料的感染率为 2.6%，而传统纱布敷料为 7.1%。

1.6.2　纤维蛋白溶解的环境

密闭湿润环境的创液中有多种酶及酶的活化因子存在，特别是蛋白酶和尿激酶。Chen 等（CHEN，1992）在对猪皮创面的研究中发现，创液中一些金属蛋白酶的含量比血清中高，并且创液能刺激成纤维细胞合成这些金属蛋白酶。体外实验发现，创液通过成纤维细胞刺激尿激酶的产生，在纤维蛋白溶解的环境中，不但能更有效地促使蛋白酶溶解“纤维蛋白袖（fibrincuffs）”和坏死组织，还能激活一些生长因子的活性（如 TGFβ、IGF），促进它们发挥加快组织愈合的作用。

1.6.3 无氧的愈合环境

创面氧张力在不同程度上影响组织愈合的过程。过去人们一直认为提高创面环境氧的浓度能加速上皮化率、增加胶原合成，而现代伤口愈合理论却得出了相反的结论。Knighton 等（KNIGHTON，1981）用新西兰种白兔耳制成的创面模型中发现，创缘到创面中央的氧梯度刺激了毛细血管向创面中央相对缺氧的方向生长，且毛细血管向内生长的趋势贯穿着创面愈合的全过程，直至氧梯度消失为止。产生这种现象的原因可能是由于缺氧刺激巨噬细胞释放出生长因子的结果。

1.6.4 微酸的愈合环境

Varghess 等（VARGHESS，1986）在对 9 名患者，共 14 处慢性不愈合创面的研究中发现密闭湿润环境创面的 pH 值为 6.1±0.5，远低于纱布敷料覆盖创面的 pH 值（>7.1），低氧张力的微酸环境能抑制创面细菌生长、促进成纤维细胞的合成以及刺激血管增生，有利于伤口愈合。

1.6.5 密闭性敷料

基于人们对创面愈合基础理论研究的不断深化，以及各种新型医用高分子材料的不断涌现，人们有可能创造出满足各种创面愈合条件的人工合成材料。迄今为止，以湿润创面愈合理论为基础，为适应不同创面愈合的需要，已经有很多种类的新型创面敷料问世，其基本类型是以密闭性敷料为主。

与传统的油纱敷料相比，密闭性敷料有无可比拟的优越性，总体上能明显影响创面修复过程和病人的生活质量，具体表现在密闭性敷料加快了创面的上皮化、肉芽形成、坏死物质的降解，抑制了细菌的繁殖和扩散。与传统的纱布敷料相比，密闭性敷料缩短了创面愈合的时间、降低了感染率、减轻了病人的痛苦，并且减少了医疗费用。

密闭性敷料在临床上的应用包括早期的烧伤创面（Ⅰ度或Ⅱ度）、供皮区创面、慢性难愈合创面（静脉性溃疡、糖尿病溃疡）、压疮、急性创伤创面和创口等。多年来的临床实践表明密闭性敷料是实现湿润创面愈合最理想的敷料之一，有效实现了创面的美容和功能修复。

1.6.6　密闭性敷料的基本功能

湿润环境下创面愈合的理论证明，伤口的表面维持在一个湿润的微环境中能有效促进伤口愈合，正因如此，高科技“湿法疗法”产品通过采用许多不同的材料为伤口提供一个湿润的愈合环境。这些产品既能吸收创面渗出液，获得充分引流，又能将渗出液全部或部分保留在敷料中，从而在创面局部维持湿润的微环境，仿效一个完整的创面水疱的条件。由于湿润的基质对成纤维细胞增殖和上皮细胞迁移有促进作用，上皮化过程能迅速进行。相比之下，传统纱布覆盖在伤口上后，由于水分蒸发而形成干痂，并且由于热量的损失，创面局部温度降低，阻碍了伤口的正常修复。

Turner（TURNER，1989）对基于“湿润环境”的新型医用敷料的基本性能作了总结，详细介绍了新型医用敷料的性能特征：

（1）为伤口去除脓血和有毒成分。

（2）使伤口保持一个高湿状态。

（3）保持气体的交换，即氧气的进入和二氧化碳的排出。

（4）使伤口保持一个温暖的环境。

（5）不使微生物进入伤口。

（6）防止外来颗粒和有毒成分的侵入。

1.7　医用敷料对伤口愈合的作用

1.7.1　伤口愈合的基本方法

如图 1-4 所示，临床上可以采取两种基本方法使伤口愈合。第一种方法是用手术胶带或缝合线把伤口的周边封闭起来，这种方法适合组织损失比较少、创面比较干净的伤口。例如手术中形成的伤口，在用手术胶带封闭后的 10~14 天，伤口已经基本上皮化。第二种方法是用敷料覆盖暴露的创面。这种伤口一般创面比较大、伤口比较深，难以把伤口的周边封闭起来。这时伤口的愈合是一个从伤口的深处长出肉芽，然后充填满伤口后再上皮化的过程。

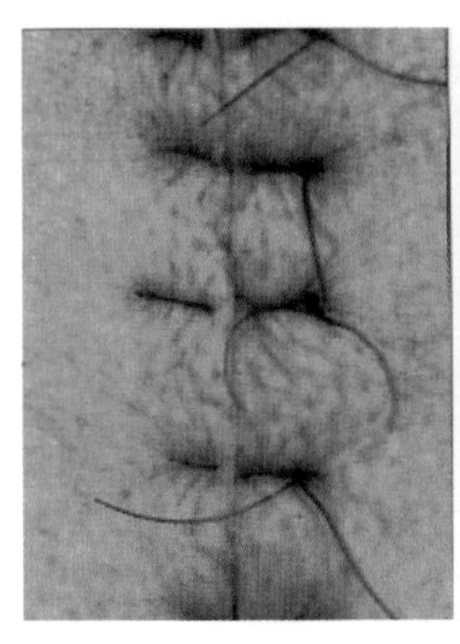
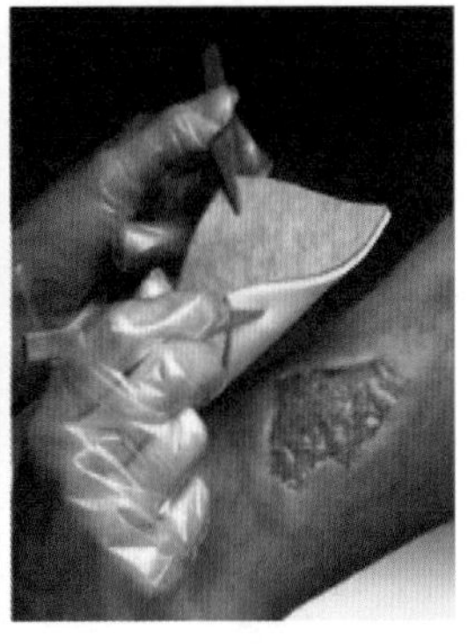

（a）缝合　　　　（b）敷料

图 1-4　伤口愈合的基本方法

1.7.2　敷料对伤口愈合的作用

覆盖在创面上的敷料对不同类型的伤口愈合起到不同的作用。在医院病区或一般的室内环境中，伤口暴露在干燥的空气中后，其表面组织很快脱水干燥后收缩成深褐色的伤痂，这层伤痂阻碍了氧气进入伤口以及二氧化碳从创面挥发。对于这种带有痂的干燥型伤口，护理中的一个主要内容是使已经坏死的细胞和皮肤组织从创面上剥离。密闭性的聚氨酯薄膜或泡绵可以避免伤口过分干燥，而水凝胶敷料可以直接向创面提供水分，促进干痂从伤口上脱离。

下肢溃疡、压疮等潮湿型伤口一般带有蛋白质、坏死的细胞、细菌等成分组成的黄色脓包。在潮湿的伤口上，一层厚厚的脓体可以很快形成，护理这类伤口时，愈合前的一个先决条件是去除伤口上的脓体。具有高吸湿性的海藻酸盐敷料和水胶体敷料可以为潮湿型伤口吸去创面上的渗出液，并在吸湿后形成一个湿润的愈合环境。

伤口的愈合一般是从渗出液较多的潮湿型伤口逐渐向上皮化伤口发展。在伤口开始愈合后，健康的细胞向创面迁移和繁殖，新生的皮肤组织渐渐形成，毛细血管网络开始建立，皮肤开始出现红色的新鲜肉芽。进入这个阶段后，伤口上的渗出液开始减少，因此敷料的吸湿性不必很强，但必须对创面有很好的保护作用，并能为伤口维持一个温暖而湿润的环境。水胶体敷料能很好地满足这类伤口的需要。

在上皮化阶段，创面已经基本修复，伤口表面开始被一层新的上皮细胞覆盖。这个阶段的伤口已经不再产生渗出液，敷料为伤口提供的是一种物理保护作用，并能允许气体交换。由于伤口上新形成的表皮很容易损伤，覆盖在伤口上的敷料一方面应该能保护伤口，另一方面也不可与创面粘连。在这种情况下，聚氨酯薄膜可以在保护创面的同时，为伤口提供透气性能。

感染的伤口一般产生很多渗出液和不愉悦的气味，覆盖在伤口上的敷料应该在吸收渗出液的同时，具有抑制异味和细菌繁殖的功效。含有活性炭的敷料可以吸收创面产生的恶臭，在敷料中加入抗菌成分可以控制细菌的生长繁殖。

1.8　医用敷料的合理选用

敷料是伤口护理过程中必不可少的一部分。对于护理人员，目前可供选择的医用敷料越来越多，尽管传统纱布仍然是主要的护理用材料，许多具有特殊性能的高科技新型敷料正在不断出现并广泛使用。这些新产品涉及很多新材料，包括聚氨酯、海藻酸盐、壳聚糖、胶原蛋白、改性淀粉、羧甲基纤维素等合成和天然高分子。它们既可以单独使用，也可以与其他材料组合后制备薄膜、海绵、纤维、粉体、水凝胶等多种用于治伤的材料。根据结构和组成上的特点，这些敷料可用于吸收伤口渗出液、抑制异味和细菌感染、缓解疼痛、清创等，为创面提供并保持一个湿润的愈合环境，促进创面上皮肤组织的形成，最终使伤口愈合（KUS，2020；BENNETT，1995）。

临床上使用的医用敷料的构成和性能各不一样，有些敷料的功能很简单，主要用于吸收伤口渗出液，它们可以用在许多不同类型的伤口上。而其他一些敷料的性能比较特殊，只能用在有限的一些特殊伤口上，或用在大多数伤口愈合过程中的某一个阶段。

应该指出的是，伤口的愈合是一个很复杂的过程，其对敷料性能的要求在愈合过程的不同阶段也在不断变化。为了能使患者使用合适的敷料，护理人员需要对受伤皮肤组织的愈合过程有充分的理解，同时对敷料的性能有足够的认知。只有在充分考虑这两个因素之后，才可以明确有序地为伤口选择合适的敷料。

1.8.1　护理伤口的目的

在开始为伤口选择敷料之前，护理人员首先应该清楚认识护理过程的主要目的。绝大多数情况下，护理伤口的目的是尽快、尽好地使伤口愈合。但在有些情况下，护理伤口的目的可能不是伤口愈合的速度和质量。对一些已经病入膏肓的伤口患者，能否治好伤口以及伤口愈合后的美观程度已不重要，反而是护理过程能够减轻患者的疼痛并能去除伤口的异味更重要，因此敷料就起到了一个良好的作用（THOMAS，1998；THOMAS，1989）。

较快地愈合对一些面积大的恶性伤口来说也是不现实的。对有这样伤口的患者，去除或控制臭味以及大量的伤口渗出液变得很重要。治伤的目的是使患者可以较正常地生活，而不会由于伤口上渗出的物质备受尴尬。

有时，去除敷料时过分的疼痛使患者需要用麻药处理。在这样的情况下，治伤的重要性在于找到一种能很容易从创面剥离、不会引起过分疼痛的敷料（THOMAS，1989）。如果伤口感染，那么就有必要找到一种有抗菌性能的敷料。在对患者进行抗生素治疗的同时，具有抗菌性能的医用敷料可以成为抗菌治疗的一部分。

1.8.2 选择敷料的过程

在明确治伤目的之后，护理人员可以开始敷料的选择。实际操作中，影响敷料选择和相应的护理方法的因素很多，这些因素可以被分成三个相互关联的部分，分别是与伤口、产品以及患者相关的因素。

1.8.3 与伤口相关的因素

与伤口相关的因素包括伤口的种类、伤口所处的位置、感染的存在与感染所能产生的危害以及伤口渗出液的多少等。在临床上常见的几类伤口中，干燥型伤口上经常有一层黑色的、已经坏死的上皮细胞，潮湿型伤口上往往带有一层黏性、带黄色的脓包，肉芽型伤口则覆盖一层黯红色的肉芽，而上皮化伤口上开始出现粉红色的新鲜上皮细胞。在伤口的愈合过程中，这几类伤口既属于不同类型的伤口，同时也是同一个伤口在愈合过程中所经过的不同阶段。

1.8.3.1 干燥型伤口

对于干燥型伤口，创面上的干痂在合适的条件下会与底下的健康组织分离，这个过程是人体的自动清创过程，是人体巨噬细胞在坏死的和健康的皮肤组织之间进行活动所导致的。如果暴露在干燥的空气中，伤口上的坏死组织很快失水干燥。在这种情况下，人体的自动清创过程受到抑制，干痂的去除可能长期延缓。如果医用敷料能改变伤口的干燥脱水过程，伤口的疼痛就会得到缓解，其自动清创过程也会进行。目前临床上采用的第一种方法是用浸湿的敷料包扎伤口，敷料在水或生理盐水中浸泡后覆盖创面。这种方法的缺点是需要经常更换敷料，很费时间，也可能浸渍伤口周边的健康皮肤。第二种更有效的方法是使用无定型水凝胶敷料。目前市场上的无定型水凝胶敷料一般含有 2%～3%的亲水高分子，如羧甲基纤维素钠、变性淀粉、海藻酸钠等，同时含有约 20%的丙二醇作为防腐剂，其余 80%左右是水分。护理过程中用水凝胶覆盖创面后用另一层敷料覆盖和固定，形成一个密闭的愈合环境。水分从水凝胶转移到坏死的皮肤组织上，使其湿润后从创面脱离。由于水凝胶是不透气的，覆盖在伤口上可以使水分在坏死的组织上积聚，促进其生物降解。

采用以上方法处理创面后，干痂最后会被清除，随后伤口上往往会有一层黄色的脓体，这样的伤口就是潮湿型伤口。

1.8.3.2　潮湿型伤口

潮湿型伤口的创面上经常带有一层黄色的脓体，是一种蛋白质、细菌及其他物质组成的混合体。一个本来干净的伤口上可以很快形成一层脓体，有实验证明脓体和坏死的组织可以成为细菌繁殖的基地，为了能有一个理想的愈合速度，带脓体的伤口首先需要用手术或其他方法进行清创处理。

创面上的脓体可以通过敷料吸收，例如把高分子多糖做成的药膏使用在比较小的潮湿型伤口上时，药膏可以吸收液体并渐渐地把细菌和伤口渗出物从创面去除。浅的潮湿型伤口可以用水胶体敷料处理，渗出液多的潮湿型伤口可以用海藻酸盐敷料处理，后者在吸收渗液后形成凝胶，可为创面提供一个湿润的愈合环境。酶、蜂蜜、蔗糖等也可以用来清理伤口，普通蔗糖可以与高分子材料混合后用于护理伤口。此外，使用蛆可以促进清创，使坏死皮肤组织很快从创面去除。

1.8.3.3　肉芽型伤口

在脓体被清除之后，新的皮肤组织可以顺利形成，这时的伤口被称为肉芽型伤口。

在肉芽型伤口上，新的皮肤组织开始形成。这种组织是由胶原纤维和蛋白质、多糖、盐以及胶体形成的一种复合物，是一种包含胶原纤维网络的胶体状物质。这个胶体状物质里面的许多毛细血管使皮肤组织显现红色。

肉芽型伤口在尺寸、形状以及伤口所渗出的液体等方面有很大的变化。有些肉芽型伤口由于皮肤组织损失过多而形成很深的腔隙，传统的护理方法是用浸在生理盐水或次氯酸钠水溶液中的纱布充填腔隙，目前临床上经常用海藻酸盐填充条填塞。对于比较平整的创面，如下肢溃疡等有高度渗出液的伤口，可以用海藻酸盐片状敷料或聚氨酯泡绵敷料。由于细菌感染，有些慢性伤口会产生难闻的臭味，含有抗菌材料的敷料可用在这样的伤口上，负载活性炭的敷料可用于控制伤口上的臭味。

具有三角烧瓶形状的外窄、内宽的腔隙型伤口是最难护理的伤口之一。这样的伤口有一个很窄的口，而下面的窦道却既深又大。为了不使口子在整个伤口愈合之前愈合，需要在窦道中填塞一些充填物。传统的充填物是条状的纱布，目前有几种新的敷料可用在这些伤口上。如果伤口是潮湿的，可用海藻酸盐纤维做成的毛条充填，但应注意充填时不要太紧。水凝胶敷料也可用在这样的伤口上，当伤口上有脓体的时候，浸在水凝胶中的条状纱布可用来充填伤口的腔隙。

伤口的愈合过程一直进行到其底部基本与周边皮肤相接近，伤口周边的上皮化慢慢开始，这时的伤口被称为上皮化伤口。

1.8.3.4 上皮化伤口

上皮化伤口一般不会产生太多渗出液。但是对于烧伤或供皮区创面，渗出液也会造成一定的问题。传统上这样的伤口用石蜡纱布护理，目前也用海藻酸盐敷料或水胶体敷料，后面二种材料可以把供皮区伤口的愈合时间从 10~14 天降低到 7 天。一些渗出液少、创面平整的伤口可以用水胶体敷料或半透气薄膜护理，在创面上覆盖聚氨酯薄膜可以减少摩擦给患者造成的损伤。

1.8.3.5 伤口的感染

各种类型的伤口都可能受到微生物感染，并进一步导致臭味的形成。如果微生物的数量超过一定限度，伤口将会形成临床感染，这时就有必要进行系统的抗生素治疗或使用抗菌敷料。在伤口上使用抗生素能引起皮肤过敏以及细菌的耐药性。含银医用敷料具有银的广谱抗菌性能，并且不会产生耐药性，近年来在伤口护理中得到越来越广泛的应用。

1.8.3.6 伤口的位置

伤口在身体上的位置与伤口的大小也是选择敷料时应该考虑的重要因素。一个大的、渗出液很多的腔隙伤口需要较多的敷料，尺寸比较小的敷料就不适用于这样的伤口。有些伤口所处的特殊部位使一些敷料无法使用，例如高分子多糖做成的颗粒状敷料就不适用于背部的腔隙型伤口上。

表 1-3 总结了与伤口相关的影响敷料选择的因素。这些因素共同决定对敷料性能的要求，在敷料的选择过程中有重要影响。

表 1-3 影响敷料选择的因素

影响因素	伤口的特征
伤口的种类	表皮伤口、深度伤口、腔隙型伤口
伤口的表观	结痂伤口、潮湿伤口、肉芽型伤口、上皮化伤口
伤口的特征	干燥伤口、潮湿伤口、高渗出液伤口、发臭的伤口、过分疼痛的伤口、难以包扎的伤口
细菌的数量	无菌伤口、有菌伤口、受感染的伤口、有可能造成感染的伤口

1.8.4　与产品相关的因素

每一种产品都有其特点，包括舒适性、对液体及气味的吸收性、可操作性、黏合性以及抗菌、止血等性能。这些性能影响了产品的实际应用，包括产品能否引起过敏、能否方便地使用和去除以及产品的使用周期。与产品相关的因素主要有以下几点：

（1）敷料的重量与容量（特别是针对腔隙伤口）。

（2）能否适合伤口的特定形状。

（3）控制渗出液的性能。

（4）过敏的可能性。

（5）吸收气味的性能。

（6）抗菌性能。

（7）止血性能。

（8）透过液体以及微生物的性能。

（9）能否方便地使用。

（10）与疼痛相关的因素。

（11）有无毒性。

1.8.5　与患者相关的因素

尽管患者的健康与营养状况可以对伤口愈合产生很大影响，这些因素对敷料的选择并没有很大影响（BRYLINSKY，1995）。在选择敷料时与患者相关的因素主要涉及患者的活动能力。如果患者必须自己更换，则敷料应该有很好的可操作性。如果患者需要经常洗澡，则敷料应该有很好的防水性。一些患者会对敷料产生过敏，特别是含有碘或其他抗菌材料的敷料，也有一些患者对含有橡胶和氧化锌的产品产生过敏，负载防腐剂的绷带有时也会产生过敏现象。所有这些因素都会对敷料的最后选择有影响。对于一些有慢性伤口的患者，由于经常使用敷料，他们对敷料的选择有一定的成见。

与患者相关的因素主要包括：

（1）伤口的病原。

（2）患者的自控能力。

（3）患者对载药敷料的过敏性。

（4）脆弱的或很容易受损伤的皮肤。

（5）是否需要经常洗澡。

(6) 患者本人对特定敷料的意见。

1.9 护理伤口的新方法

伤口是生理、心理、环境、遗传等多种内外因素共同作用的结果，其愈合过程涉及既高度分化又高度综合的多学科协作治疗模式。医疗器械、医用敷料、临床诊断、病区护理、营养卫生等多学科团队（Multi-Disciplinary Team，MDT）协作诊治模式是伤口护理领域的发展方向。随着社会的发展和科学技术的不断进步，国内外出现了一系列新的伤口护理技术与手段，在护理慢性疑难伤口中起越来越重要的作用。下面介绍几种先进的伤口护理新方法。

1.9.1 负压疗法

负压疗法（negative pressure wound therapy，NPWT）是一种治疗伤口的新技术，在临床应用中已经获得很大成功。临床上，负压引流将低于大气压的气压应用在创面上以促进伤口愈合，其中采用的技术手段包括局部负压（TNP）、低于大气压敷料（SPD）、真空密封装置（SSS）和真空辅助闭合（VAC）。通过加速组织的血液流动和氧气传输，负压疗法在促进愈合的同时也降低了细菌负担并减少了金属蛋白酶类，对慢性伤口的愈合有促进作用。该技术适用于急性伤口和慢性伤口等多种伤口的护理，也可以应用于移植体的安置，临床上可以帮助去除水肿、促进肉芽组织再生和填充、移除渗出物和感染物质以及准备伤口床，可用于慢性伤口、急性伤口、亚急性创口和裂口、部分层的烧伤、溃疡、肿胀、移植等多种创面的护理。

1.9.2 电刺激疗法

电刺激物理疗法的基本方法是在电源控制下，应用电流将能量传输到伤口。伴随电容性的电流刺激包括应用表面电极垫与皮肤表面或伤口床湿接触来传输电流，当应用伴随电容性的电流刺激时，两个电极需要完成电流循环，电极通常置于湿传导媒介上，在伤口床上或距伤口有一定距离的皮肤上，电流刺激以波形图作为诊断的原始依据。尽管有许多波形可用于电流疗法的设备，在体外、动物研究及受控的临床试验中，最严密和一致的评估是通过单相双峰高压脉冲流，脉冲宽度在 20~200μm 范围内，能提供极性和脉冲频率的选择，这两个因素对伤口复原很重要。这种电流很安全，因为脉冲持续时间很短，防止组织 pH 值和温度的显著变化。

BioElectronics公司开发的一种微型医用装置能发送持续的电磁场疗法用于修复受损细胞。应用在伤口处能迅速减轻水肿、炎症和疼痛，并通过减少擦伤和加速自然愈合为患者提供更多的舒适性，2012年该产品已经作为可以非处方销售的二类器械推入市场。Synapse公司开发的一种电刺激疗法器械使用后会传输一种特殊次序的微电流脉冲影响人体本身的生物进程，敷用时将电极置于极为贴近伤口处，弱电流会传输通过伤口和伤口周边组织。该装置可用于局部或全层伤口，如压疮、静脉溃疡、糖尿病溃疡、烧伤、手术切口、供皮区、植皮区等创面。

1.9.3　高压氧法

高压氧法（HBO）的定义是100%的氧气通过高于环境压力的气压传输，其目的是提高伤口组织的供氧情况，增加纤维原细胞的增殖和胶原质的转化，增加血管生成，并通过嗜菌细胞促进细菌的氧化死亡，对厌氧型细菌也有直接影响。

高压氧能有效治疗急慢性伤口，通过许多方式作用在受伤或正在愈合的组织上。低氧组织、再灌输损伤、筋膜室综合征、挤压伤、游离皮瓣、慢性伤口、烧伤和坏死感染都对HBO_2（Hyperbaric O_2，即高压氧）表现出很好的亲和性。HBO_2通过增多生长因子、降低细胞因子、减轻水肿、帮助血管再生及组织生长促进伤口愈合。组织受伤时，氧气是保证细胞完整、功能和修复必需的，氧气不光在新陈代谢中起重要作用，对中性粒细胞功能、血管再生、纤维原细胞的增殖、胶原质的沉积也起关键作用。在伤口愈合过程中，新的肉芽组织暴露在HBO_2能更好血管化，导致更高拉伸强力的胶原质的形成，减少再伤风险。大的伤口会有大幅增加新陈代谢的需要，而大面积的脆弱的微血管输氧限制了愈合过程，高压氧能有效满足氧气需求、改善伤口愈合。

HBO_2可以全身或局部传输，其中全身传输是在房间只有一个病人时用氧气增压、病人正常呼吸，或房间有多个病人时用空气增压、病人戴面具吸氧的方式实现，加压到2~3倍的环境气压。按照这种方法，全身的血液循环后富含氧，氧气通过真皮的脉管系统和扩散传输到伤口组织。高压氧的局部传输是用一个袖套覆盖在病人的肢体上，然后控制密封压略高于一个大气压。袖套里的氧气直接吸入到伤口组织和流体中，强化吞噬细胞对浅表细菌的控制，同时促进上皮化。

1.9.4　低强激光疗法

低强激光疗法是治疗静脉及动脉粥样硬化压疮领域的一种先进技术。Medical

Quant 公司开发的低强激光治疗系统能传输红光、红外光、激光和电磁波，其脉冲红光具有抗炎效果。研究表明，脉冲红光能改善神经紧张，脉冲红外激光辐射线能渗透组织，对血液循环及膜和细胞内的新陈代谢有很强的加速效果，能活化免疫系统，提高神经介质和激素的新陈代谢。低强的激光不会产生热或灼伤，是一种快速、安全且精确的方法，无风险或副作用，无须手术、麻醉及药物。

1.9.5 蜂蜜疗法

蜂蜜具有促进伤口愈合的功效，能减轻炎症、水肿和伤口疼痛，去除恶臭，诱发坏死组织脱落从而不需要手术移除，使伤口快速愈合且疤痕最小化。蜂蜜有抗菌性能，可以预防感染，对组织无害，并且可以加速新组织的生长。蜂蜜可用作外敷抗菌剂治疗多种伤口感染，包括下肢溃疡、压疮、糖尿病足溃疡、受伤或术后的感染伤口、烧伤等。在大多数情况下，蜂蜜用于传统抗生素和抗菌剂治疗无效的情况下，难愈合的伤口对蜂蜜敷料有良好的反应，其中麦卢卡（松红梅）蜂蜜有异常高的抗菌活性，对金黄色葡萄球菌等常见的细菌型伤口感染有很好的疗效。除了抗菌活性，蜂蜜中的过氧化氢在伤口治疗中还有其他疗效，可以加速受损组织细胞的生长，对细胞有类似胰岛素的效果，能达到把胰岛素用在伤口上一样的抗菌效果，还可以加快毛细血管的生成、活化组织中的蛋白质吸收酶。蜂蜜的酸性、含糖量以及营养物质的含量对于促进愈合非常重要，伤口的酸化阻止了细菌代谢产生氨，而氨对机体组织有害。蜂蜜可以提高血液中血红蛋白氧的释放，而组织的氧化作用是新组织生长的必需条件。新组织生长的另一个很重要的因素是营养物质的供应，但这通常会受到限制，因为受伤或感染导致营养物质的循环受到损害。蜂蜜能为细胞提供多种维生素、氨基酸及矿物质，也能为白细胞提供葡萄糖。此外，高含糖量的蜂蜜利用渗透作用将血清从组织中拖拽出而为细胞提供营养，并且形成一个湿性的愈合环境。蜂蜜也能在组织和敷料间产生液体膜，使敷料能无痛移除且不会撕走新生细胞，还能减轻周围红肿组织的水肿，缓解伤口的疼痛。蜂蜜中的糖分也能清除大部分烧伤和皮肤压疮都会产生的臭气，因为感染菌会优先用蜂蜜中的糖而不是血清或坏死细胞中的氨基酸，也就不会产生胺类和硫化合物等挥发性物质。

1.9.6 生长因子疗法

伤口愈合阶段主要涉及以下五种生长因子，分别是：

（1）上皮生长因子（EGF）。

（2）转移生长因子 β（TGF-β）。

（3）纤维母细胞生长因子（aFGF 和 bFGF）。

（4）胰岛素生长因子（IGF-I 和 IGF-II）。

（5）血小板源性生长因子（PDGF）。

这些生长因子包括多种肽类，能调和各种细胞间的相互作用，是本处组织或血液产物释放的信号蛋白质，用于活化目标细胞的更新和迁移。研究显示内部生长因子在伤口处的释放有助于伤口的愈合，血管原生长因子的四大家族都可以促进软组织的血管生成和复原。

生长因子可以通过两种方法在体外培养，其中第一种方法用血液离心法分离出血小板后再添加凝血酶，可以制造出含不确定浓度生长因子的粗提取液。第二种方法是用重组技术筛选出产生特定生长因子蛋白质的基因，可以通过这种基因用于生产纯化的特定生长因子。体外培养的生长因子用于创面后可以促进软组织、毛细血管和皮肤的再生。

1.10　小结

伤口护理是一个古老的行业。随着压疮、下肢溃疡、糖尿病足溃疡等慢性伤口发生率的日益增加，以棉纱布为代表的传统医用敷料很难满足护理过程的需要。高科技功能性医用敷料通过材料的高效性、产品的高效能以及护理过程的高效率，可以极大改善伤口的护理过程，缩短伤口的愈合时间。基于伤口的种类繁多、形成的机理复杂，功能性医用敷料的开发和应用需要对伤口愈合过程的充分理解以及对敷料性能的全面了解，其中新技术、新材料、新理念起关键作用。

参考文献

[1] ARCHER H G. A controlled model of moist wound healing: comparison between semipermeable film antiseptics and sugar paste [J]. J Exp Path, 1990, 75: 155-170.

[2] BENNETT G, MOODY M. Wound Care for Health Professionals [M]. London: Chapman and Hall, 1995.

[3] BRYLINSKY C M. Nutrition and wound healing [J]. Ostomy and Wound Management, 1995, 41 (10): 14-24.

[4] CHEN W Y, ROGERS A S, LYDON M J. Characterization of biologic properties

of wound fluid collected during early stages of wound healing [J]. J Invest Dermatol, 1992, 99 (5): 559-564.
[5] DEALEY C. The Care of Wounds [M]. Oxford: Blackwell Science Ltd, 1994.
[6] GORDON H. Sugar and wound healing [J]. Lancet, 1985, 2: 663-664.
[7] HINMAN C D, MAIBACH H. Effect of air exposure and occlusion on experimental human skin wounds [J]. Nature, 1963, 200: 377.
[8] HUTCHINSON J J, MCGUCKIN M. Occlusive dressings: a microbiologic and clinical review [J]. Am J Infec Control, 1990, 18 (4): 257-268.
[9] KANNON G A, GARRETT A B. Moist wound healing with occlusive dressings: A clinical review [J]. Dermatol-Surg, 1995, 21 (7): 583-590.
[10] KNIGHTON D R, SLIVER I A, HUNT T K. Regulation of wound healing angiogenesis: effect of oxygen gradients and inspired oxygen concentration [J]. Surgery, 1981, 90 (2): 262-270.
[11] KNUTSON R A. Use of sugar and povidone iodine to enhance wound healing: five years experience [J]. South Med J, 1981, 74 (11): 1329-1335.
[12] KUS K J B, RUIZ E S. Wound dressings-a practical review [J]. Current Dermatology Reports, 2020, 9: 298-308.
[13] JACOBSSON S. A new principle for the cleansing of infected wounds [J]. Scand J Plast Reconstr Surg, 1976, 10: 65-72.
[14] JARBRINK K, NI G, SONNERGREN H, et al. Prevalence and incidence of chronic wounds and related complications: a protocol for a systematic review [J]. Syst Rev, 2016, 5 (152): 1-6.
[15] HO J, WALSH C, YUE D, et al. Current advancements and strategies in tissue engineering for wound healing: a comprehensive review [J]. Adv Wound Care, 2017, 6 (6): 191-209.
[16] LEAPER D J, HARDING K G. Wounds: Biology and Management [M]. Oxford: Oxford University Press, 1998.
[17] NAVES C. The diabetic foot: a historical overview and gaps in current treatment [J]. Adv Wound Care, 2016, 5 (5): 191-197.
[18] ODLAND G. The fine structure of the inter-relationship of cells in the human epidermis [J]. J Biophys Biochem Cytol, 1958, 4: 529.
[19] ROVEE D T. Effect of local wound environment on epidermal healing, in MAIBACH H L and ROVEE D T, Eds: Wound Healing [M]. Chicago:

Year Book Medical Publishers Inc，1972：159.

［20］SHARPE A，CONCANNON M，Demystifying the complexities of wound healing［J］. Wounds UK，2012，8（2）：81-86.

［21］SMITH D J，THOMSON P D，GARNER W L. Burn wounds：infection and healing［J］. Am J Surg，1994，167（1A）：46S-48S.

［22］STEFANOV I，PEREZ-RAFAEL S，HOYO J，et al. Multifunctional enzymatically generated hydrogels for chronic wound application［J］. Biomacromolecules，2017，18（5）：1544-1555.

［23］THOMAS S. Treating malodorous wounds［J］. Community Outlook，1989，（10）：27-29.

［24］THOMAS S. Pain and wound management［J］. Community Outlook，1989，（7）：11-15.

［25］THOMAS S. Wound care update. A structured approach to the selection of dressings［J］. Nurs RSA. 1994，9（4）：14-16.

［26］THOMAS S，JONES M，SHUTLER S，et al. Using larvae in modern wound management［J］. Journal of Wound Care，1996，5（1）：60-69.

［27］THOMAS S. A guide to dressing selection［J］. J Wound Care，1997，6（10）：479-482.

［28］THOMAS S. Assessment and management of wound exudate［J］. J Wound Care，1997，6（7）：327-330.

［29］THOMAS S，FISHER B，FRAM P J，et al. Odour-absorbing dressings［J］. J Wound Care，1998，7（5）：246-250.

［30］THOMAS S，MCCUBBIN P. An in vitro analysis of the antimicrobial properties of 10 silver-containing dressings［J］. J Wound Care，2003，12（8）：305-308.

［31］TURNER T D. Development of wound dressings［J］. Wounds：A Compendium of Clinical Research and Practice，1989，1（3）：155-171.

［32］VARGHESS M C，BALIN A K，CARTER D M，et al. Local environment of chronic wounds under synthetic dressings［J］. Arch Dermatol，1986，122（1）：52-57.

［33］WARDROPE J，SMITH J A R. The Management of Wounds and Burns［M］. Oxford：Oxford University Press，1992.

［34］WARING M J，PARSONS D. Physico - chemical characterisation of carboxymethylated spun cellulose fibres [J]. Biomaterials, 2001, 22 (9): 903-912.

[35] WHEELAND R G. Wound healing and the newer surgical dressings, in MOSCHELLA S L and HURLEY H I, Eds: Dermatology [M]. Philadelphia: WB Saunders, 1992: 2305.

[36] WILSON P. Methicillin resistant Staphylococcus aureus and hydrocolloid dressings [J]. Pharm J, 1988, 241: 787-788.

[37] WINTER G D. Formation of scab and the rate of epithelialization of superficial wounds in the skin of the young domestic pig [J]. Nature, 1962, 193: 293-294.

[38] 陆树良. 烧伤创面愈合机制与新技术 [M]. 北京: 人民军医出版社, 2003.

[39] 宁宁, 陈佳丽, 陈忠兰, 等. 探讨慢性伤口治疗多学科合作模式中的团队建设 [J]. 护士进修杂志, 2010, 25 (15): 1373-1375.

[40] 秦益民. 新型医用敷料 Ⅰ. 伤口种类及其对敷料的要求[J]. 纺织学报, 2003 (5): 113-115.

[41] 秦益民. 新型医用敷料 Ⅱ. 几种典型的高科技医用敷料[J]. 纺织学报, 2003 (6): 85-86.

[42] 秦益民. 功能性医用敷料 [M]. 北京: 中国纺织出版社, 2007.

[43] 秦益民. 含银功能性医用敷料 [M]. 北京: 中国纺织出版社, 2022.

第2章　医用敷料及其功能

2.1　引言

人体的皮肤是一个具有完整的结构、覆盖整个人体表面的、连续的生物组织，是维持人体环境稳定和阻止微生物侵入的屏障。它是人体最大的器官，占体重的4%~6%（时宇，1995）。伤口是对皮肤完整性和连续性的破坏。对于受伤患者，在皮肤正常生理功能受到破坏的情况下，医用敷料可以保护人体，使其免受更大的伤害。在达到重建或恢复皮肤正常的屏障作用之前，一个性能优良的创面覆盖物可以暂时起到皮肤屏障功能的部分作用，为创面愈合提供一个有利的微环境，辅助创面上皮化使其重建永久性的皮肤屏障。在此过程中，医用敷料有两个主要作用，即为伤口提供暂时的物理屏障，以及促进伤口愈合，从而达到恢复、建立一个永久性皮肤屏障的目标。

2.2　护理伤口用敷料

伤口愈合过程中需要使用许多种类的护理用品，其中主要包括药膏和敷料。药膏是直接涂抹在伤口上的卫生用品，敷料是用于覆盖创面的医疗器械。创面用敷料可以分为直接敷料和间接敷料，其中直接敷料与创面直接接触，间接敷料一般用于把直接敷料固定在伤口上或为直接敷料提供一些辅助功能，如高吸湿性、除臭、抗菌、防水等作用。

2.2.1　伤口对敷料的性能要求

由于不同的伤口在尺寸、形状、渗出液的多少等方面有很大区别，伤口对敷料的性能要求也各不相同。Thomas（THOMAS，1997）把伤口对敷料的要求总结为：

（1）很快使伤口愈合并且使愈合后的伤口表面有一个很好的形象。

（2）去除或控制伤口上产生的臭味。

（3）减轻疼痛。

（4）避免或控制伤口感染。

（5）控制伤口产生的渗出液。

（6）尽可能保证伤口患者的舒适性。

（7）掩盖伤口以满足患者对美容的需要。

2.2.2 理想创面覆盖物的性能要求

陆树良（陆树良，2003）在对烧伤治疗的研究过程中总结出一个理想的创面覆盖物应具有的性能：

（1）良好的黏附性、不透水而能控制水分蒸发，具有类似正常皮肤的水分蒸发率。

（2）减少营养物质经创面损失、阻止细菌入侵和限制细菌在创面上定殖。

（3）减轻疼痛。

（4）安全、无菌和无抗原性。

（5）良好的顺应性。

（6）无占位性。

（7）应用和储备方便。

2.3 医用敷料的分类

创面用敷料可以由各种类型的材料加工制成。随着现代科学技术的高速发展，医用敷料的研究开发取得了非常快的进展，各种新型敷料不断涌现，其性能也变得越来越优良。由于品种繁多，目前对医用敷料有多种分类方法。根据其应用的创面，可分为急性创面敷料和慢性创面敷料。其中，急性创面敷料主要用于手术切口、供皮区等创面，起到隔绝创面、防止污染、止血、止痛、安抚等作用。慢性创面敷料主要用于各种慢性难愈合创面，除了隔绝创面、防止再污染等传统功能，也为创面修复提供湿润、微酸的愈合环境。

根据材质和用途，医用敷料可分为天然材料类、人工合成材料类、药物性敷料类和固定用敷料类（胡晋红，2000）。从制造过程中使用的材料上分，医用敷料包括生物敷料、合成敷料和生物合成敷料。根据材料的形式，医用敷料又可分为粉末状、胶体状、纤维状、薄膜状、泡沫状、条状等。根据其应用功效，医用敷料可以被分为低黏性、抗菌性、高吸湿性、给湿性、吸臭性等产品。

2. 3. 1　天然材料类

2. 3. 1. 1　植物类敷料

植物类敷料中的传统棉制敷料，包括棉球、棉纱布、棉制绷带等产品，具有吸水性和保温性优良等特点，至今仍在各种类型的伤口护理中广泛应用。这些产品没有抑菌作用，使用过程中容易产生伤口感染，并且在揭除敷料时容易粘连创面，因此在应用功效上存在很大缺陷。为了解决传统敷料粘连创面、不隔菌，以及止血、凝血性不好等不足，人们采用很多种方法改善这类敷料的性能，如浸渍、涂层等物理和化学改性方法。把棉花加工成非织造布后，其纤维分布均匀、毛细管作用力强、吸湿性和柔软性大幅提高，有利于预防感染。用多孔塑料薄膜与非织造布复合后，伤口渗出液可以透过隔离膜上的微孔进入非织造布，减轻创面与敷料之间的粘连。这些改良的传统医用敷料提高了棉制产品的应用价值。

2. 3. 1. 2　动物类敷料

动物类敷料主要用于治疗烧伤和皮肤移植。由于结构和性能与人体组织有很好的相似性和相容性，覆盖创面最理想的材料是从患者身上移植自体皮。但是对于大面积烧伤的患者，由于自体皮源不充足，需要对皮肤进行人工培养，即用患者自身健康皮肤的成纤维细胞、表皮细胞在体外进行培养，制备人工皮肤覆盖创面。在自体皮源不充足的情况下，异体皮肤也是一种比较理想的创面覆盖物，其来源主要是患者家族成员或其他志愿者，但最主要的来源是尸体皮。从动物身上得到的异种皮也可以取代自体皮或异体皮进行移植，其中猪皮的移植已经取得成功。猪皮与人体皮在编织结构、黏附性及胶原含量等方面很相似，能较好贴附在创面上，起到减少体内水分蒸发和控制感染的作用。异种覆盖物会激发免疫排斥机制，在一定程度上有利于污染创面的杀菌。

鱼皮也可用于治疗烧伤和割伤。鱼类皮肤由表皮层和真皮层构成，无皮下脂肪层和皮下结缔组织，也没有陆地哺乳动物的毛囊和汗腺，而后者的毛囊和汗腺孔是细菌通道，因此用鱼皮覆盖伤口能达到更严密的封闭效果（冯文熙，1996）。

动物类敷料还包括利用动物组织的衍生物制成的敷料，如胶原蛋白敷料、纤维蛋白敷料、动物毛敷料、甲壳素敷料等。胶原易于大量分离、纯化，其原料来源十分广泛。作为一种生物性创伤敷料，胶原敷料具有许多独特的性能，如对细胞的高亲和力，可作为药物释放介质等。甲壳素是从甲壳类动物壳中提取出的一种天然高分子材料，经过碱化处理后得到的壳聚糖可溶解于稀酸水溶液，通过湿法纺丝可制备壳聚糖纤维。用这种纤维加工制成的缝合线在使用后可自行吸收，不引起过敏，还能加速伤口愈合。用其非织造布制成的人造皮肤可加速伤口愈合，对大面积烧伤有保护作用，能有效促进皮肤再生（黄是是，1997）。

2.3.1.3 矿物类敷料

矿物类敷料中的硅胶敷料具有稳定的物理与化学性质、不溶于水、加热后不发生化学反应、有一定的黏滞性。临床上常用的硅胶液是一种油性澄清液体，对人体皮肤无毒性、无刺激性和无抗原性。将硅胶和自黏性胶制成硅胶膜敷料，用于治疗或预防烧伤、创伤手术后引起的疤痕和疙瘩有显著疗效，其作用机理可能是抑制成纤维细胞的生长和胶原的合成。

我国研究人员利用我国丰富的石墨资源，经过科学配制和特殊工艺制成了一种具有优良吸附性和引流性、无毒、无害、无过敏反应，可以取代医用纱布的特种碳素卫生材料，可用于治疗各种外伤，能有效吸附人体外部创面上的分泌物和有害物质，使创面干燥、消肿，消除细菌繁殖及存活的外部条件，因而可以防止创面发炎、溃烂，减少手术后的并发症，具有比医用纱布更好的性能（刘建行，2005）。

2.3.2 人工合成材料类

人工合成材料类的各种医用敷料是以高分子材料为原料加工制成的溶液、水凝胶、水胶体、薄膜、泡绵、纤维、非织造布等多种类型的创面用敷料。

2.3.2.1 液体类敷料

液体类敷料可采用喷涂、刷涂或其他方法薄薄地将其涂覆在皮肤上，作为保护层或药物载体，这类产品也被称为喷涂敷料。液体类敷料有两个主要优点：一是适合任意形状的创面；二是可在任何条件下使用。我国研制生产的瞬康液体医用胶，其成分是α-氰基丙烯酸酯同系物经改性而成。这种产品对人体无毒性，喷涂在伤口上后对皮肤组织有很高的黏合强度，能在6~14s内快速黏合人体各部位的创伤和手术切口，黏合强度高达4kgf拉力，可用于各类手术切口和创伤的黏合和止血、缝合口的修复加固、脏器破裂的修补加固、骨折片的黏合、窦道和瘘管的粘堵等难度较大的手术，并可免除缝线对伤口的刺激和拆线时的疼痛，具有止血、抑菌、促愈及不留针眼疤痕的特点。

2.3.2.2 水凝胶类敷料

水凝胶是由亲水性高分子材料与水复合后制成的既具有一定吸湿性，又能为伤口给湿的新型医用敷料，应用在创面上可以阻止伤口表面的脱水和干燥，其中的水合结构可持续吸收伤口渗出物。

2.3.2.3 水胶体类敷料

水胶体类敷料是由橡胶基材和分布在基材中的水胶体颗粒混合后制成，其中使用的水胶体包括明胶、果胶、海藻酸钠、羧甲基纤维素钠等。生产过程中在混合物中掺入一定量的液体石蜡和橡胶黏结剂，使敷料更容易黏附在伤口上。水胶体敷料对水蒸气几乎没有转运能力，主要依靠水胶体层对渗出物进行吸收，胶层的厚薄决定了其吸收能力的大小。

2.3.2.4 薄膜类敷料

薄膜类敷料是在医用薄膜的一面涂覆上压敏胶后制成。制作薄膜的材料大多是一些透明的高分子弹性体，如聚乙烯、聚丙烯腈、聚己内酯、聚乳酸、聚四氟乙烯、聚氨酯和硅氧烷弹性体等。薄膜类敷料几乎没有吸收性能，其对渗出物的控制主要依靠水蒸气转送。理想的薄膜类敷料的透气速度应该与正常人体皮肤的呼吸速度相当。

2.3.2.5 泡绵类敷料

泡绵类敷料的结构具有多孔性，对液体有较大的吸收容量，对氧气和二氧化碳几乎能完全透过。目前制备泡绵类敷料使用最多的材料是聚氨酯和聚乙烯醇，其对伤口渗出物的处理是通过海绵的水蒸气转运和吸收机理控制的。泡绵类敷料可制成各种厚度，对伤口有良好的保护功能。

2.3.2.6 纤维类敷料

海藻酸盐和壳聚糖敷料是典型的纤维类敷料，分别从褐藻和虾蟹壳中提取后通过湿法纺丝加工成纤维。以海藻酸盐纤维和壳聚糖纤维为原料通过非织造加工可以制备具有很高吸湿性的海藻酸盐和壳聚糖敷料，在伤口护理中表现出优良的使用功效（秦益民，2019）。

2.3.3 药物性敷料类

为了在保护创面的同时更有效地治疗伤口，许多敷料在使用时加入了药物成分，成为药物性敷料。制备药物性敷料常用的方法是浸渍或涂层，常见品种有手术用消毒敷料、药物软膏类敷料、中药油液敷料等。近年来，制剂学等学科的新技术被广泛应用于药物性敷料的研制开发，如采用微囊技术将药物分散在无毒的聚合物中后形成一个半封闭的包扎层，可持续释放药物、加速伤口愈合。应用中草药提取物和医用高分子材料制成的液体胶布由药液和药膜两部分组成，药液具有快速祛痛、止血、消炎等功效，药膜具有保护创面、防止感染等作用，两液配合使用在创面形成一层防水透气、富有弹性的定位药膜，既可刺激新生肉芽在膜下生长、加速组织愈合，又不影响洗涤、淋浴（张淑华，1997）。

2.3.4 固定用敷料类

2.3.4.1 胶黏性材料

用于固定的胶黏性材料有粘贴性绷带和纱布、黏合性绷带和纱布、丙烯酸胶布和氧化锌橡胶布等，其中粘贴性绷带和纱布是在织物、非织造布或塑料膜上涂一层胶黏剂后达到贴合作用，黏合性绷带则是在弹性绷带上涂一层微粒分散的天然胶乳，使用时能自行黏合在一起，但不会粘在皮肤或衣服上。

2.3.4.2 非胶黏性材料

用于固定的非胶黏性材料有普通绷带、弹性绷带等。弹性绷带是由纯棉线和特殊膜组成的乳胶制品经过加工制成的针织物，具有操作简便快速、包扎压力适宜、弹性和拉伸性大、无过敏反应、透气性好及美观舒适等特点，适合全身各处包扎，特别是对头部、活动关节等不易包扎部位，具有良好的包扎性能。使用时只需根据伤口大小和部位选取不同规格，剪取所需长度直接套上即可。用于骨伤救治的石膏绷带是由硫酸钙石膏制成，其优点是塑性好、材料经济易得、可透气和吸附性好，但具有干固慢、不透 X 射线、重且不防水等缺点。医用聚氨酯绷带由一种化学物质和人造纤维构成，遇空气即硬化，在固定前几分钟打开即可，具有使用方便、硬化快、可负重、透 X 射线、透气防水等优点，适用于人体各部位固定，尤其对四肢效果明显（高新生，1996）。

随着对创面愈合过程的病理和生理变化研究的不断深入，人们对创面愈合过程的理解也越来越深刻，促进了创面敷料的不断改进与发展。新型创面护理用敷料相对于早期而言已经发生了革命性的变化，临床护理人员可以选用许多种类、不同性能的敷料。从分类的角度看，医用敷料的演变是从早期的被动型敷料发展到相互作用型敷料，继之又发展到生物活性型敷料。表 2–1 总结了这三类敷料的特点。

表 2–1 被动型敷料、相互作用型敷料、生物活性型敷料的特点

敷料的种类	相应的特性	举例（具体产品）
被动型敷料（传统敷料）	被动覆盖在创面上，吸收渗出物，为创面提供有限的保护作用	普通纱布、棉垫、合成纤维等
相互作用型敷料	敷料与创面之间存在多种形式的相互作用，如吸收渗出液以及有毒物质、允许气体交换，为伤口愈合创造一个理想的环境；阻隔性外层结构，防止环境中微生物侵入，预防创面交叉感染等	高分子薄膜敷料、高分子泡绵敷料、水凝胶敷料、水胶体敷料等

续表

敷料的种类	相应的特性	举例（具体产品）
生物活性型敷料	自身具有活性或能促进活性物质的释放，具有改善、加快伤口愈合的性能	海藻酸盐敷料、壳聚糖敷料、含银医用敷料等

2.4　高科技材料在医用敷料中的应用

自 20 世纪 70 年代以来，经过科技界、工业界、商业界以及医疗护理行业的共同努力，在 Winter（WINTER，1962）发现的“创面湿润愈合”理论指导下，全球各地已经成功开发了一系列高科技医用敷料。这些高科技“湿法疗法”产品采用许多不同种类的材料为创面提供湿润的愈合环境，既能吸收创面渗出液获得充分引流，又能将渗出液全部或部分保持在覆盖物中，在创面局部形成一个湿润的微环境，促进上皮细胞从健康的皮肤向创面迁移，而传统纱布覆盖在伤口上后，由于水分蒸发形成干痂，并且由于热量损失使创面温度降低，延缓了伤口的愈合。

目前国际市场上用于制备新型医用敷料的材料主要包括以下几大类（秦益民，2003）。

2.4.1　水胶体

1982 年，ConvaTec 公司把水溶性高分子粉末与橡胶混合后制成一种具有良好吸水性和黏合性的水胶体敷料，首次通过创面敷料的应用实现湿润愈合，成为应用于湿法疗法的最早产品之一。水胶体敷料中的羧甲基纤维素钠、果胶、海藻酸钠、明胶等水溶性高分子通过充分密炼均匀分散在橡胶结构中，当与伤口渗出液接触时，这些水溶性颗粒吸收大量水分后使整个复合体转变成一种水凝胶体，在创面上形成一个湿润的愈合环境。生产过程中，含有水溶性高分子粉末的橡胶通过挤压变成薄片，与薄膜、泡绵等复合后制成水胶体医用敷料。由于橡胶有一定的黏性，这类产品使用方便，应用于创面比较平坦的伤口上时，不需要其他固定材料。吸湿后橡胶能维持产品的结构完整性，方便敷料从创面去除。

2.4.2　聚氨酯薄膜和泡绵

作为一种高分子材料，聚氨酯有很好的弹性，可加工成薄膜、泡绵、纤维等多种材料。聚氨酯有亲水性和疏水性两种类型，通过调节高分子结构中的亲水性和疏水性成分可以调节聚氨酯材料的性能，在材料加工过程中也可以通过调节制备工艺获得不同结构和性能的聚氨酯类医用敷料。

聚氨酯薄膜是在溶解聚氨酯的基础上，通过溶剂挥发制成的。这类薄膜的独特结构可使大量水气和氧气透过，同时阻止水分和细菌进入创面，起到半透膜的作用，特别适用于复合敷料外层的保护膜，或者直接用于保护渗出液较少的伤口，例如应用在上皮化的伤口上。聚氨酯薄膜有很强的透气性，每平方米薄膜 24h 内可以透出 3kg 以上的水蒸气，其质地柔软、舒适，由于结构透明，患者和护理人员可以很方便地观察伤口愈合过程的进展状况。聚氨酯薄膜在医疗领域有广泛的用途，可用于封闭手术伤口、固定输尿导管等。在覆盖轻度表皮擦伤和烧伤、初期溃疡伤口时起到保护创面、防止皮肤摩擦损伤的作用。

以聚氨酯为原料制备的泡绵具有多孔结构，有很高的吸湿性，同时具有很好的保护作用，可用作直接接触伤口的材料，或作为防护材料用于覆盖其他敷料。当与潮湿的创面接触时，脓血等伤口渗出液通过毛细孔吸进泡绵后由接触面向泡绵内部和后背面转移，起到去除创面渗出液的作用。当与比较干燥的创面接触时，泡绵可防止水分过分挥发，为创面维持湿润的愈合环境。

2.4.3 水凝胶

水凝胶是一种溶胀在水或生理液体中的高分子网络，广泛应用于药物载体、肌体组织修复等领域。用于医用敷料的水凝胶包括片状水凝胶和无定型水凝胶，其中片状水凝胶由部分交链的亲水性高分子制成，使用的高分子材料主要包括聚丙烯酰胺、聚氧乙烯、海藻酸钠等。由于结构中含有大量水分，敷贴在摩擦伤口、烧伤、供皮区伤口上可有效缓解患者疼痛，并且能很容易从创面上去除。

片状水凝胶拥有完整的三维结构，主要应用在表皮伤口上。无定型水凝胶是一种浆状、流体状态的产品，通过水溶性高分子分散在水和防腐剂中制成。这类产品的主要功能是为创面提供水分，适用于干燥的伤口上，可以辅助去除伤口上的干痂和坏死组织。作为一种良好的充填物，无定型水凝胶也适用于充填腔隙。

2.4.4 海藻酸盐纤维

20 世纪 80 年代初，在传统用途被合成纤维替代的情况下，英国 Courtaulds

公司成功地把海藻酸盐纤维制成的非织造布推广到医用敷料市场，用于护理高渗出的伤口。在与伤口渗出液接触时，海藻酸钙纤维与渗出液中的钠离子发生离子交换，使不溶于水的海藻酸钙转变成水溶性的海藻酸钠，从而使大量水分进入纤维后形成一种纤维状的水凝胶。这种独特的离子交换性能赋予海藻酸钙敷料极高的吸湿性、容易去除等优良性能。在 Courtaulds 公司之后，另一家英国公司 CV Laboratories 开发出了海藻酸钙钠纤维。这个产品在生产过程中已经在纤维中引入钠离子，具有比海藻酸钙纤维更高的吸湿性。

国际市场上的海藻酸盐敷料主要有两类，即敷贴和充填物。敷贴一般通过非织造工艺制成，伤口充填物可以非织造布为原料，切割成狭长的条子制成，也可以把海藻酸盐纤维梳理后加工成毛条用于充填伤口。

海藻酸盐敷料的主要特点是高吸湿性、成胶性和止血性，已经广泛应用于护理下肢溃疡、压疮、糖尿病足溃疡、烧伤、供皮区创面等各种类型的伤口。

2.4.5　壳聚糖纤维

壳聚糖，又称甲壳胺，是甲壳素的脱乙酰基衍生物。通过湿法纺丝制备的壳聚糖纤维具有优良的生物相容性、生物可降解性、亲水性等特性，其独特的化学结构赋予纤维一系列优良使用功效，在功能纺织材料和医疗卫生领域的应用中具有抗菌、止血、促进伤口愈合等优异性能（AGBOH，1997）。通过与细胞和组织的相互作用，壳聚糖纤维可以影响人体中的酶、细胞、组织等生物活性，产生独特的医疗和保健功效（JAYAKUMAR，2011）。壳聚糖纤维可以被加工成纱线、机织物、针织物、非织造布等材料，其中壳聚糖纱线可用于医用缝合线，通过调节纤维的脱乙酰度可以控制其降解和吸收时间。以壳聚糖纤维为原料制备的机织物和针织物可用于细胞移植和组织再生的多孔结构支架，其非织造布可加工成医用敷料后用于伤口护理。

2.4.6　羧甲基纤维素钠纤维

纤维素在与醚化试剂反应后生成纤维素醚，其中甲基纤维素、乙基纤维素是疏水性衍生物，而羧甲基纤维素、羟丙基纤维素为水溶性衍生物。把棉纤维与氯乙酸反应后，通过控制羧甲基化反应的程度可以得到含有不同替代度的羧甲基钠纤维素。这样得到的纤维在具有很高吸水性能的同时可以保持其纤维状结构，在医用敷料领域有很高的应用价值（秦益民，2006）。以羧甲基纤维素钠纤维为原料制成的针刺非织造布有很高的吸湿性，同时有很好的结构完整性，近年来在医用敷料领域已经取得极大的商业成功（TICKLE，2012）。

2.4.7 氧化纤维素纤维

如图 2-1 所示，纤维素结构中每个葡萄糖环上有三个羟基，其中 C6 位上的为伯羟基，C2 和 C3 位上的为仲羟基。在与氧化剂反应后，C6 上的伯羟基可以被氧化成醛基后进一步氧化成羧基，其主链结构无实质性变化。C2 和 C3 上的仲羟基可以在葡萄糖环不破裂的情况下氧化成一个酮基或两个酮基，也可以在开环后使其进一步氧化成醛基和羧基（EDWARDS，2006）。氧化后得到的含羧基的氧化纤维素是一种具有良好生物相容性、生物可降解性、无毒性的纤维素衍生物。由于氧化反应破坏了纤维素有序的超分子结构，同时使羟基转化成亲水性更强的羧基，氧化纤维素比纤维素具有更好的吸湿和生物可降解性，具有优良的止血功能，可以加工成生物可降解的止血材料。

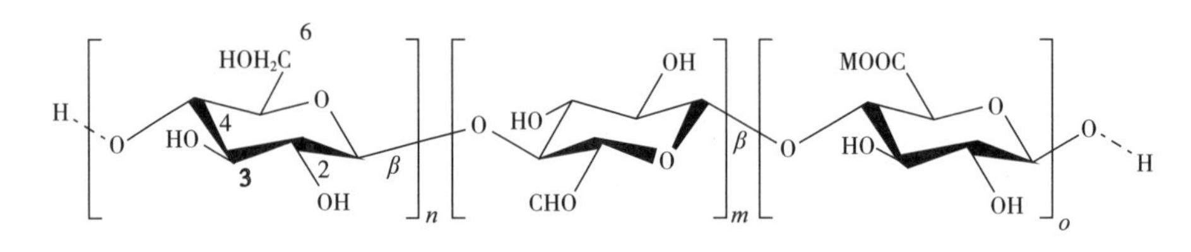

图 2-1 氧化纤维素的化学结构

美国 Johnson & Johnson 公司最早实现氧化纤维素的工业化生产，用二氧化氮把棉花、黏胶纤维等纤维素纤维氧化后制备结构柔软的可吸收止血剂。生产过程中 NO_2 首先被溶解在 CCl_4 中得到 NO_2 体积分数为 20%的 NO_2/CCl_4 氧化溶液。由棉纤维制备的针织物以织物对氧化溶液 1∶42.6（g/mL）的比例加入后在 19.5℃下反应 40h，用 CCl_4 洗三次后再用体积分数为 50%的乙醇与水混合溶液洗三次，再用纯乙醇洗三次后在-50℃下真空干燥 48h 后得到具有止血功能的氧化棉织物。以黏胶纤维为原料制备的织物氧化后可以得到氧化再生纤维素止血材料。

2.4.8 胶原蛋白

胶原是细胞外基质中的一种结构蛋白质，主要存在于动物的骨、软骨、皮肤、腱、韧等结缔组织，对肌体和脏器起支持、保护、结合等作用。胶原占哺乳动物体内蛋白质的 1/3 左右，在许多海洋生物中含量非常丰富，一些鱼皮含有高达 80%以上的胶原（冯晓亮，2001）。胶原蛋白在保健品和美容化妆品行业有重要的应用价值。近年来，人们发现源于海洋动物的胶原蛋白在一些方面明显优于陆生动物的胶原蛋白，如具有低抗原性、低过敏性、低变性温度、高可溶性、易被蛋白酶水解等特性。以胶原蛋白为原料制备的海绵具有止血、促进伤口愈合等功效，在功能性医用敷料领域有重要的应用价值。

2.4.9　活性炭

活性炭具有很大的比表面积，对气体、溶液中的无机或有机物质及胶体颗粒等都有良好的吸附能力。活性炭材料主要包括活性炭（activated carbon，AC）和活性炭纤维（activated carbon fibers，ACF）等。作为一种性能优良的吸附剂，活性炭材料已经广泛应用于化工、环保、食品加工、冶金、药物精制、军事化学防护等各个领域。在医用敷料领域，活性炭纤维制成的织物已经成功应用于吸收创面产生的异味。

2.4.10　复合敷料

由于伤口对敷料的要求在不同的伤口上和在同一个伤口愈合过程中的不同阶段有很大变化，任何一种材料都难以满足伤口复杂的要求。通过对不同材料的组合，复合敷料可以较好地满足伤口愈合过程中的各种要求。如图 2-2 所示，复合医用敷料一般有一个典型的三层结构，其中接触层材料的主要功能是低黏性。接触层应该在保持低黏性的同时使伤口渗出液进入功能层，同时阻止功能层中的纤维或其他细小颗粒进入伤口。

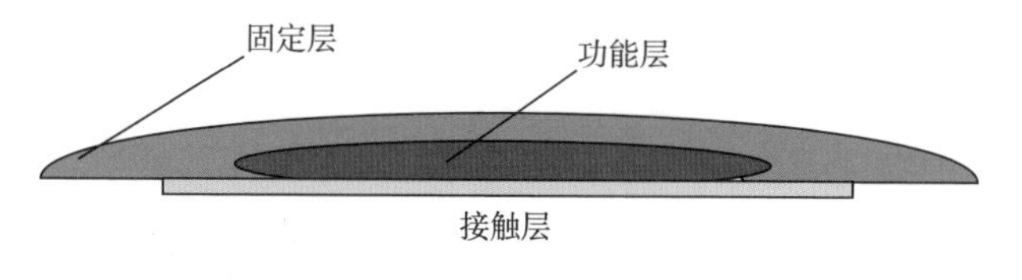

图 2-2　复合敷料的典型结构

如图 2-3 所示，目前市场上的一些医用敷料采用聚氨酯泡绵以及针织黏胶长丝织物作为接触层材料。其他常用的接触层材料包括多孔薄膜、聚酰胺非织造布、硅胶等。

功能层材料根据不同伤口的特点而变化。对于大多数伤口，护理过程中的主要问题是吸收伤口产生的渗出液、控制细菌和微生物增殖以及控制伤口产生的异味。在这些情况下，把高吸湿材料、抗菌剂和活性炭织物结合在一起可以提供一

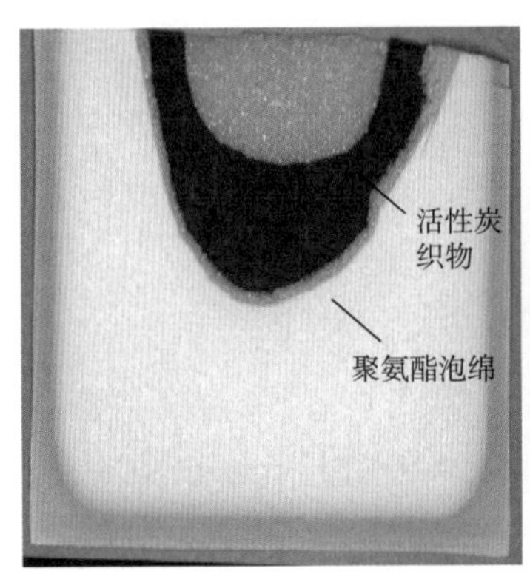

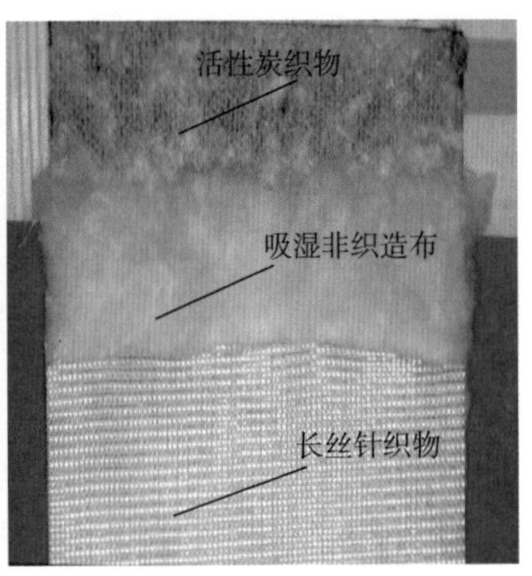

图 2-3 采用聚氨酯泡绵和针织长丝织物作为接触层的复合医用敷料

个理想的功能层。

固定层有两个主要功能，即在把敷料固定在伤口上的同时为创面提供物理屏障。聚氨酯薄膜和水刺非织造布是用于固定层的理想材料，它们手感柔软并且有透气性，可以使氧气进入伤口、水汽散发。图 2-4 显示一种用水刺非织造布作为固定层的复合医用敷料。

如图 2-5 所示，Johnson & Johnson 公司供应的 Actisorb 品牌的产品是一种典型的复合敷料，由聚酰胺纤维制成的非织造布形成一个外套，中间加入一种针织材料碳化后得到的活性炭织物，在活性炭织物中又加入一定量的银离子。这种复合敷料既有非织造布的吸湿性，也有活性炭的吸臭性能，又有银离子的抗菌功效，适用于许多种类的伤口护理。

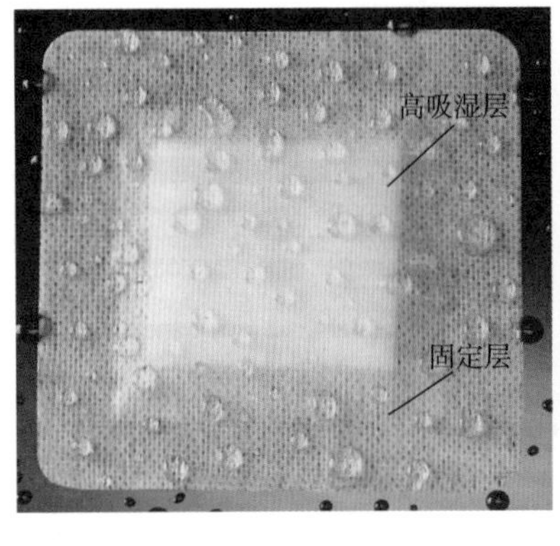

图 2-4 用水刺非织造布作为固定层的医用敷料

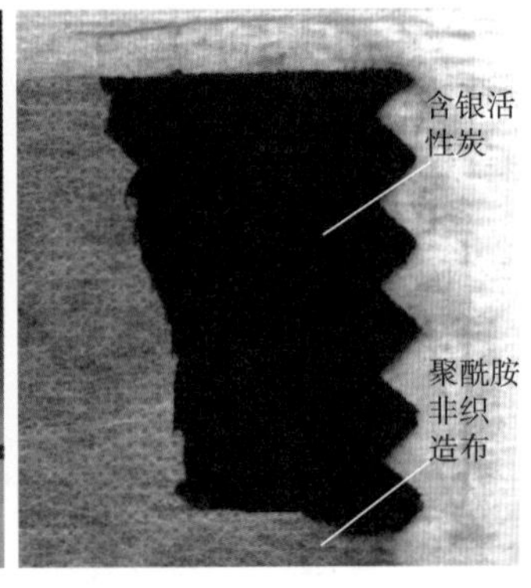

图 2-5 Actisorb 复合敷料的结构示意图

2.5　医用敷料的功能

医用敷料是敷贴在伤口上的材料。作为一种医用产品，医用敷料的使用价值体现在其有效辅助伤口护理、促进创面愈合，并且在愈合过程中方便患者的正常生活。由于伤口的种类繁多，其在愈合过程各个阶段的物理和生理特征也有很大变化，伤口对敷料性能的要求有很大的变化。医用敷料应该具有以下一些主要功能（秦益民，2003）。

2.5.1　物理屏障

医用敷料的一个主要功能是为伤口提供物理屏障，避免伤口渗出液污染身体的其他部位。作为一种物理屏障，医用敷料可以使伤口与外部环境隔离，阻止细菌和尘粒进入伤口。

2.5.2　控制伤口上的流体

现代医疗理论和实践证明了湿法疗法的优越性，从潮湿的伤口上吸收脓血和向干燥的创面提供水分是湿法疗法的一个主要组成部分。医用敷料应该能为创面提供一个湿润，但不是过度潮湿的愈合环境。

2.5.3　控制伤口产生的气味

许多伤口在不同程度上产生难闻的气味，甚至恶臭。当这种情况发生时，医用敷料必须有能力控制伤口上产生的气味。

2.5.4　控制伤口上的细菌和微生物

对于感染的伤口，医用敷料必须有能力控制伤口上的细菌和微生物。除了控制伤口表面的微生物增长，医用敷料也应该能使进入敷料结构中的细菌和微生物的增长得到控制，防止更换敷料造成的交叉感染。

2.5.5　低黏合性

对于供皮区等大面积伤口，如果创面与敷料黏合，换药时去除敷料会给患者带来很大痛苦。好的医用敷料应该能很方便地敷贴在伤口上，也能很方便地从创面去除。

2.5.6 充填作用

对一些深的腔隙型伤口，如果没有在伤口中放入充填物，愈合过程中伤口的二壁可能会在伤口中的肉芽组织还没有充分长满之前进入上皮化，在人体内形成没有愈合的窦道。在伤口中填塞敷料可以避免伤口二壁之间的粘连，不使渗出液在腔隙中积聚。

2.5.7 清创作用

把干痂和坏死的组织从创面上去除是伤口愈合的第一步。医用敷料通过对伤口的潮湿度、pH 值、温度等环境状态的调节可以加快清创过程的进行。

2.5.8 止血作用

对于创伤和手术伤口，创面形成时流血较多，敷料的一个重要作用是尽快使伤口止血。

2.5.9 减轻或去除疤痕

对于面积较大的伤口，愈合后创面上形成的疤痕对患者的美容有很大影响。合理使用医用敷料可以在一定程度上减轻或去除疤痕。

2.5.10 调节伤口周边的金属离子含量

人体中有铁、锌、铜、锰、硒等许多金属离子，对伤口的正常愈合有很重要的作用。对于一些金属离子失衡的伤口患者，如果不能通过食品充分平衡这些金属离子，医用敷料可以提供一个局部补充金属离子的途径。

2.5.11 加快伤口愈合

伤口愈合是一个复杂的生理过程。尽管敷料对愈合速度起到的作用比较小，在和其他因素结合的时候，合理使用敷料在一定程度上可以加快伤口愈合。

2.6 功能性医用敷料的发展方向

现代医疗理论证明，伤口的愈合过程是一个连续的动态过程，是细胞与细胞、细胞与细胞基质以及与可溶性介质间相互作用的过程。近年来在这些领域已经有许多突破性的研究成果，特别是“湿法疗法”的理论和实践得到了普及（FALANGA，1988）。从医用敷料的发展来看，随着“湿法疗法”的普及，高科技医用敷料自 20 世纪 70 年代后在世界医疗卫生领域得到日益重视，传统的棉纱布越来越多地被新型医用敷料取代。进入 20 世纪 90 年代，随着世界人口出现老龄化，与老年人密切相关的压疮、下肢溃疡等慢性伤口的护理在西方医疗界成为一个日益严重的问题。在政府部门的鼓励下，许多国际卫生材料公司在新型医用敷料的研究和开发上投入了很大的财力和物力，推出了一系列性能优良的高科技医用敷料。如图 2-6 所示，在英国的药品价格表上，1994 年以前每年约有 4 个新增产品，而在 1994 年以后，每年新增的产品数量逐年增加，1999 年就有 55 种新产品进入药品价格表。

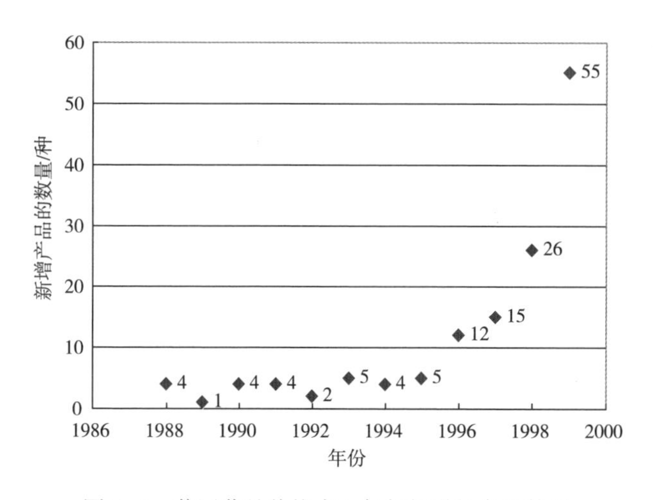

图 2-6　英国药品价格表上每年新增的产品数量

2.6.1　新型医用敷料的要求

作为整个伤口护理过程的一部分，好的医用敷料应该能为伤口愈合提供一个合适的环境，从而加快伤口愈合、改善愈合质量。尽管伤口愈合主要取决于患者的整体素质及医疗状况，医用敷料所起的作用也不容忽视。在伤口上使用不合适的敷料不但使患者不舒适，也会延缓伤口愈合。

2.6.1.1　性能差的敷料在临床上会造成的后果

（1）延缓伤口愈合，使伤口情况变差。

（2）造成伤口局部和病人系统感染。

（3）增加护理时间和护理费用。

（4）使创面受损伤。

（5）使创缘受损。

（6）不能控制伤口产生的臭味。

（7）影响患者的生活质量。

为了使医用敷料能更好地满足各类伤口的要求，新的、功能更强的医用敷料被不断开发出来。

2.6.1.2 新材料的特点

新材料具有三个特点：高效性（efficacy of the material）、高效能（effectiveness of the product）、高效率（efficiency of the treatment）。

以上三个“E”代表了新型医用敷料总的发展方向。就具体的新产品开发而言，未来的医用敷料将更注重产品的生物活性和智能特性。

2.6.2 含银抗菌敷料

由于伤口表面一般有一个温暖而且潮湿的环境，细菌在伤口上的繁殖很快，使伤口成为病区内交叉感染的一个重要来源。为了控制伤口上的细菌并且防止它们的扩散，许多种类的医用敷料中加入了各种类型的抗菌材料。由于银有很好的抗菌作用并且不会产生细菌耐药性，银离子越来越多地被应用在医用敷料的生产中，国际市场上已经有很多种类的含银医用敷料（秦益民，2022）。

图 2-7 显示一种由镀银纤维与海藻酸钙纤维复合后制成的高吸湿抗菌医用敷料。在这种敷料中，海藻酸钙纤维在与伤口渗出液接触后吸收大量液体后成为一种纤维状水凝胶体，给创面提供湿润的愈合环境，镀银纤维在湿润后释放出银离子，起到广谱抗菌作用。

图 2-7 镀银纤维与海藻酸钙纤维的复合医用敷料

2.6.3　生物活性敷料

生物活性敷料可以通过与细胞和基质蛋白之间的相互作用促进伤口愈合。已经有研究证明，应用在慢性伤口上时，海藻酸盐医用敷料可以刺激巨噬细胞活性使其释放出肿瘤坏死因子（TNF-α）和免疫活性肽（IL-1、IL-6 和 IL-12）。这些活性物质使慢性伤口产生炎症反应，促使伤口开始其愈合过程（SKJAK-BRAEK，2000）。实验结果显示，在覆盖了含海藻酸盐的医用敷料后，伤口上的肿瘤坏死因子浓度有所升高，说明巨噬细胞已经被敷料激活（THOMAS，2000）。

Johnson & Johnson 公司生产的商品名为 Promogran 的医用敷料是一种由明胶和氧化纤维素组成的、经过冷冻干燥制备的海绵类材料。当与伤口渗出液接触时，这类敷料吸收液体后形成一层舒适而柔软的凝胶，为伤口表面提供一个湿润的微环境。湿润的凝胶结合金属蛋白酶后使其失去活性，而由于过量的金属蛋白酶可以损伤生长中的组织，在伤口上减少金属蛋白酶可以促进伤口愈合（WYSOCKI，1993）。与此同时，由巨噬细胞释放出的生长因子被结合到凝胶中，使其免受蛋白酶的破坏。当凝胶慢慢地在伤口上降解时，生长因子又被释放进入伤口，起到促进愈合的作用。

2.6.4　人造皮肤

在伤口的愈合过程中，通过皮肤移植覆盖创面一直是最快的愈合手段之一。但是移植所需皮肤的供应有限，这种方法只被应用在伤势严重的病人中。Integra LifeSciences 公司生产的商品名为 Integra 的人造皮肤是一种具有与正常真皮相似的三维结构的双层人造皮，是由医用级硅膜（表皮层）和从牛腱提取的胶原与从鲨鱼软骨中提取的 6-硫酸软骨素交联制成的真皮垫（真皮层）构成。上层硅膜厚 100μm，微孔径<5μm，足以控制水分丧失、阻止微生物入侵。下层真皮垫的孔径在 20~125μm 之间，最适合宿主血管内皮细胞和成纤维细胞长入。Integra 的真皮垫具有与真皮相似的三维结构，为长入的成纤维细胞提供三维结构信息，诱导成纤维细胞合成新生结缔组织。移植 1 周后病理切片显示新生真皮内可以见到血管化，2 周后可看见成纤维细胞浸润。

现代组织工程技术的发展为人造皮肤的大量应用提供了可能。图 2-8 显示一种人造皮肤的结构图，其采用生物可降解的材料作为支架，在上面培养成纤维细胞或角朊细胞后移植到创面，可以很快形成一层新生皮肤（FALANGA，1999）。

2.6.5 医用敷料开发的经济因素

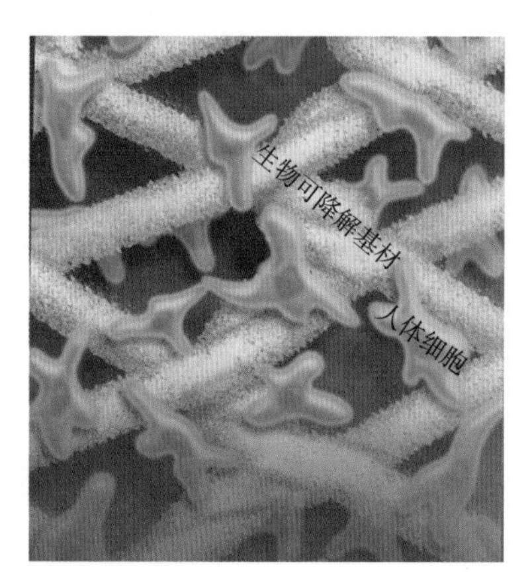

图 2-8 一种人造皮肤的结构示意图

除了临床使用效果，新的功能性更强的医用敷料在使伤口更好愈合的同时，也应该为患者节省护理费用。除了敷料本身的成本和价格，在考虑医用敷料的经济因素时应该综合考虑护理过程中涉及的各种成本，如住院时间、护理时间、辅助材料的数量、伤口的愈合质量等。单片高科技医用敷料的成本往往比传统敷料高，但是它们可以通过缩短伤口愈合时间减少医用敷料的总需求量，并且大幅缩短护理时间和护理中使用的各种辅助材料的消耗量。有研究证明，用组织工程制备的人造皮肤护理一个下肢溃疡伤口的年费用是 20041 美元，而用传统材料护理则需要 27493 美元（SCHONFELD，2000），这里可以看出高科技医用敷料的优越性。由于减少了疼痛、消除了臭味、阻止了渗出液的泄漏，使用高科技医用敷料可以使病人在护理过程中获得更好的舒适性。

2.7 小结

现代生活的快节奏、体育和旅游等活动使伤口的形成越来越频繁，而人类的老龄化又增加了各类慢性伤口形成的概率。总体来说，社会对高性能的新型医用敷料的需求正在不断增长。随着人们对伤口和伤口愈合过程的更多了解以及材料科学的不断发展，越来越多的功能性医用敷料将会以更优良的性能取代传统治伤用材料，为纺织、高分子材料等行业的发展提供一个良好的发展空间。

参考文献

[1] AGBOH O C, QIN Y. Chitin and chitosan fibers [J]. Polymers for Advanced Technologies, 1997, 8: 355-365.

[2] EDWARDS J V, GOHEEN S C. Performance of bioactive molecules on cotton and other textiles [J]. RJTA, 2006, 10 (4): 19-32.

[3] FALANGA V. Occlusive wound dressings [J]. Arch Dermatol, 1988,

124: 872.

[4] FALANGA V, SABOLINSKI M. A bilayered living skin construct (APLIGRAF) accelerates complete closure of hard-to-heal venous ulcers [J]. Wound Repair Regen, 1999, 7 (4): 201-207.

[5] JAYAKUMAR R, PRABAHARAN M, SUDHEESH KUMAR P T, et al. Biomaterials based on chitin and chitosan in wound dressing applications [J]. Biotechnology Advances, 2011, 29: 322-337.

[6] SCHONFELD W H, VILLA K F, FASTENAU J M, et al. An economic assessment of Apligraf (Graftskin) for the treatment of hard-to-heal venous leg ulcers [J]. Wound Repair Regen, 2000, 8 (4): 251-257.

[7] SKJAK-BRAEK G, FLO T, HALAAS O. in: PAULSEN B S (ed), Bioactive Carbohydrate Polymers [M]. The Netherlands: Kluwer Academic Publishers,2000.

[8] THOMAS S. A guide to dressing selection [J]. J Wound Care, 1997, 6 (10): 479-482.

[9] THOMAS S. Alginate dressings in surgery and wound management: part III [J]. J Wound Care, 2000, 9 (2): 56-60.

[10] TICKLE J. Effective management of exudate with AQUACEL extra [J]. Br J Community Nurs, 2012, (9): S40-S46.

[11] WINTER G D. Formation of scab and the rate of epithelialization of superficial wounds in the skin of the young domestic pig [J]. Nature, 1962, 193: 293-294.

[12] WYSOCKI A B, STAIANO-COICO L, GRINNELL F. Wound fluid from chronic leg ulcers contains elevated levels of metalloproteinases MMP-2 and MMP-9 [J]. J Invest Dermatol, 1993, 101 (1): 64-68.

[13] 时宇. 皮肤的结构与保健 [J]. 生物学通报, 1995, 30 (9): 22-25.

[14] 陆树良. 烧伤创面愈合机制与新技术 [M]. 北京: 人民军医出版社, 2003.

[15] 胡晋红, 朱全刚, 孙华君, 等. 医用敷料的分类及特点 [J]. 解放军药学学报, 2000, 16 (3): 147-148.

[16] 冯文熙, 潭谦, 兰省科, 等. 鱼皮生物敷料在烧伤创面治疗中的应用 [J]. 华西医学, 1996, 11 (3): 335-337.

[17] 黄是是, 高怀生, 谷长泉, 等. 壳聚糖无纺布的制备工艺及性能实验 [J]. 医疗卫生装备, 1997 (5): 1-3.

[18] 刘建行，徐风华，周筱青．医用创伤敷料的研究进展［J］．中国医药报，2005，1（15）：1.
[19] 张淑华，兰燕珠．伤速愈药液喷雾剂用于体表切口的效果观察及护理［J］．解放军护理杂志，1997，14（3）：59.
[20] 高新生．医用聚氨酯绷带的临床应用［J］．中华创伤杂志，1996，12（3）：174.
[21] 冯晓亮，宣晓君．水解胶原蛋白的研制及应用［J］．浙江化工，2001，52（1）：55-54.
[22] 秦益民．新型医用敷料 Ⅰ．伤口种类及其对敷料的要求［J］．纺织学报，2003，24（5）：113-115.
[23] 秦益民．新型医用敷料 Ⅱ．几种典型的高科技医用敷料［J］．纺织学报，2003，24（6）：85-86.
[24] 秦益民．制作医用敷料的羧甲基纤维素纤维［J］．纺织学报，2006，27（7）：97-99.
[25] 秦益民．海洋源生物活性纤维［M］．北京：中国纺织出版社，2019.
[26] 秦益民．含银功能性医用敷料［M］．北京：中国纺织出版社，2022.

第3章 纤维素纤维与医用敷料

3.1 纤维素

纤维素是自然界中分布最广泛、年产量最高的天然高分子材料，是D-吡喃葡萄糖酐（1-5）彼此以β-（1-4）苷键连接成的线型高分子，其分子通式为$(C_6H_{10}O_5)_n$。图3-1为纤维素的化学结构式。

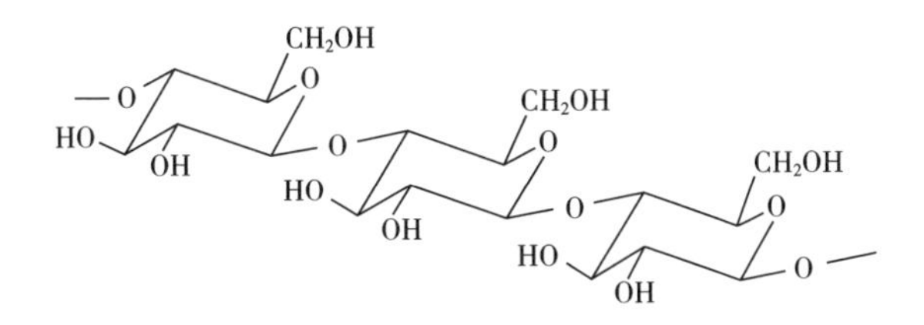

图3-1 纤维素的化学结构式

纤维素最早在1838年由法国科学家Payen在木材中提取化合物的过程中首先分离得到。自然界中，纤维素被用来强化植物的细胞壁。Payen通过破坏植物细胞组织后得到纤维素，因此将其以cell（细胞）和lose（破坏）组成的一个新名词cellulose命名。纤维素广泛存在于植物细胞中，通过光合作用每年能生成亿万吨（商洁，1996）。

工业上，纤维素有以下几个主要来源：

（1）棉花。棉纤维是一种种子纤维，在所有的纤维素材料中，棉纤维的纤维素含量最高，约为90%~98%。棉纤维通常可分为两类：一类是普通棉花，可以直接用作纺织原料；另一类是附于棉籽壳上的短纤维，称为棉短绒，是制造黏胶纤维的优质材料。

（2）木材。木材可分为针叶木和阔叶木两类。针叶木包括鱼鳞松、落叶松、云南松、马尾松、冷杉、云杉、铁杉等；阔叶木包括白杨、桦木等。它们的纤维素含量高，在化纤行业是制备黏胶纤维的优质原料。

（3）禾本科植物。包括多年生的竹、芦苇及一年生的麦秆、甘蔗渣、高粱秆、玉米秆、棉秆等。这些植物含有丰富的纤维素资源，是造纸和再生纤维素纤维的原料。

纤维素是一种线型直链高分子，其分子结构中含有大量羟基，在分子内和分子间形成的氢键对其理化性质有重大影响。当在一定空间范围内分子间氢键引起分子有序排列时就形成纤维素的结晶区，否则为非结晶区。自然界的各种纤维素是由微晶体与非晶区交织在一起形成的多晶，其结晶程度视纤维素的品种而异。常见的纤维素有Ⅰ、Ⅱ、Ⅲ、Ⅳ等四种结晶变体，一般天然纤维素为Ⅰ型。

3.2 纤维素衍生物

从化学的角度看，纤维素是一种多元醇化合物，其单体结构中有三个活泼的羟基。通过羟基的化学反应可以制备纤维素酯和纤维素醚两大类纤维素衍生物以及酯醚混合衍生物。纤维素衍生物的取代度被定义为平均每个葡萄糖残基上被取代的羟基数，其中最大取代度为3（许冬生，2001）。表3-1总结了常见的纤维素衍生物的种类、主要品种及其相应的改性剂。

表3-1 纤维素衍生物的种类、主要品种及其相应的改性剂

衍生物种类	主要品种	改性剂
纤维素醚类	羧甲基纤维素	一氯醋酸
	氰乙基纤维素	丙烯腈
	甲基纤维素	氯甲烷
	乙基纤维素	氯乙烷
纤维素羟烷基醚	羟乙基纤维素	环氧乙烷
	羟丙基纤维素	环氧丙烷
	羟乙基羧甲基纤维素	环氧乙烷、氯乙酸
	羟丙基甲基纤维素	环氧丙烷、氯甲烷
阳离子纤维素醚	叔胺烷基纤维素醚	叔胺盐
	季铵烷基纤维素醚	季铵盐
纤维素酯类	硝酸纤维素	硝酸
	醋酸纤维素	醋酐
	丁酸纤维素	丁酐
	醋酸丁酸纤维素	醋酐、丁酐
	醋酸邻苯二甲酸纤维素	醋酐、苯酐

3.2.1　纤维素的醚化反应

纤维素与醚化试剂反应后生成纤维素醚。如图3-2所示，通过与相应的醚化试剂反应，纤维素可以被转化成甲基纤维素、乙基纤维素、羧甲基纤维素、羟丙基纤维素等。这些材料都具有水溶性，在建筑、乳胶涂料、医药、日用化学品、陶瓷以及农业生产中有广泛应用。在建筑和建材工业中，它们起到增黏、增稠、保水、润滑的作用，可以提高水泥和石膏的可加工性、泵送性。在乳胶涂料方面可以用作增稠剂和颜料助悬浮剂。在日用化学品中可用在个人防护用品的配方中提高产品的乳化、抗酶、分散、黏合、表面活性、成膜、保湿、发泡等性能。在医药行业，纤维素的醚化产物由于其良好的亲水性可用于制剂生产，作为药片包衣和成形黏结剂，并可用于药物的缓释。

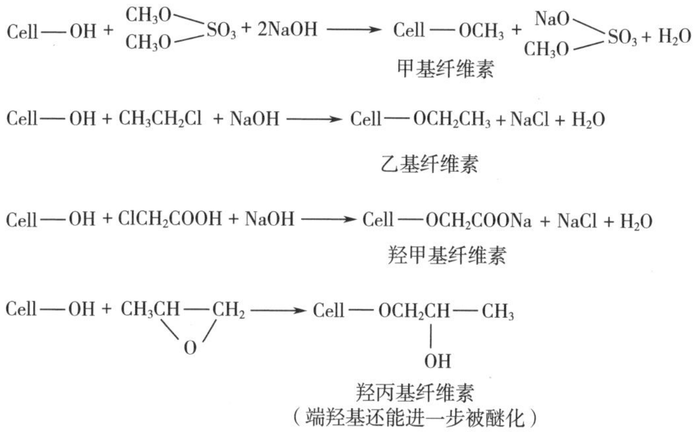

$$\text{Cell—OH} + (CH_3O)_2SO_3 + 2NaOH \longrightarrow \text{Cell—OCH}_3 + (NaO)(CH_3O)SO_3 + H_2O$$

甲基纤维素

$$\text{Cell—OH} + CH_3CH_2Cl + NaOH \longrightarrow \text{Cell—OCH}_2CH_3 + NaCl + H_2O$$

乙基纤维素

$$\text{Cell—OH} + ClCH_2COOH + NaOH \longrightarrow \text{Cell—OCH}_2COONa + NaCl + H_2O$$

羟甲基纤维素

$$\text{Cell—OH} + CH_3\underset{\diagdown O \diagup}{CH—CH_2} \longrightarrow \text{Cell—OCH}_2\underset{|}{\overset{}{CH}}(OH)—CH_3$$

羟丙基纤维素

（端羟基还能进一步被醚化）

图3-2　纤维素的醚化反应

3.2.2　羧甲基纤维素

由于羧基具有良好的亲水性能，羧甲基纤维素（carboxymethyl cellulose，CMC）是一种具有很高亲水性的纤维素衍生物。生产CMC的过程中，一般以短棉绒、下脚废棉或纸木浆为原料，将其在碱性条件下与氯乙酸进行醚化反应后经过洗涤、干燥制得成品，其中包括两个基本的化学反应：

（1）纤维素的碱化，即纤维素与碱水溶液反应后生成碱纤维素。

（2）纤维素的醚化，即碱纤维素与一氯乙酸（或其钠盐）的醚化反应。

其中主要的反应方程式为：

$$[C_6H_7O_2(OH)_3]_n + nClCH_2COOH + 2NaOH = [C_6H_7O_2(OH)_2OCH_2COONa]_n + nNaCl + 2nH_2O$$

在碱的催化作用下，氯乙酸发生如下水解副反应：

$$ClCH_2COOH + 2NaOH \xlongequal{} HOCH_2COONa + NaCl + H_2O$$

这种副反应一方面消耗了氢氧化钠和氯乙酸，降低了产品的醚化度，另一方面水解产生的羟乙酸钠和其他杂质造成产品纯度下降。因此，生产过程中纤维素、氢氧化钠、氯乙酸及整个体系中的水分子都要求有一个适当的比例。

根据醚化介质的不同，CMC 的制造方法可分为溶媒法和水媒法两大类。在碱化和醚化反应中加入有机溶剂作为反应介质的方法，称为溶媒法，适用于生产中高档 CMC。在碱化和醚化反应过程中不加有机溶剂，而以水作为反应介质的方法称为水媒法，主要用于生产低档 CMC。此外，在对传统工艺改进的基础上又发展出了二次加碱法、淤浆法、溶液法等生产工艺（雷雨电，2001；刘关山，2002；邓燕青，1998）。

3.2.2.1 水媒法生产工艺

水媒法是早期用于生产 CMC 的一种工艺方法，该法将碱纤维素、醚化剂、游离碱、水一起进行反应，设备简单、投资少、成本低，可制取中低档 CMC 产品用于洗涤剂、纺织上浆、粘接剂、石油工业等。水媒法的工艺流程如图 3-3 所示。

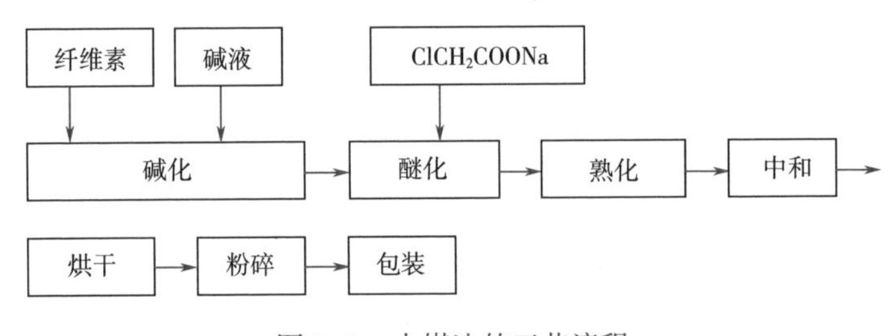

图 3-3 水媒法的工艺流程

3.2.2.2 溶媒法生产工艺

溶媒法又称有机溶剂法，是在有机溶剂作反应介质的条件下进行碱化和醚化反应的工艺方法。与水媒法类似，反应过程也由碱化和醚化两个阶段组成，但因介质不同，两者的工艺过程有较大差别。溶媒法省去了水媒法所固有的浸碱、压榨、粉碎、老化等工序，其碱化、醚化均在捏和机中进行。图 3-4 为溶媒法生产 CMC 的工艺过程。

由于以有机溶剂作介质，反应物在碱化、醚化过程中呈泥浆状态，溶媒法反应过程的传热和传质迅速、均匀、稳定，主反应快、副反应少，醚化剂利用率较水媒法提高 10%~20%，制得产品的均一性、透明度及溶解性能好。同时，溶媒法与传统水媒法相比，其工序少、生产周期短。但溶媒法使用昂贵的有机溶剂作

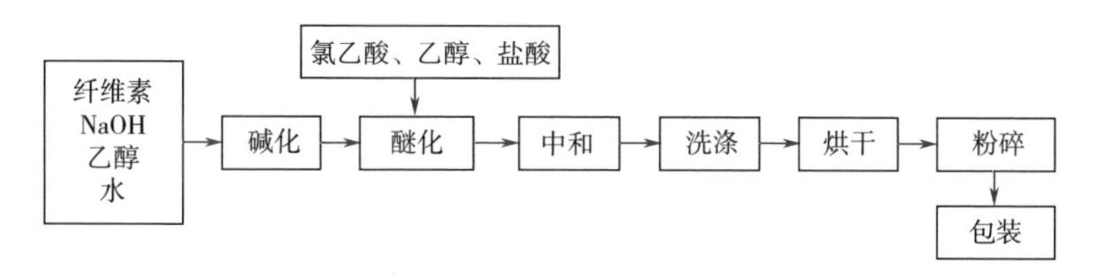

图 3-4 溶媒法生产 CMC 的工艺流程

介质在成本中所占比例大。另外，使用大量有机溶剂在安全生产方面必须采取一系列措施才能保证生产的顺利进行。

3.2.2.3 二次加碱法生产工艺

目前，国内溶媒法生产 CMC 都经过碱化、醚化、中和、洗涤、干燥、粉碎等过程，俗称一次加碱法。该法生产的产品在应用时还存在取代均匀性、透明度、溶液流变性、抗腐败能力不够理想等问题。二次加碱法是把一次加碱法中的碱分前后两次加入，第一次加入的碱量和醚化剂的总量有一定比值，要求在 0.10~0.99 之间。初始反应是在醚化剂过量下进行的，整个反应体系不呈碱性，从而使一氯乙酸钠对纤维的扩散速度加快，并能均匀渗透进入纤维中，有效抑制副反应、提高醚化剂利用率。反应一段时间后进行二次加碱完成反应，可以有效提高 CMC 的透明度，改善取代分布均匀性。

3.2.2.4 淤浆法生产工艺

淤浆法是纤维素醚化的最新方法，不仅可以生产精制级的 CMC，还可生产取代度很高的聚阴离子纤维素，其生产工艺如下：卷筒状棉浆粕经磨碎机磨成粉末状，用风送到预先装有异丙醇的立式碱化机中，不断搅拌下加入 50%~60%的苛性钠溶液，并冷却至 20~30℃进行碱化。碱化后的物料用泵输送到带搅拌器的立式醚化机中，加入醚化剂（氯乙酸的异丙醇溶液），在 65~75℃下进行醚化。这种方法与传统的捏合工艺法相比，得到的产品质量均匀、原料消耗低。通过调节碱化和醚化的配料比可控制并减少副反应的进行，节约氯乙酸的消耗。

3.2.2.5 溶液法生产工艺

CMC 的溶液法生产工艺属均相法新工艺，是使纤维素溶解于有机溶剂中进行的均相醚化反应，可以制备超高取代度的 CMC。

3.2.3 羧甲基纤维素的性能和应用

羧甲基纤维素是一种阴离子型高分子化合物，外观为白色絮状粉末，无臭、无毒、无味，易溶于水。羧甲基纤维素的水溶液是一种透明状液，溶液呈中性，对光和热稳定，具有很强的吸湿性。羧甲基纤维素不溶于酸、乙醇、丙酮、氯仿、苯等，难溶于甲醇、乙醚，具有优良的水溶性和成膜性。羧甲基纤维素有很广泛的应用，可作为乳化剂、增稠剂，广泛应用于石油、地质、建材等行业中。在造纸工业中，羧甲基纤维素用于上胶剂、增强剂等；在织物染色工业中，用作糊料、整理剂等；在化妆品工业中，用作粘料、乳化糊等；在食品工业中，用作乳化剂、增稠剂；在医药工业中，用作针剂的乳化稳定剂、片剂的黏合剂、成膜剂等。

3.2.4 羧甲基纤维素在医用敷料中的应用

羧甲基纤维素在医用敷料的生产中有很广泛的应用。早期的水胶体医用敷料利用了羧甲基纤维素的强吸水性，把粉末状的羧甲基纤维素与橡胶混合，在强力搅拌下，羧甲基纤维素颗粒均匀混入橡胶结构。把这种混合物加热后挤出，形成的薄片通过切割、包装得到水胶体敷料。

当水胶体与潮湿的伤口接触后，羧甲基纤维素颗粒与渗出液中的水结合，形成水凝胶体，而橡胶则使整个敷料粘贴在创面上。在目前广泛使用的水胶体敷料中，羧甲基纤维素通常与明胶、果胶等水溶性高分子混合在一起，在伤口上吸收水分并形成一个适合伤口愈合的湿润环境。

羧甲基纤维素还应用于水凝胶体的生产中。基于其良好的乳化和增稠作用，在水中加入少量的羧甲基纤维素即可形成具有很高黏度的水凝胶体。在干燥的伤口上敷贴一层水凝胶可以辅助伤口清除创面上的干痂，使创面保持湿润的愈合环境，促进伤口愈合。

把棉花、黏胶纤维等纤维素类纤维在固体状态下进行醚化处理后可以得到纤维状的羧甲基纤维素产品。这种纤维制备的非织造布经过进一步切割、包装可以得到具有很高吸湿性的水化纤维医用敷料。

3.3 纤维素纤维

3.3.1 纤维素纤维的种类

纤维素纤维可分为天然纤维素纤维和再生纤维素纤维。天然纤维素纤维又称植物纤维，常见的有棉纤维和麻纤维，其中棉花是常见的纤维素纤维，早在5000多年前在印度已成为一种重要的农作物。中国也有2000多年的种棉历史。棉花是人类历史上最主要的纺织纤维，是人们的衣着之源。直到今天棉花仍是年产量最大的天然纤维素纤维，是一种在人们经济活动中有很重要地位的纺织纤维。与化学纤维相比，棉纤维具有保暖性好、吸湿性强、柔软性佳等优点。

再生纤维素纤维是以纤维素为原料制备的化学纤维。纤维素与 NaOH 和二硫化碳反应后制备的纤维素磺酸钠在加水溶解后形成黏稠的纺丝溶液，通过细小的喷丝孔挤入酸性凝固液后可以得到再生纤维素纤维。这种方法制备的纤维被称为黏胶纤维，图 3-5 显示生产黏胶纤维的湿法纺丝原理。

$$\text{Cell—OH} + \text{NaOH} + \text{CS}_2 \longrightarrow \text{Cell—O—}\underset{\underset{\text{S}}{\|}}{\text{C}}\text{—SNa} + \text{H}_2\text{O}$$

纤维素黄酸钠

$$\text{Cell—O—}\underset{\underset{\text{S}}{\|}}{\text{C}}\text{—SNa} + \frac{1}{2}\text{H}_2\text{SO}_4 \longrightarrow \text{Cell—OH} + \text{CS}_2 + \frac{1}{2}\text{Na}_2\text{SO}_4$$

再生纤维素

图 3-5　黏胶纤维的生产原理

黏胶纤维的生产工艺自 19 世纪 90 年代诞生以来经历了很多变革，其产品在纺织服装领域有极广泛的应用。我国竹资源特别丰富，近年来国内一些厂家开发了以竹纤维素为原料生产的新型再生纤维素纤维。这种纤维是以毛竹为原料，在竹浆中加入功能性助剂，经湿法纺丝加工制成。作为纺丝原料的竹浆粕来源于速成的鲜竹，资源十分丰富。竹纤维的性能与普通黏胶纤维相似，其织物具有良好的吸湿、透气性，其悬垂性和染色性能也比较好，有蚕丝般的光泽和手感，且具有抗菌、防臭、防紫外线功能。

在黏胶纤维的生产过程中，传统生产方法一般采用碱纤维素与二硫化碳反应后得到的纤维素磺原酸钠溶液为纺丝液，将其挤入酸性介质后得到丝条。这种方法的缺点是生产过程中使用大量的酸、碱和二硫化碳气体，污染严重。20 世纪 90 年代发展起来的溶剂法生产再生纤维素纤维的生产工艺采用有机溶剂直接溶解纤维素。此前，由于纤维素的结晶度高、分子间氢键作用力强，很难溶解在一般溶剂中。Graenacher 等（GRAENACHER，1973）发现纤维素可溶于无毒的 *N*-甲基吗啉-*N*-氧化物（简称 NMMO）溶液中，形成的纺丝液通过喷丝孔挤入 NMMO 的稀溶液中即可使纤维素再生而得到纤维。为了进一步改进纤维的性能，纺丝液在挤出喷丝孔后先进入一个空气层，然后进入凝固浴（MCCORSLEY，1981），通过这种“干—湿”法制备的纤维有很好的强度，特别是纤维的湿强度高、稳定性好，潮湿后几乎不缩水，具有很高的尺寸稳定性。以 NMMO 为溶剂生产的纤维素纤维通常被称为 Lyocell 纤维，该纤维制备的织物具有良好的吸湿性、舒适性、悬垂性和硬挺度。这种溶剂法生产再生纤维素纤维的过程中使用的 NMMO 溶剂是无毒的，而且在生产过程中可以完全析出和回收，整个工艺不造成环境污染，是一种绿色环保的生产方法。

近年来，在传统纤维素纤维的技术和市场日益成熟的背景下，化纤行业更注重于纤维的功能化改性。为了制备具有生物活性的功能性纤维素纤维，德国吉玛公司在溶剂法生产再生纤维素纤维的过程中，把海藻粉末与纺丝溶液混合，制得的海丝纤维中分布了细小的海藻颗粒。在生产海丝纤维的过程中，木浆纤维素首先被转化成溶液，然后与海藻粉末混合后纺丝，其中纤维素是主要的生产原料，得到的纤维是一种以纤维素为载体、以海藻粉末为活性成分的复合材料。吉玛公司为这种纤维注册的商标为“SeaCell”，显示该纤维是海藻（seaweed）和纤维素（cellulose）结合后的产物。

图 3-6 为海丝纤维的生产工艺流程。生产过程中根据原料来源的不同，木浆可以采用干、湿或湿+酶法进行预处理，然后用 NMMO 溶解。海藻是以固体状态混入纤维的，由于溶剂法生产的再生纤维素纤维的直径在 10~15μm，加入纤维的海藻粉末的直径应该在 9μm 以下。在预处理过程中，海藻被充分磨碎，保证其直径小于 9μm。海藻粉末可以在木浆溶解前或在溶解过程中与纤维素溶液混合，可以直接加入纺丝液，或以悬浮液的方式加入。当海藻粉末的直径小于 9μm 时，生产过程中的过滤、喷丝等工序与一般的 Lyocell 纤维生产过程基本相同，其中黏度很高的纺丝液可以使海藻粉末均匀分散在溶液中，不会下沉或聚集（秦益民，2007）。

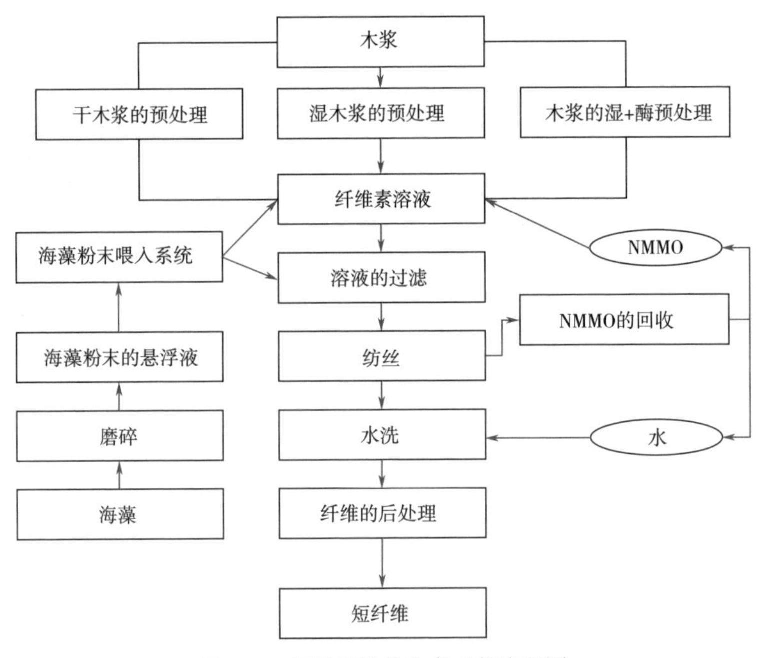

图 3-6　海丝纤维的生产工艺流程图

3.3.2　纤维素纤维在医用敷料中的应用

以纤维素纤维为原料的医用敷料在医疗卫生行业的应用已经有很长的历史。尽管目前新技术和新材料在不断涌现，传统的棉纱布仍然是伤口护理中使用的主要材料。黏胶纤维也广泛应用于针刺和水刺非织造布的生产中，在医疗卫生行业中有很多应用。目前以棉花和黏胶纤维为原料制备的纱布是医院中用量最多的外科材料。但是尽管这两种纤维均有很好的透气性，纱布仍需要采用很小的经纬密度，织成透孔织物以增加透气性。临床应用中普通棉制纱布的吸湿性很好，但容易与伤口渗出物黏结在一起，直接用于烫伤、烧伤、溃疡等大面积皮肤破损的伤口时，纱布通常需用石蜡涂层处理以增加表面光洁性、减少与伤口黏结。纱布上有时也涂上一层防粘的油膏。

棉纱布是一种有很长应用历史的传统敷料，因其对创面愈合无明显作用，故又称惰性敷料。临床上，棉纱布的优点体现在：①能保护创面；②有吸收性；③制作简单；④价格便宜；⑤可重复使用。其缺点是：①无法保持创面湿润，创面愈合慢；②敷料中的纤维容易脱落，造成异物反应，影响愈合；③创面肉芽组织易长入敷料的网眼中；④敷料浸透时，病原体易通过；⑤换药时，易损伤新生组织；⑥换药工作量大。

为了克服以上不足因素，一些改良型敷料相继问世，如用塑料膜复合后生产的不粘纱布。该敷料是在传统敷料的外周复合一层多孔塑料薄膜。其优点是：①防止敷料中纤维的脱落；②不粘连伤口，减轻换药时的疼痛和组织损伤；③有一定的吸收性，可应用于渗出液较少的表浅性伤口或一期愈合的伤口。再如由传统敷料经石蜡油、羊脂等浸润后制成的湿润性不粘纱布，其优点是：①不粘连伤口，减轻换药时的疼痛和组织损伤；②湿润环境有利于表皮生长。其缺点是：①无吸收性；②需附加其他敷料；③有时可引起局部过敏反应。

图3-7显示把棉纱布重叠后测得的吸湿性能。可以看出，当棉纱布被重叠后，单位重量的吸湿性能有明显提高。单层棉纱布吸收的水分仅为6.47g/g，而5层纱布的吸水率达到9.25g/g，比单层时提高43%。从这个数据可以看出，棉纱布的吸湿性主要是基于其织物结构中的毛细空间，层数增多时形成的毛细空间稳定，有更好的持水性（秦益民，2007）。

临床护理过程中，许多慢性溃疡性伤口的皮肤组织严重腐烂、伤口渗出液较多，以棉花或黏胶纤维为原料制备的针刺非织造布是吸收渗出液的理想材料，其成本低、手感柔软、吸湿性好，但是如果这样的非织造布直接使用在创面上，织

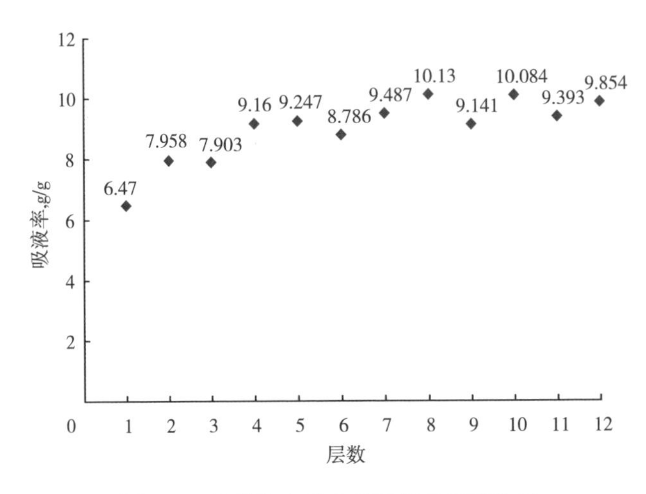

图 3-7　把棉纱布重叠后测得的吸湿性能

物表面的纤维容易与伤口渗出物结合在一起，去除敷料时很容易引起伤口二次损伤，甚至出现流血现象。在这样的情况下，由黏胶长丝纤维制备的针织物可用作低黏性创面接触层。如图 3-8 所示，这种材料表面光滑、结构柔软、没有松散的纤维，与创面不容易粘连。将其敷贴在创面上后敷上医用非织造布，伤口渗出液可以透过针织物的孔洞被非织造布吸收，更换敷料时可以很方便地把非织造布和长丝针织物依次从创面去除，不损伤新生皮肤。实际使用过程中，护理人员可以把与创面直接接触的针织物留在伤口上，单独更换吸湿材料，这样可以使伤口免受更换敷料引起的损伤。

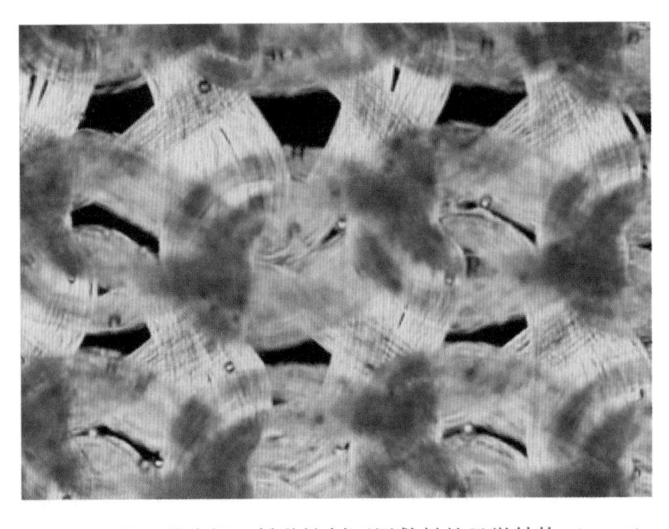

图 3-8　针织黏胶长丝低黏性创面用敷料的显微结构（×200）

作为一种重要的伤口护理用品，低黏性创面接触材料受到全球各大医药卫生材料公司的重视，Johnson & Johnson，Smith & Nephew 等全球性医用敷料供应商都有自己的品牌产品。Johnson & Johnson 公司产品的商标为 N-A Dressing，Smith & Nephew 公司的商标为 Tricotex，两种产品在西方各国的伤口护理市场上都有较高的声誉和广泛的应用。表 3-2 总结了英国市场上的针织低黏性创面接触材料的品牌、尺寸和价格。

表 3-2　英国市场上的针织低黏性创面接触材料的品牌、尺寸和价格

产品名称	尺寸/cm	价格/英镑
N-A Dressing	9.5×9.5	0.32
	19×9.5	0.61
N-A Ultra	9.5×9.5	0.30
	19×9.5	0.58
Paratex	9.5×9.5	0.25
Primary	14.5×12.5	0.39
Setoprime	9.5×9.5	0.27
Tricotex	9.5×9.5	0.29

3.4　羧甲基纤维素纤维

纤维素类纤维一般有较高的结晶度，尽管亲水性好，棉花、黏胶纤维等纤维素类纤维遇水后的溶胀度不高。在与水接触时，液体被吸收在纤维与纤维之间的毛细空间内，纤维本身的吸水性有限。应用在伤口上时，棉花和黏胶纤维在创面干燥后容易与创面的皮肤组织粘连在一起，去除敷料时使新鲜皮肤组织拉伤。这是传统创面用敷料的一个主要性能缺陷。

3.4.1　羧甲基纤维素纤维的制备

为了改进其亲水性能，纤维素纤维可以通过化学处理转化成具有更高亲水性的羧甲基纤维素纤维（秦益民，2006），这种改性可以在碱性条件下用氯乙酸处理纤维素纤维实现。羧甲基化处理可以把棉花和黏胶纤维制成具有高吸湿性的羧甲基纤维素纤维。如图 3-9 所示，在纤维素的羟基上接枝羧甲基团后，纤维结构中加入了一个具有很强亲水性的基团，因此具有很高的吸湿性。如果该化学反应

是在有机溶剂中进行的，初始材料的纤维状结构可以得到保留，获得的羧甲基纤维素纤维可以进一步加工成高吸湿性创面用敷料。

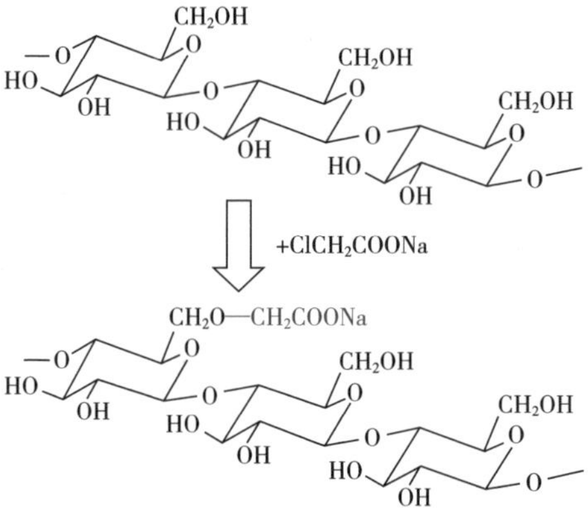

图 3-9　纤维素和部分羧甲基化纤维素的化学结构

羧甲基纤维素纤维通常是用氯乙酸在碱性条件下处理纤维素纤维后得到的，其中处理的程度可以通过控制纤维素与氯乙酸之间的质量比来控制。对于羧甲基化的纤维素纤维，反应的程度应该控制在使纤维具有高吸湿性的同时能在水中保持纤维状的结构，这样可以使创面敷料在使用后能完整去除。如果反应程度太高，纤维在接触伤口渗出液后溶解，不能保持敷料的结构完整性。

羧甲基化处理时首先把纤维用 NaOH 水溶液处理，使纤维素转化成碱纤维素，然后在加热的条件下将碱纤维素与氯乙酸反应。为了使纤维在具有高吸湿性的同时保持其纤维状结构，纤维素中羟基的羧甲基化取代度最好在 0.3 左右。

3.4.2　羧甲基纤维素纤维的性能

图 3-10 比较了羧甲基化处理前后黏胶纤维纱线的吸湿效果图。可以看出，处理后的纱线遇水后高度膨胀，比未处理样品有更好的吸湿性。由于黏胶纤维的吸湿性有限，并且由于纱线中纤维与纤维之间的结合紧密，缺少吸收液体的毛细空间，因此未处理的纱线缺少持水性能。而羧甲基化处理使黏胶纤维的结构中增加了亲水性极强的羧甲基团，纤维遇水后能很快吸收大量水分。

图 3-11 显示羧甲基化后的针织黏胶长丝敷料在湿润后的凝胶状结构。与图 3-8 相比后可以发现，羧甲基化后的黏胶纤维遇水后高度膨胀，形成纤维状的水凝胶体。当使用在有渗出液的伤口上时，这种羧甲基化纤维素创面用敷料可以吸收大量伤口渗出液，在创面上形成一层促进伤口愈合的湿润环境。

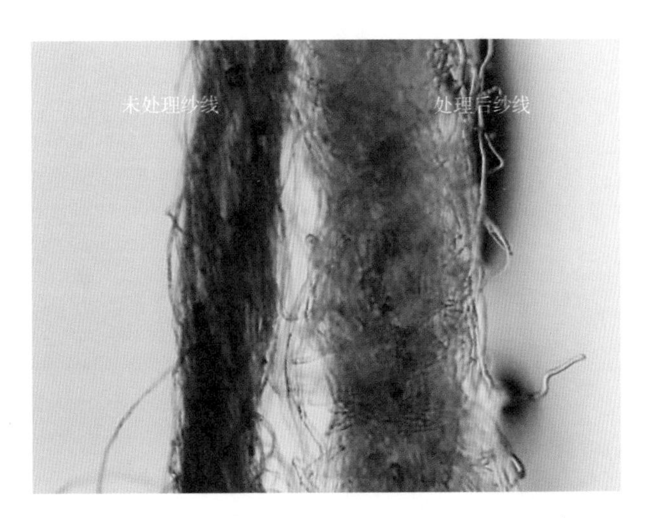

图 3-10　羧甲基化处理前后黏胶纤维纱线的吸湿效果图（×200）

图 3-11　羧甲基化后的针织黏胶长丝敷料在湿润后的凝胶状结构（×200）

图 3-12 显示羧甲基化棉纤维的成胶性能，其中的纤维是用 1.5 倍于纤维重量的氯乙酸处理棉花后制备的。从图 3-12（b）中可以看到，羧甲基化棉纤维在水中高度膨胀，具有很高的吸湿性。

表 3-3 显示羧甲基化后的棉纱布在水和生理盐水中的吸湿性能。未处理的样品可以吸收 9.7g/g 水和 9.5g/g 生理盐水。羧甲基化处理对棉纱布的吸湿性能有明显的影响，当氯乙酸与纱布的质量比为 1∶1.5 时，处理后的纱布可以吸收 49.3g/g 水和 17.8g/g 生理盐水，分别比未处理的样品提高 408.2%和 87.4%。

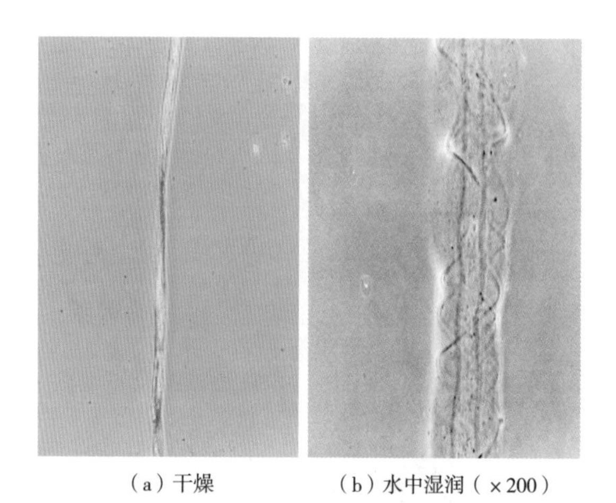

图 3-12　羧甲基化棉纤维的干燥和湿润态结构

表 3-3　羧甲基化后棉纱布在水和生理盐水中的吸湿性能

棉纱布与氯乙酸的质量比	吸水量/（g/g）	吸生理盐水量/（g/g）
1 : 0	9. 7±0. 20	9. 5±0. 15
1 : 0. 25	12. 4±0. 15	13. 2±0. 21
1 : 0. 50	14. 4±0. 30	11. 5±0. 18
1 : 0. 75	16. 8±0. 22	12. 7±0. 20
1 : 1	17. 9±0. 35	14. 3±0. 25
1 : 1. 50	49. 3±0. 45	17. 8±0. 32

3. 5　水化纤维敷料

水化纤维敷料（hydrofiber dressing）是由 100%羧甲基化纤维素纤维制备的创面用敷料，在国际伤口护理市场上已经取得很大的商业成功。这种产品是以溶剂法生产的天丝纤维（Tencel）为原料，用氯乙酸处理纤维得到部分羧甲基化的纤维素纤维后制成的针刺非织造布。产品中的羧甲基化纤维素纤维保持了天丝纤维的强度和柔软性，有很好的手感。当与水接触时，纤维结构中的羧甲基团能吸收大量水分，并且把水吸入纤维内部后形成纤维状凝胶。在这一点上，水化纤维敷料与传统医用敷料有很大区别。棉花或黏胶纤维制成的敷料遇水后，液体主要吸收在纤维与纤维之间形成的毛细空间内，这样吸收的液体很容易沿着织物扩散，并且受压时吸湿性能有很大下降。当水化纤维遇水后，液体被吸入纤维内部，吸水后的整个敷料形成一种水凝胶体，具有低黏性，在伤口愈合后可以很方便地从创面去除（ROBINSON，2000）。

应该指出的是，在英国 Courtaulds 公司开发水化纤维之前，已经有人采用黏胶纤维或棉花为原料加工成纤维状的羧甲基纤维素纤维，但是由于水化后纤维强度低，得到的产品的后加工性能不理想。Courtaulds 公司（BAHIA，1998）把羧甲基化工艺成功应用于溶剂法纺丝得到的天丝纤维，由于这种纤维的干强和湿强度都很好，转化成羧甲基纤维素纤维后仍然有很好的加工性能。与黏胶纤维或棉花相比，天丝纤维的截面结构很均匀，并且结晶度比其他纤维高，在羧甲基化过程中纤维的强度没有太大的损失。

制备水化纤维的过程中，羧甲基取代度最好控制在 0. 2~0. 5，如果太高了，纤维会遇水溶解，而不是遇水溶胀。为了避免纤维在水中溶解，也可以在生产过程中的水洗溶液中加入一定量的钙离子。如果纤维在碱溶液中浸渍后用溶液除去纤维表面的碱后再与氯乙酸反应，则纤维内部的羧甲基化比纤维外部高。

通过羧甲基化处理天丝纤维后得到的水化纤维在 0. 9%NaCl 水溶液中的自由吸液率可以达到 20~40g/g，纤维的强度在 15~25cN/tex。在同样条件下处理的黏胶纤维或棉花的吸液率只有 8~13g/g，并且纤维的强度很低。

3. 5. 1　水化纤维敷料的结构和性能

由于其分子结构中含有亲水性很强的羧甲基钠基团，在与水接触时，水化纤维可以把大量的水吸入纤维内部，使纤维在吸水后变成一种如图 3-13 所示的水凝胶体，一方面可以在伤口表面形成一个湿润的愈合环境，另一方面其纤维状结构可以使敷料保持一定的结构稳定性，方便敷料从创面去除。

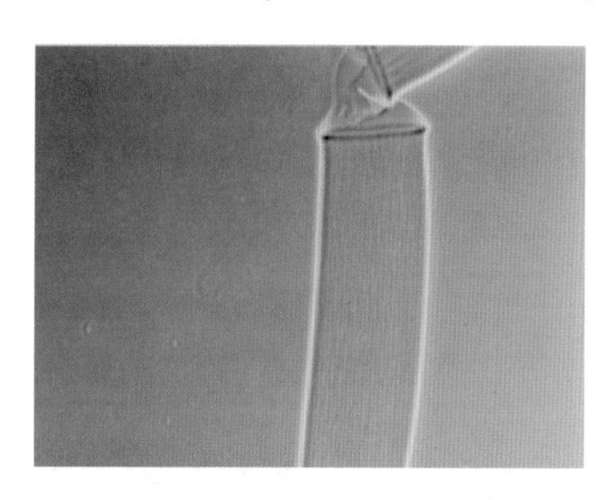

图 3-13　水化纤维吸水后的溶胀结构

表 3-4 显示水化纤维的羧甲基取代度对吸湿性能的影响。随着羧甲基取代度的增加，纤维在水和生理盐水中的吸液率均有明显增加，吸湿后的纤维也从纤维状逐渐转化为凝胶状。

表 3-4　水化纤维的羧甲基取代度对吸湿性能的影响

样品序号	羧甲基取代度	吸水率/（g/g）	吸 0.9%NaCl 水溶液率/（g/g）	吸水后纤维的形态
1	0.235	20	10	纤维状
2	0.290	18	10	纤维状
3	0.375	28	18	凝胶状
4	0.405	38	29	凝胶状

基于其高吸湿性和原位形成凝胶的性能，水化纤维敷料可应用于渗出液较多的伤口上，如下肢溃疡、压疮、Ⅰ度和Ⅱ度烧伤以及手术伤口、供皮区创面等（FOSTER，1997），具有以下一些主要性能：

（1）很高的吸湿性和持水性。

（2）在受压时保持很高的吸湿性和持水性。

（3）可以很方便地敷贴在伤口上、很方便地从伤口上去除。

（4）液体在敷料上被垂直吸收，不会沿着织物扩散而浸渍伤口周边的皮肤。

除了很高的吸湿性，水化纤维敷料也具有一定的抗菌性能。Walker. 等（WALKER，2003）用扫描电镜观察了吸湿后的水化纤维，结果显示，纤维吸水膨胀后，随伤口渗出液进入敷料的细菌被固定在纤维之间的空间而失去活性，其中一些细菌被吸附在还未吸水膨胀的纤维表面，由于不能扩散和迁移，细菌的增殖受到抑制，在一定程度上抑制了伤口的感染。Bowler 等（BOWLER，1999）在临床上证明了水化纤维敷料具有一定的抗菌性。图 3-14 显示水化纤维非织造布吸水后形成凝胶的效果图。

图 3-14　水化纤维非织造布吸水后形成凝胶

由于纤维高度膨胀，非织造布中纤维之间的空隙在纤维遇水膨胀后被堵塞，阻断了液体的横向扩散，应用在创面上时可以保护伤口周边的皮肤免受伤口渗出液的浸渍。图 3-15 显示水化纤维敷料的凝胶阻断效果图。

图 3-15　水化纤维敷料的凝胶阻断效果图

3.5.2　水化纤维敷料的临床应用

天丝纤维的性能优良，强度高、纤度细、手感柔软，而经过羧甲基化改性处理的水化纤维具有优良的吸湿和成胶性能，使水化纤维敷料具有很好的综合性能，已经成功应用于各种伤口的护理（WILLIAMS，1999）。临床使用时，敷料应该比其覆盖的创面略大一些，敷贴后用合适的间接敷料覆盖，再用手术胶带或绷带把敷料固定。护理中采用的间接敷料可以根据伤口渗出液的多少来决定。如果渗出液较多，可以用常用的吸湿垫覆盖。如果渗出液较少，可以用聚氨酯薄膜覆盖。如果伤口比较深，可以用条状的水化纤维敷料充填。充填时应该保证敷料处于一种疏松状态，避免其吸湿膨胀后压迫创面，最好把 80% 的空间填满，并在伤口的边缘留一小段敷料，以便更换敷料时从腔隙中抽出。

由于水化纤维的羧甲基取代度被控制在一定程度，该纤维不溶于水，同时由于天丝纤维本身具有很高的强度，生产过程中非织造布被针刺在一起形成的紧密结构使水化纤维敷料在具有很高吸湿性的同时也具有较高的湿强度和湿稳定性。如图 3-16 所示，在吸收大量伤口渗出液形成凝胶后，水化纤维敷料可以完整地从伤口上去除，而且去除过程对创面的影响很小。

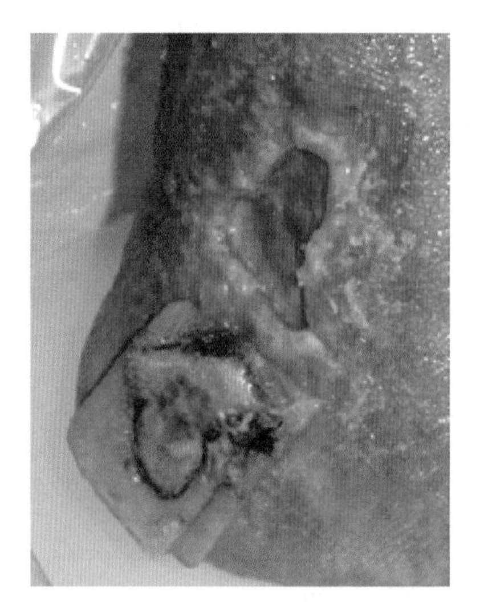

图 3-16　水化纤维敷料的使用效果图

Russell（RUSSELL，2000）在一个慢性溃疡性伤口上使用了水化纤维敷料，结果显示这种敷料能有效控制伤口产生的渗出液、促进伤口愈合，患者对敷料的疗效很满意。使用这种敷料时患者没有遇到伤口渗出液污染衣服、闻不到伤口产生的臭味，并且感到自己的活动能力有所提高，这种敷料也可以没有疼痛地从伤口上去除。

水化纤维吸水后形成凝胶的性能与海藻酸盐纤维有许多相似之处。Foster 等（FOSTER，2000）比较了水化纤维敷料和海藻酸盐敷料在手术伤口上的使用效果。100 个病人随机分成两组，一组采用水化纤维敷料，另一组采用海藻酸钙医用敷料。在手术过后、24h 后以及 7 天后观察敷料的使用和伤口的愈合情况。作者发现总的来说，水化纤维敷料的性能比海藻酸钙医用敷料更好，在敷贴和去除敷料时，使用水化纤维敷料的病人感受的疼痛比海藻酸钙敷料轻。

Armstrong 等（ARMSTRONG，1997）比较了水化纤维敷料和海藻酸盐敷料在下肢溃疡伤口上的应用，试验中把患者分成轻度渗出和高度渗出两组，其中轻度渗出伤口为每隔 2~3 天需要更换敷料的伤口、高度渗出为至少每天需要更换敷料的伤口。研究结果显示，水化纤维敷料的使用时间比海藻酸盐敷料长，在不同患者上得到的平均使用时间比海藻酸盐敷料长 1 天。由于更换敷料需要很多护理时间，这 1 天的延长有很重要的临床价值。试验还发现在 43%的患者中，水化纤维敷料可以用 7 天。

Guest 等（GUEST，2005）研究了使用水化纤维敷料的经济价值。他们在德国和美国的溃疡伤口上使用了水化纤维敷料和普通纱布。根据已经掌握的有关水化纤维敷料的疗效，他们对在德国和美国使用水化纤维敷料和普通纱布的经济价值进行了预测。模拟结果显示，使用水化纤维敷料在 18 周内可以使 30%的溃疡伤口愈合，而使用普通纱布在同样时间内的愈合率是 13%。18 周内，在德国使用水化纤维敷料和普通纱布的总护理成本分别是 2020 欧元和 2654 欧元，在美国的相应成本分别是 3797 美元和 5288 美元。从这些结果可以看出，使用水化纤维敷料比普通纱布可以提高愈合率 130%、减少护理成本 24%。由于水化纤维敷料比普通纱布需要的更换次数少，护理时间可以大幅减少。

3.6　纤维素类医用敷料的其他改性技术

除了羧甲基化等纤维素的醚化反应，通过氧化以及负载多糖、蛋白质、肽、酶、环糊精、脂质、金属离子等生物活性物质可以改善棉纤维等纤维素类纤维的止血、抗菌、缓释活性成分等功效，在功能性医用敷料领域有重要的应用价值（秦益民，2015）。

3.6.1　氧化纤维素止血纱布

对 C6 位上的伯羟基进行选择性氧化可以在制备氧化纤维素的同时避免纤维强度的下降。2，2，6，6-四甲基哌啶氧化物（TEMPO）是一种具有弱氧化性的哌啶类氮氧自由基，在含 TEMPO 的共氧化剂体系中，纤维素的氧化反应对伯羟基有选择性，而对仲羟基无作用。用含 TEMPO 的共氧化剂处理棉纤维可以在 C6 位上的羟基转化为羧基的同时保持纤维素分子链的高分子结构，当反应在固态进行时可以得到具有止血作用的氧化纤维素止血纱布（LEWIS，2013）。研究结果显示，当羧基含量占 16%~24%时，氧化纤维素的 pH 值约为 3.1，具有良好的生物相容性、生物可吸收性及止血性能。以针织黏胶纤维织物为原料通过氧化反应制备的氧化再生纤维素（oxidized regenerated cellulose）止血纱布是目前临床上应用的一种主要止血类产品。图 3-17 为氧化再生纤维素止血纱布示意图。

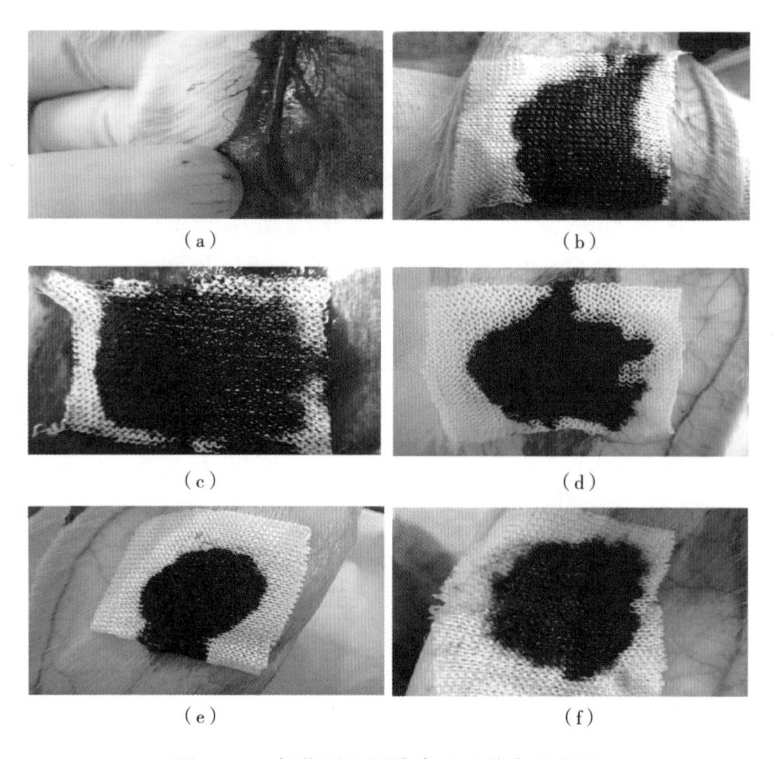

图 3-17　氧化再生纤维素止血纱布示意图

3.6.2　多糖接枝棉纤维

海藻酸、甲壳素、壳聚糖、葡聚糖、透明质酸、果胶等天然多糖具有各自的生物活性，在医疗卫生领域已经得到广泛应用。把多糖高分子接枝到棉纤维上后，利用纤维表面负载的活性多糖可以起到止血、抗菌、吸附蛋白酶等作用，可以有效提高纤维的应用价值。Edwards 等（EDWARDS，2002）的研究显示，把多糖与棉纤维素结合后得到的复合材料具有降低弹性蛋白酶的功效。在伤口的愈合过程中，中性粒细胞产生的弹性蛋白酶能水解弹性蛋白，因此影响了新鲜皮肤组织的生成。通过亲电性多糖对弹性蛋白酶的抑制作用可以避免弹性蛋白的水解，促进伤口愈合。在各类多糖中，壳聚糖的生物活性在许多领域中均有应用，壳聚糖纤维已经被应用在抗菌纺织品及止血性医用敷料中（WEDMORE，2006）。Shin 等（SHIN，2001）研究了用壳聚糖接枝棉纤维后得到的改性纤维的抗菌性能。结果显示，分子量在 100000~210000 的壳聚糖以 0.5%（质量分数）的浓度处理棉纤维后可以有效抑制金黄色葡萄球菌的增长。壳聚糖也具有良好的止血性能，Pusateri 等（PUSATERI，2003）的研究结果显示，在用质量分数为 1%~4%

的壳聚糖处理棉纱布后可以有效抑制血液在纱布上的扩散，说明负载壳聚糖的棉纤维具有凝固血液的功效。

3.6.3　环糊精接枝棉纤维

环糊精是直链淀粉在葡萄糖基转移酶作用下生成的一种环状低聚糖，通常含有 6~12 个 D-吡喃葡萄糖单元。如图 3-18 所示，由于连接葡萄糖单元的糖苷键不能自由旋转，环糊精在空间中是一种锥形状的圆环，可以通过其圆环结构负载药物、香精、化妆品等活性物质（SCALIA，2006）。把环糊精通过交联剂结合到棉纤维上可以通过其空间结构负载一系列生物活性物质（WANG，2004）。对环糊精分子洞外表面的醇羟基进行醚化、酯化、氧化、交联等化学反应后可以赋予环糊精分子洞外表面新的功能，使其对生物活性物质具有更强的负载功效。

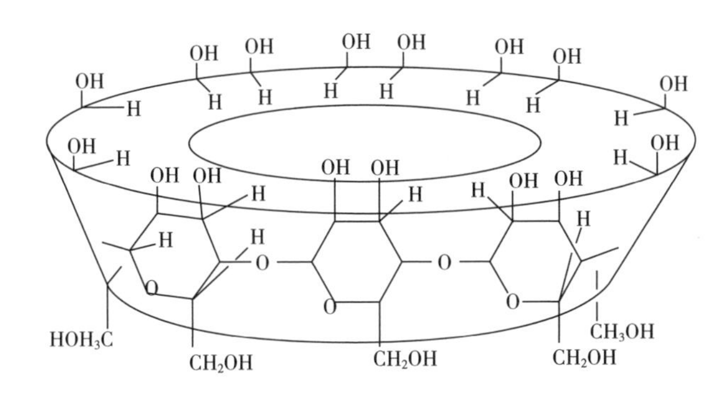

图 3-18　环糊精的化学结构

3.6.4　多肽接枝棉纤维

自 Merrifield 在 1963 年（MERRIFIELD，1965）报道了固相合成肽的研究以来，医药领域对合成肽在多种疾病的治疗中展开了大量的研究，其中以酯键连接的纤维素与肽复合物具有靶向释放活性肽的功效。近年来，以纺织材料负载肽的技术在伤口护理领域中得到应用，通过制备含层粘连蛋白和弹性蛋白的医用敷料用于创面的护理。由于中性粒细胞中的弹性蛋白酶及金属硫蛋白酶等蛋白酶对慢性伤口愈合过程中的生长因子和结缔组织蛋白质有较大的破坏作用，通过吸附蛋白酶可以有效提高伤口的愈合速度。Hashimoto 等（HASHIMOTO，2004）的研究显示，在棉纤维上接枝小分子量的肽链对中性粒细胞弹性蛋白酶具有吸附作用，可以减少其对伤口愈合的破坏作用。

3.6.5 蛋白质和酶接枝棉纤维

蛋白质和酶可以通过共价键合、交联、吸附等方式接枝到棉纤维上，含有转化酶和葡萄糖氧化酶的细胞也可以负载到棉织物上。在负载后形成的复合材料中棉纤维提供了一个稳定的结构及较高的比表面积，而酶、蛋白质等物质赋予材料优良的生物活性，例如把丝胶负载在棉纤维上可以使纤维得到良好的生物相容性（ZHANG，2002）。在医疗卫生领域，具有酶活性的改性棉纤维可以利用其负载的酶消化细菌，得到具有抗菌性能的医用纺织品，负载酶的纤维也可以通过其催化作用使生化武器失去活性（CHEN，2005）。

3.6.6 脂接枝棉纤维

脂类物质主要包括油脂和类脂，如磷脂、固醇等有机小分子物质。尽管脂类物质涉及的范围广、化学结构差异大、生理功能各不相同，其共同的物理性质是不溶于水而溶于有机溶剂，在水中相互聚集形成内部疏水的聚集体，可以负载油溶性的活性成分。羊毛表面的脂质中含有神经酰胺等具有良好皮肤护理功能的活性成分，进入人体表皮后可以增强其持水的功能，使皮肤更加滋润光滑。当棉纤维的表面负载一层有生物活性的脂类化合物时，它可以作为一个缓释载体包埋抗菌剂、皮肤修复剂、药物等活性成分。在负载脂质体后，通过光、热、pH 值、氧化还原等因素可以调节其负载的活性成分的释放速度，起到缓控释放活性成分的功能（MARTI，2011），在美容化妆品等领域中有很高的应用价值。

3.6.7 负载金属离子的棉纤维

人体中含有多种微量金属元素，其中锌、铜等金属离子对人体健康起重要作用。Athauda 等（ATHAUDA，2013）采用一个简单的二步整理法，首先用 ZnO 处理棉纤维形成晶核，然后使 ZnO 在纤维上继续结晶后使棉纤维负载 ZnO 纳米棒和纳米针。Fahmy 等（FAHMY，2013）采用后整理浴在纤维上负载了银及氧化钛纳米颗粒，提高了其抗菌及抗紫外的性能。Arain 等（ARAIN，2013）通过浸轧工艺在棉纤维上负载壳聚糖及 $AgCl—TiO_2$ 组成的复合物，起到抗菌及防紫外的作用。把棉、黏胶等纤维素织物用等离子体处理后再用醋酸锌、醋酸铜、氯化铝等无机盐处理，可以使纤维表面负载一层具有生物活性的微量金属离子（IBRAHIM，2012）。

3.7　小结

棉纱布等纤维素类制品是医用敷料领域的传统产品。用羧甲基化改性纤维素类纤维后可以得到吸湿性很强的羧甲基化纤维素纤维。这种改性处理使传统的以棉花和黏胶纤维为原料的医用敷料的性能得到很大改善。纤维素的各种化学改性在医用敷料领域有重要的应用价值，其中以溶剂法生产的天丝纤维为原料制备的水化纤维敷料已经广泛应用于临床，在慢性伤口护理中有很好的实用价值。

参考文献

[1] ARAIN R A, KHATRI Z, MEMON M H, et al. Antibacterial property and characterization of cotton fabric treated with chitosan/AgCl-TiO_2 colloid [J]. Carbohydr Polym, 2013, 96 (1): 326-331.

[2] ARMSTRONG S H, RUCKLEY C V. Use of a fibrous dressing in exuding leg ulcers [J]. J Wound Care 1997, 6: 322-344.

[3] ATHAUDA T J, HARI P, OZER R R. Tuning physical and optical properties of ZnO nanowire arrays grown on cotton fibers [J]. ACS Appl Mater Interfaces, 2013, 5 (13): 6237-6246.

[4] Bahia H S. Carboxymethylation treatment of tencel fibers: US, 5, 731, 083 [P]. 1998.

[5] BOWLER P G, JONES S A, DAVIES B J, et al. Infection control properties of some wound dressings [J]. Journal of Wound Care, 1999, 8 (10): 34-37.

[6] CHEN H, HSIEH Y L. Enzyme immobilization on ultra-fine cellulose fibers via poly-acrylic acid electrolyte grafts [J]. Biotech Bioeng, 2005, 90 (4): 405-413.

[7] EDWARDS J V, EGGLESTON G, YAGER D R, et al. Design, preparation and assessment of citrate-linked monosaccaride cellulose conjugates with elastase-lowering activity [J]. Carbohydrate Polymers, 2002, 15: 305-314.

[8] FAHMY H M, EID R A, HASHEM S S, et al. Enhancing some functional properties of viscose fabric [J]. Carbohydr Polym, 2013, 92 (2): 1539-1545.

[9] FOSTER L, MOORE P. The application of a cellulose-based fibre dressing in

surgical wounds [J]. J Wound Care, 1997, 6 (10): 469-473.

[10] FOSTER L, MOORE P, CLARK S. A comparison of hydrofibre and alginate dressings on open acute surgical wounds [J]. J Wound Care, 2000, 9 (9): 442-445.

[11] GRAENACHER C, SALLMANN R. Cellulose solutions and process of making same [P]. US Patent 2, 179, 181, 1973.

[12] GUEST J F, RUIZ F J, MIHAI A, et al. Cost effectiveness of using carboxymethylcellulose dressing compared with gauze in the management of exuding venous leg ulcers in Germany and the USA [J]. Curr Med Res Opin, 2005, 21 (1): 81-92.

[13] HASHIMOTO T, SUZUKI Y, TANIHARA M, et al. Development of alginate wound dressings linked with hybrid peptides derived from laminin and elastin [J]. Biomaterials, 2004, 25 (7-8): 1407-1414.

[14] IBRAHIM N A, EID B M, YOUSSEF M A, et al. Functionalization of cellulose-containing fabrics by plasma and subsequent metal salt treatments [J]. Carbohydr Polym, 2012, 90 (2): 908-914.

[15] LEWIS K M, SPAZIERER D, URBAN M D, et al. Comparison of regenerated and non-regenerated oxidized cellulose haemostatic agents [J]. Eur Surg, 2013, 45: 213-220.

[16] MARTI M, MARTINEZ V, RUBIO L, et al. Biofunctional textiles prepared with liposomes: in vivo and in vitro assessment [J]. J Microencapsul, 2011, 28 (8): 799-806.

[17] MCCORSLEY C C. Process for shaped cellulose article prepared from a solution containing cellulose dissolved in a tertiary amine N-oxide solvent: US, 4, 246, 221 [P]. 1981.

[18] MERRIFIELD R B. Solid phase peptide synthesis: I. The synthesis of a tetrapeptide [J]. J Am Chem Soc, 1965, 83: 2149-2154.

[19] PUSATERI A E, MCCARTHY S J, GREGORY K W, et al. Effect of a chitosan based haemostatic dressing on blood loss and survival in a model of severe venous hemorrhage and hepatic injury in swine [J]. Journal of Traumatic Injury, Infection & Critical Care, 2003, 54 (1): 177-182.

[20] ROBINSON B J. The use of a hydrofibre dressing in wound management [J]. Journal of Wound Care, 2000, 9 (1): 23-27.

[21] RUSSELL L. New hydrofibre and hydrocolloid dressings for chronic wounds [J]. Journal of Wound Care, 2000, 9 (4): 25-29.
[22] SCALIA, S, TURSILLI R, BIANCHI A, et al. Incorporation of the sunscreen agent, octyl methoxycinnamate in a cellulosic fabric grafted with β-cyclodextrin [J]. International Journal of Pharmaceutics, 2006, 308 (1-2): 155-159.
[23] SHIN Y, YOO D I, JANG Y. Molecular weight effect on antimicrobial activity of chitosan treated cotton fabrics [J]. J Appl Polym Sci, 2001, 80: 2495-2501.
[24] WALKER M, HOBOT J A, NEWMAN G R, et al. Scanning electron microscopic examination of bacterial immobilisation in a carboxymethyl cellulose (AQUACEL) and alginate dressings [J]. Biomaterials, 2003, 24 (5): 883-890.
[25] WANG C X, CHEN S L. Surface modification of cotton fabrics with cyclodextrin to impact host-guest effect for depositing fragrance [J]. AATCC Review, 2004, 4 (5): 25-28.
[26] WEDMORE I, MCMANUS J G, PUSATERI A E, et al. A special report on the chitosan-based haemostatic dressing: experience in current combat operations [J]. J Trauma, 2006, 60 (3): 655-658.
[27] WILLIAMS C. An investigation of the benefits of Aquacel Hydrofibre wound dressing [J]. Br J Nurs, 1999, 9: 676-677.
[28] ZHANG Y Q. Applications of natural silk protein sericin in biomaterials [J]. Biotechnology Advances, 2002, 20: 91-100.
[29] 商洁，汤列贵. 纤维素科学 [M]. 北京：科学出版社，1996.
[30] 许冬生. 纤维素衍生物 [M]. 北京：化学工业出版社，2001.
[31] 雷雨电，方云. 羧甲基纤维素生产工艺的进展 [J]. 牙膏工业，2001 (1): 41-46.
[32] 刘关山. 羧甲基纤维素的生产与应用 [J]. 辽宁化工，2002，31 (10): 445-448.
[33] 邓燕青，饶华英，吴广文. 羧甲基纤维素生产工艺的改进 [J]. 湖北化工，1998 (4): 31-32.
[34] 秦益民. 制作医用敷料的羧甲基纤维素纤维 [J]. 纺织学报，2006，27 (7): 97-99.
[35] 秦益民. 海丝纤维的生产方法 [J]. 纺织学报，2007，28 (10): 122-123.
[36] 秦益民. 海丝纤维的结构和性能 [J]. 纺织学报，2007，28 (11):

136-138.

[37] 秦益民，朱长俊，冯德明，等．海藻酸钙医用敷料与普通棉纱布的性能比较［J］. 纺织学报，2007，28（3）：45-48.

[38] 秦益民，莫岚，朱长俊，等．棉纤维的功能化及其改性技术研究进展［J］. 纺织学报，2015，36（5）：153-157.

第4章　壳聚糖纤维与医用敷料

4.1　甲壳素和壳聚糖

甲壳素又称甲壳质、几丁质、壳蛋白、蟹壳素，是纤维素之后的第二大天然高分子材料，其化学结构为（1，4）-2-乙酰氨基-2-脱氧-β-D-葡聚糖。甲壳素是唯一大量存在的天然碱性多糖，也是蛋白质之外数量最大的含氮生物高分子。壳聚糖又称甲壳胺，是甲壳素脱乙酰基后得到的一种高分子氨基多糖，其分子结构为（1，4）-2-胺-2-脱氧-β-D-葡聚糖。图4-1显示甲壳素和壳聚糖的分子结构（MUZZARELLI，1977）。

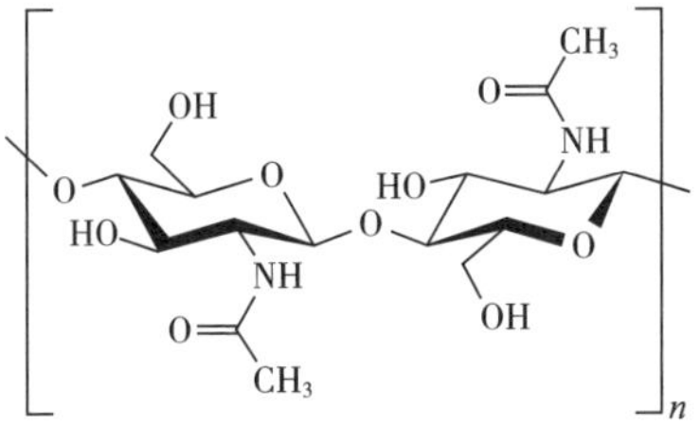

（a）甲壳素

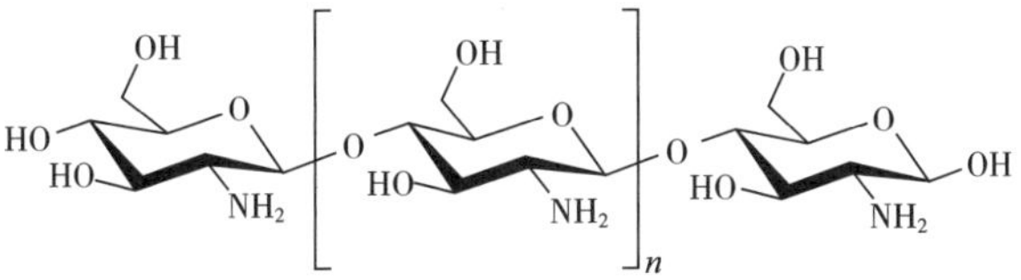

（b）壳聚糖

图4-1　甲壳素和壳聚糖的分子结构

甲壳素广泛存在于虾、蟹等节足类动物的外壳、昆虫的甲壳、软体动物的壳和骨骼以及真菌、藻类等生物体中，其生物合成量达100亿吨/年。由于存在大量氢键，甲壳素分子间作用力极强，不溶于水和一般有机溶剂。用强碱脱去甲壳素分子中2号位碳上的乙酰基后可以得到壳聚糖。由于壳聚糖分子结构中的氨基能被酸质子化后形成胺盐，其能溶于各种酸性介质，例如pH≤6的无机或有机酸的稀溶液，使壳聚糖比甲壳素具有更好的可加工性和更高的实用价值（蒋挺大，2001；蒋挺大，2003）。

图4-2为制备甲壳素和壳聚糖的工艺流程。目前，海产品加工厂产生的虾、蟹壳是工业用甲壳素和壳聚糖的原料。近年来，真菌发酵成为大规模生产甲壳素和壳聚糖的一个新途径。自然界中，甲壳素和壳聚糖广泛存在于真菌类生物的细胞壁中，在合适的发酵条件下，一些丝状真菌生长繁殖后可以直接产生甲壳素和壳聚糖含量很高的纤维状产品，经过简单处理后，其产物可以直接加工成纸、非织造布等生物制品（秦益民，2007）。

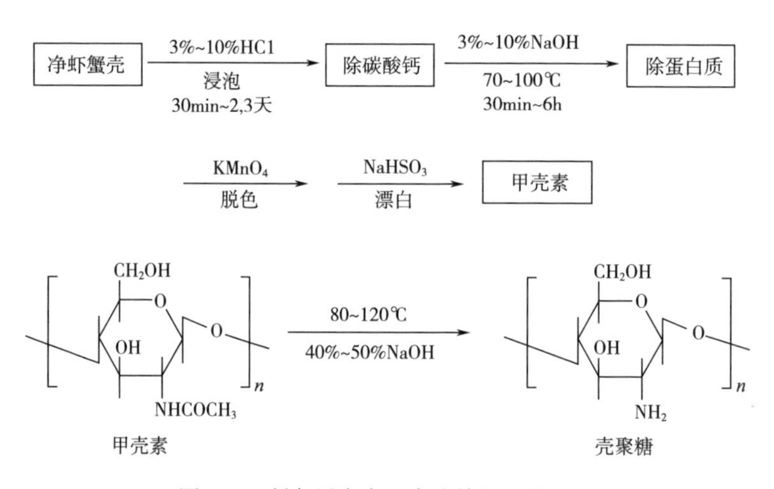

图4-2　制备甲壳素和壳聚糖的工艺流程

甲壳素和壳聚糖已经广泛应用于水处理、医药、食品、农业、生物工程、日用化工、纺织印染、造纸、烟草等领域。由于分子结构中富含氨基，壳聚糖及其衍生物是性能优良的絮凝剂，可用于废水处理及从含金属废水中回收金属。壳聚糖在食品工业中用作保鲜剂、成形剂、吸附剂和保健食品；在农业生产中用作生长促进剂、生物农药等；在纺织印染行业用作媒染剂、保健织物等；在烟草工业中用作烟草薄片胶黏剂、低焦油过滤嘴等。

在医疗卫生领域，由于壳聚糖无毒，有良好的生物相容性、生物可降解性和生物活性，而且具有抗菌、消炎、止血、免疫等功效，其可用于人造皮肤、自吸收手术缝合线、医用敷料、人工骨、组织工程支架材料、免疫促进剂、抗血栓剂、抗菌剂、药物缓释材料等很多种类的产品。

4.2　甲壳素和壳聚糖的化学结构

甲壳素和壳聚糖与纤维素有相似的化学结构，纤维素结构中的葡萄糖环上 2 号位—OH 基团在甲壳素中被乙酰胺基取代、在壳聚糖中被自由氨基取代。基于化学结构上的相似性，甲壳素和壳聚糖与纤维素有很相似的化学反应性能，许多发生在纤维素上的化学反应都可以在甲壳素和壳聚糖上发生。由于—NH_2 的化学活性比—OH 更活泼，甲壳素和壳聚糖比纤维素有更好的化学反应活性，为其化学改性提供了很大的空间。值得指出的是，甲壳素和壳聚糖的主要区别在于 C-2 位上氨基的乙酰化。纯粹的甲壳素中的氨基是 100%乙酰化的，而纯粹的壳聚糖中的氨基是 100%自由氨基，普通甲壳质材料则介于这两个极端之间。乙酰度，即氨基中乙酰化了的基团占所有氨基的百分比，是甲壳质材料的一个重要结构特征。一般定义乙酰度大于 50%的为甲壳素，少于 50%的为壳聚糖，用于测定甲壳质材料乙酰度的方法包括元素分析、红外光谱、化学滴定、紫外光谱、气相色谱、热分析、核磁共振、X 射线衍射法等（QIN，1990）。

由于乙酰胺基团有很高的氢键形成能力，甲壳素的分子间结合力强，是一种结晶度很高的高分子材料。甲壳素的结晶结构有 α、β 和 γ 三种，其中 α-甲壳素中的高分子链以一正一反的形式排列、β-甲壳素中的高分子链都排列在同一个方向、γ-甲壳素中的高分子链以两个正方向的和一个反方向的形式组成。甲壳素的结晶度随着乙酰度的提高而提高，在对壳聚糖纤维进行乙酰化处理时发现，随着纤维乙酰度的提高，纤维的结晶度增加，使其强度也有所增加。当纤维部分乙酰化时，其高分子结构变得无规则，影响了纤维的结晶度，使湿强度有所下降（EAST，1993）。

4.3　甲壳素和壳聚糖的化学改性

化学改性是改变材料性能、拓宽材料用途的一个有效方法，其中包括复合物制备和化学修饰两个途径。复合物可以通过共混、螯合、化学吸附等方法制备，所得材料具有形成复合物的基础材料的综合性能。化学修饰则是对材料化学结构的根本改变，产生的衍生物具有与基础材料很不相同的性能。甲壳素和壳聚糖的高分子结构提供了许多制备复合物的可能性，其分子结构中的活泼羟基和氨基可进行很多种类的化学反应。图 4-3 总结了甲壳素和壳聚糖的各种改性产物。

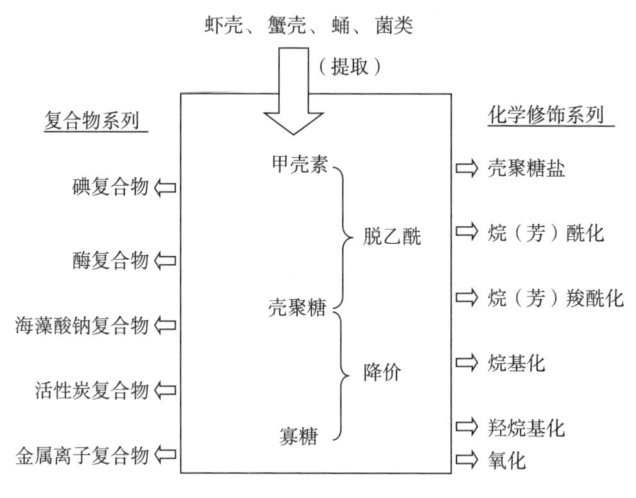

图 4-3　甲壳素和壳聚糖的各种改性产物

4.3.1　甲壳素和壳聚糖的复合物

甲壳素和壳聚糖的复合物是通过络合、离子交换、键合、共混等方式与其他活性成分结合后形成的产物，作为一种新物质，其不同于简单的混合物，而是体现出复合物的协同作用，近年来已有多种产品应用于医药领域。Shigeno 等（SHIGENO，1981）将壳聚糖用碘—碘化钾水溶液处理后制备了碘—壳聚糖复合物，在用苯乙烯接枝壳聚糖后增加了碘的吸附量。高怀生等（高怀生，1996）制备了可释放出碘的碘壳聚糖非织造布，具有良好的热稳定性和消毒杀菌作用。甲壳素和壳聚糖也可与酶形成复合物，经固定化后的酶可长期保存、反复使用（MUZZARELLI，1976）。

在与药物结合后，甲壳素和壳聚糖可用于制备缓释药物的载体。将小分子抗肿瘤药负载到甲壳素分子上，通过水解或酶解在体内释放出药物，而甲壳素本身可生物降解，具有低毒、缓释甚至靶向释放等功能（杨福顺，1990）。壳聚糖与海藻酸钠复合后可以制备性能优良的药物缓释材料（LEE，1997），当两种材料的摩尔比为 1∶1.2 时，释药速率不受 pH 值、离子强度的影响。蒋新国等（蒋新国，1994）发现当两者比例为 1∶1 或 3∶2 时，缓释骨架片在人工胃液和人工肠液中的释药规律相近，即不受 pH 值影响。海藻酸钠为阴离子型化合物，酸性介质不利于释药，中性介质有利于释药，而壳聚糖为阳离子型化合物，释药性能恰好相反。二者结合后形成的聚离子复合物可满足特定环境的释药要求。

甲壳素和壳聚糖对金属离子的螯合性能已经广为人知。Muzzarelli（MUZZARELLI，1973）对甲壳质材料的螯合作用进行了深入研究，指出螯合作用是由于金属离子与甲壳素和壳聚糖中的—NH_2 基团形成的复合体。Qin（QIN，1993）在对壳聚糖纤维螯合性能的研究中发现，纤维吸附的铜离子数量与纤维上的自由氨基成正比。全部乙酰化的纤维对铜离子几乎没有任何吸附能力，纤维吸附的铜离子和纤维上的自由氨基的摩尔比例约为 3，见表 4-1。这个结果证明了甲壳质材料的螯合性能主要源于其分子结构中的自由氨基。

表 4-1　乙酰度对壳聚糖纤维螯合性能的影响

纤维中壳聚糖的乙酰度/%	纤维中铜离子含量/%	—NH_2 与铜离子的摩尔比
0.86	8.2	2.9
36.6	5.4	2.9
60.8	3.6	2.8
97.2	0.6	1.2

铜、锌、银等金属离子具有优良的抗菌性能，把这些金属离子通过螯合与壳聚糖纤维结合后可以制备具有优良抗菌性能的纤维材料。在医疗界，$AgNO_3$ 是一种常用的消毒药，其浓溶液可以腐蚀过度增长的肉芽组织，其稀溶液可用于眼结晶膜、预防新生儿脓漏眼。银离子对几乎所有的细菌都有抑制作用。用 $AgNO_3$ 溶液处理壳聚糖纤维后，由于纤维中的氨基对银离子有螯合作用而使纤维吸附具有很强抗菌性能的银离子。当与生理盐水接触时，纤维上的银离子被释放到溶液中，起到抗菌作用。实验结果表明，含银壳聚糖纤维比普通壳聚糖纤维有更强的抗菌性能（秦益民，2006）。

表 4-2 显示用 $AgNO_3$ 溶液处理壳聚糖纤维时溶液中 $AgNO_3$ 浓度对纤维中 Ag 离子含量的影响。可以看出，纤维中 Ag 离子含量随着溶液中 $AgNO_3$ 浓度的提高而提高。$AgNO_3$ 浓度为 0.5g/L 时，纤维中的银离子含量可达 0.1496%，这个浓度与 Johnson & Johnson 公司的 Actisorb 抗菌除臭产品中的银离子含量基本相同（THOMAS，2003）。

表 4-2　$AgNO_3$ 溶液浓度对纤维中 Ag 离子含量的影响

$AgNO_3$ 浓度/（g/L）	纤维中 Ag 离子含量/（μg/g）	50mL 溶液中 Ag 离子总量/mg	1g 纤维中 Ag 离子总量/mg	纤维对溶液中 Ag 离子的吸附率/%
0.01	5	0.32	0.005	1.56
0.02	20.6	0.64	0.0206	3.22

续表

$AgNO_3$ 浓度/(g/L)	纤维中 Ag 离子含量/(μg/g)	50mL 溶液中 Ag 离子总量/mg	1g 纤维中 Ag 离子总量/mg	纤维对溶液中 Ag 离子的吸附率/%
0.03	47.2	0.95	0.0472	4.97
0.05	69	1.59	0.069	4.34
0.5	1496	15.9	1.496	9.4

表 4-3 显示含银壳聚糖纤维在生理盐水中释放银离子的性能。在与自身重量 40 倍的生理盐水接触时，溶液中的 Ag 离子含量随着时间增长而升高，24h 后溶液中 Ag 离子含量达到 1.05μg/mL，48h 后达到 2.808μg/mL。文献资料显示，在 Ag 离子浓度为 1μg/mL 或更少时，绝大多数细菌的增长可以得到有效抑制（LANSDOWM，2002；LANSDOWM，2004）。

表 4-3　含银壳聚糖纤维在生理盐水中释放 Ag 离子的性能

接触时间/h	生理盐水中 Ag 离子浓度/(μg/mL)	每克纤维释放的 Ag 离子量/(mg/g)
0.5	0.362	0.0145
1	0.464	0.0186
5	0.612	0.0245
8	0.698	0.0279
24	1.05	0.0420
48	2.808	0.112

壳聚糖纤维螯合的金属离子对纤维性能有很大影响。表 4-4 和表 4-5 分别显示壳聚糖纤维中 Cu（Ⅱ）和 Zn（Ⅱ）离子含量对纤维断裂强度和断裂伸长的影响。可以看出，两种金属离子都可以明显提高纤维强度，干强和湿强都有较大提高。对于 Cu（Ⅱ）离子，含 9.0% Cu（Ⅱ）的纤维比原始纤维强度提高了 25.7%，湿强度则是原始纤维的 2.7 倍。在含 Zn（Ⅱ）纤维中，干强的增加尤为显著，而湿强增加则较小（QIN，1993）。

表 4-4　Cu（Ⅱ）离子含量对壳聚糖纤维断裂强度和断裂伸长的影响

纤维中 Cu（Ⅱ）离子含量/%	干强/N	干断裂伸长/%	湿强/N	湿断裂伸长/%
0	1.15	6.3	0.28	11.5
2.8	1.15	12.8	0.42	16.6

续表

纤维中 Cu（Ⅱ）离子含量/%	干强/N	干断裂伸长/%	湿强/N	湿断裂伸长/%
4.4	1.21	14.0	0.52	19.4
6.0	1.30	15.0	0.65	20.8
7.6	1.34	14.6	0.72	22.1
9.0	1.45	14.8	0.77	19.8

表 4-5　Zn（Ⅱ）离子含量对壳聚糖纤维断裂强度和断裂伸长的影响

纤维中 Zn（Ⅱ）离子含量/%	干强/N	干断裂伸长/%	湿强/N	湿断裂伸长/%
0	1.15	6.3	0.28	11.5
0.6	1.22	11.7	0.29	12.8
2.0	1.32	12.4	0.31	14.4
3.4	1.35	11.1	0.34	17.8
5.2	1.40	11.6	0.38	18.6
6.2	1.45	11.5	0.46	16.0

4.3.2　甲壳素和壳聚糖的化学衍生物

甲壳素和壳聚糖可以在多种条件下进行化学改性。下面介绍几种主要的衍生物。

4.3.2.1　壳聚糖的盐

壳聚糖带有碱性的自由氨基，可以与有机和无机酸形成盐。除硫酸外，绝大多数的壳聚糖盐是水溶性的。壳聚糖与盐酸、醋酸等形成的水溶液在干燥后得到的粉末可作为高纯度的水溶性高分子。

4.3.2.2　O 和 N 位的酰化

甲壳素和壳聚糖与不同分子量的脂肪族或芳香族酰基的反应可提高产品的脂溶性，其中酰化反应可在羟基或/和氨基上进行。把壳聚糖溶解在稀酸水溶液中进行氨基的酰化，随着反应的进行壳聚糖逐渐失去溶解性而形成水凝胶，该反应是制备甲壳素水凝胶的一个有效方法，可利用壳聚糖与乙酸酐的反应得到再生甲壳素水凝胶。Moore 等（MOORE，1980）发现在均匀的溶液中，73%的乙酰度可在 1min 内实现。East 等（EAST，1993）对壳聚糖纤维进行乙酰化反应，结果表明，在甲醇溶液中与乙酸酐反应后，壳聚糖纤维可以转化成再生甲壳素纤维，其各项性能与天然甲壳素制成的纤维相似。

4.3.2.3 羧酰化衍生物

带有羧基的酰化基团与甲壳素和壳聚糖反应后生成的羧酰化衍生物具有很多特异性能，一般通过壳聚糖与脂肪族或芳香族二元羧酸的醋酐反应获得。羧酰化衍生物中含有羧基，可进一步进行改性反应，在亲水性凝胶控释给药系统领域有良好的应用前景。

4.3.2.4 *O*，*N*-羧烷基化

甲壳素和壳聚糖与氯乙酸反应后得到水溶性很好的羧甲基化衍生物，对金属离子有较强的螯合性能，在水净化领域有重要的应用价值，其中羧甲基壳聚糖在功能性医用敷料领域有独特的应用功效（VIKHOREVA，1991；高光，2004）。

4.3.2.5 希夫（Schiff）反应及其还原产物

把壳聚糖与酮或醛经过希夫反应，可以得到酮亚胺甲壳素（$R_2R_3C=N$—chitin）或醛亚胺甲壳素（$R_2HC=N$—chitin），再用硼氢化钠还原后可以得到甲壳素的 *N*-烷基衍生物。在壳聚糖的醋酸溶液中加入醛后放置 24h，壳聚糖很容易与醛发生反应后形成凝胶（ROBERTS，1989）。Muzzarelli 等（MUZZARELLI，1986）用酮酸和醛酸与壳聚糖反应后在壳聚糖的分子结构中引入羧酸基，获得的衍生物同时拥有羧酸、一级胺、二级胺和羟基，有极强的螯合性能。

4.3.2.6 与卤代化合物的反应

甲壳素和壳聚糖分子结构中的—OH 和—NH_2 都可以与含卤素的有机化合物发生反应，通过这种反应可以在甲壳质材料上引入各种有机基团。王爱勤等（王爱勤，1997）在碱性条件下用 3-氯-1，2-丙二醇对壳聚糖进行化学改性，获得的丙三醇壳聚糖在有机溶剂和水中的溶解性能较壳聚糖有较大改善。

4.3.2.7 羟烷基化

在碱性条件下以环氧丙烷为醚化剂与壳聚糖反应可以制备羟丙基壳聚糖（袁毅桦，2005）。红外光谱分析显示反应主要发生在—NH_2 活性基团上，在 C6 的—OH 上也有反应。羟丙基壳聚糖有良好的水溶性和成膜性。壳聚糖也可以与环氧乙烷反应制备羟乙基壳聚糖（WAN，2004）。

4.4　甲壳素和壳聚糖纤维

4.4.1　纤维材料的基本特性

作为高分子材料，甲壳素和壳聚糖可加工成粉末、溶液、薄膜、海绵、凝胶、纤维等多种类型的生物制品，在很多领域有独特的应用。纤维的直径细、手感柔软、有很高的长径比、制品具有很好的舒适性，其单位重量的表面积比其他材料高出很多，具有很强的吸附性能。通过纺织加工，具有一维结构的纤维可加工成非织造布、针织物、机织物等终端产品，既保持纤维材料的特性，又有织物的保护和覆盖功能。甲壳素和壳聚糖纤维既具有纤维材料的一般性能，又有其独特的化学和生物活性，是一种性能优良的生物医用材料。

4.4.2　甲壳素和壳聚糖纤维的发展历史

甲壳素和壳聚糖纤维有很长的发展历史。在人造纤维开发的初期，甲壳素被认为是制造人造真丝的一种理想材料。在20世纪20~30年代曾有很多科学家尝试用不同的溶剂溶解甲壳素，通过湿法纺丝制备纤维。30年代锦纶的出现使人造纤维行业进入一个全新的时代，合成高分子优异的性能和商业价值把纺织行业的注意力从甲壳素、海藻酸等天然高分子转向锦纶、涤纶、腈纶、丙纶等合成纤维。此后化纤行业注重于阻燃、高强度、高模量、碳纤维等功能纤维的开发。

20世纪70年代以来，可再生资源的开发在世界各国得到新的重视。在寻找可再生资源的同时，海洋食品加工厂产生的螃蟹壳、虾壳等废弃物引起环保行业的重视。这些废弃物中的一个副产品就是甲壳素。作为海洋食品加工的副产品，甲壳素有很多优良的性能，如良好的生物相容性、生物可降解性以及对重金属离子的螯合特性，大量研究也证实了甲壳素对伤口愈合的促进作用。这些优良的性能推动了各界对甲壳素和壳聚糖的研究工作。1977年，日本首先将壳聚糖作为天然絮凝剂用于废水处理，同年在美国波士顿召开了第一届甲壳素和壳聚糖的国际会议。从那时起，甲壳素和壳聚糖的开发利用进入快速发展阶段，在食品、化妆品、废水处理、重金属回收、生物、医药、纺织、印染、造纸等领域均有其一席之地。尤其是近年来，基于其天然高分子优势和生物官能性、生物相容性、生物降解性、低毒性、可食性、无过敏性以及许多优良的生物活性，甲壳素和壳聚糖在生物材料和医药领域得到广泛应用（秦益民，2004）。

1926年，Kunike（KUNIKE，1926）最早报道了甲壳素纤维的制备过程。就纺丝方法而言，由于甲壳素和壳聚糖分子链上有大量氨基、羟基等极性基团，分子间氢键作用强、结合紧密，不能采用熔融纺丝。用于溶解甲壳素和壳聚糖的溶剂的极性强、沸点高，因此也不适用干法纺丝。湿法纺丝是生产甲壳素和壳聚糖纤维的主要方法。

由于分子结构紧密、结晶度高，甲壳素较难溶解于传统的溶剂中。在早期研究中，浓盐酸、浓硫酸等曾被用于溶解甲壳素。但是这些溶剂的腐蚀性大，制得的纺丝溶液很不稳定。1936年，Clark等（CLARK，1936）使用硫氰酸锂溶解甲壳素，在60℃下饱和的硫氰酸锂水溶液中加入甲壳素后加热至95℃使甲壳素溶解。甲壳素也可以通过其黄原酸盐溶解，首先在NaOH浓溶液中处理后得到碱性甲壳素，然后加入二硫化碳，搅拌下在混合体中加入冰块，继续搅拌后可以形成供纺丝用的甲壳素溶液（THOR，1940；PANG，2003）。

以上提到的溶剂系统都使用了腐蚀性很大的无机酸或碱。20世纪70年代以后，许多有机溶剂被用于溶解甲壳素。Austin（AUSTIN，1975）在1975年发明了一种对甲壳素有良好溶解性能的有机溶剂和酸溶液的混合体，其中包括四种有机溶剂：2-氯乙醇（$ClCH_2CH_2OH$）、1-氯-2-丙醇（$ClCH_2CHOHCH_3$）、2-氯-1-丙醇（$CH_3CHClCH_2OH$）、3-氯-1，2-丙二醇（$HOCH_2CHOHCH_2Cl$）。

Austin也报道了一种由二氯或三氯乙酸和甲酸、乙酸、水合三氯乙醛、二氯甲烷等组成的混合溶剂，其中由40%三氯乙酸、40%水合三氯乙醛和20%二氯甲烷组成的溶剂可以有效溶解甲壳素。类似的有机溶剂也被Tokura等（TOKURA，1979）使用，他们用二氯乙酸和异丙醚混合体溶解甲壳素。

Agboh（AGBOH，1986）在对甲壳素纤维的研究中使用了一种优良的中性有机溶剂，首先把甲壳素在间硫酸甲苯（*p*-toluene solphonic acid）的异丙醇溶液中进行降解处理，得到的甲壳素可以溶解在含7%氯化锂的二甲基乙酰胺溶液中，形成均匀稳定的纺丝溶液。

与甲壳素不同，壳聚糖是一种很容易溶解的高分子材料。除了硫酸，绝大多数有机和无机酸的水溶液都可用于溶解壳聚糖。工业上一般用0.5%~2%的醋酸水溶液溶解壳聚糖。

在甲壳素纤维的生产过程中，Kunike（KUNIKE，1926）以浓硫酸为溶剂制备6%~10%的甲壳素溶液后把纺丝液挤入水、稀酸、碱或醇溶液中形成丝条，水洗后在张力下干燥，得到强度为$35kg/mm^2$的甲壳素纤维。假设纤维密度为$1.4g/cm^3$，这个强度约折合为2.5g/dtex。Clark等（CLARK，1936）用硫氰酸锂溶解甲壳素后把纺丝液挤入丙酮和水的混合体，牵伸后得到的纤维有很好的强度。

甲壳素的化学结构与纤维素相似，可用类似于黏胶纤维的生产工艺，文献中有很多利用甲壳素黄原酸盐制备纤维的报道（钱清，2001）。Thor等（THOR，1940）报道了把甲壳素的黄原酸盐挤入凝固浴形成的纤维、薄膜和管子。生产过程中，150g甲壳素放在3L 40%的NaOH水溶液中室温下放置2h后把过剩的NaOH溶液压出，剩下的甲壳素约为初始甲壳素干重的3倍。这些碱性甲壳素放在一个封闭容器中，加入60mL二硫化碳，在25℃下搅拌4h后加入1.6kg碎冰，搅拌1h后把混合体放置12~16h，得到的纺丝溶液过滤脱泡后挤出成纤维。

Balassa等（BALASSA，1978）在1978年用以上的办法制备甲壳素纤维，把甲壳素的黄原酸盐挤入含有8%硫酸、25%硫酸钠和3%硫酸锌的水溶液，得到的纤维强度为0.6~1.0g/旦。纤维通过非织造布工艺加工制成敷料并进行了临床试验，结果证明甲壳素纤维有促进伤口愈合的功效。

Tokura等（TOKURA，1979）报道了一个用甲酸作溶剂的纺丝过程，溶解甲壳素时在甲酸中加入小量的二氯乙酸和异丙醚，通过孔径为90μm的喷丝孔挤出成型后牵伸10%~35%，得到的纤维强度为0.68~1.59g/旦，断裂伸长为2.7%~4.3%。

Agboh（AGBOH，1986）把用间-硫酸甲苯处理过的甲壳素溶解在含有5%~9%氯化锂的二甲基乙酰胺中制备纺丝液，以甲醇或75%二甲基乙酰胺+25%水的混合物作为凝固液，制备的甲壳素纤维强度为0.7~2.2g/dtex。Nakajima等（NAKAJIMA，1984）同样把甲壳素溶解在氯化锂和二甲基乙酰胺的混合体中，以丁醇作为凝固剂，得到的纤维强度为50kg/mm^2。

甲壳素也可以与其他高分子材料共混后纺丝。Noguchi等（NOGUCHI，1978）把甲壳素和纤维素的黄原酸盐溶液混合后成功制备了甲壳素与纤维素共混纤维，该纤维比纯甲壳素纤维有更好的弯曲强度和染色性能。史仅（史仅，2001）做了相似的研究，获得的纤维具有抗菌性和良好的保健功能。

把甲壳素改性后可以通过干法纺丝制备纤维。Szosland等（SZOZLAND，1995）以高氯酸为催化剂，用丁酸酐处理甲壳素获得丁酸酐化甲壳素后将其溶解于丙酮，将固含量为20%~22%的纺丝液干纺后可以得到性能良好、具有抗γ射线能力的纤维。将该纤维在碱性条件下水解后可制备再生甲壳素纤维。

尽管壳聚糖比甲壳素更容易溶解，20世纪80年代以前很少有关于壳聚糖纤维的报道。最早的壳聚糖纤维制备工艺使用0.5%醋酸水溶液作为溶剂，得到固含量为3%的壳聚糖纺丝液，挤入5%NaOH水溶液后制取的纤维强度达到2.44g/旦。壳聚糖纤维的制造也可用三氯乙酸作为溶剂，把纺丝液挤入含有5%NaOH的水和乙醇混合体，得到的纤维有比较高的强度，（3.2旦）单纤维的断裂强度为12.2 g、断裂伸长为 17.2%（秦益民，2004）。Tokura 等（TOKURA，1986）把含有不同乙酰度的壳聚糖用 2%～4%的醋酸水溶液溶解后把纺丝液挤入 $CuSO_4$—NH_4OH 或 $CuSO_4$—H_2SO_4 组成的凝固液，得到的纤维是 Cu（Ⅱ）和壳聚糖的复合物，其中 Cu（Ⅱ）可以在纤维成型后洗脱。通过这种工艺得到的壳聚糖纤维表面含有丰富的—NH_2 基团。East 等（EAST，1993）报道了用 2%醋酸水溶液溶解壳聚糖后制取的纤维，研究了凝固液中 NaOH 浓度、喷丝头牵伸率、热水浴牵伸率等工艺参数对纤维性能的影响，在最佳工艺条件下获得的纤维强度约为 2.4g/dtex。

4.5 甲壳素和壳聚糖纤维的性能

甲壳素和壳聚糖可以被加工成具有不同性能的纤维材料，其理化性能既受高分子本身的结构和性能的影响，又与纺丝过程中的各种生产条件密切相关。甲壳素和壳聚糖纤维具有和黏胶纤维相似的力学性能，拉伸强度在 2g/旦左右。采用液晶纺丝、干湿法纺丝等特殊工艺，可以制备强度很高的甲壳素和壳聚糖纤维。此外，壳聚糖独特的化学结构赋予纤维一系列优良的生物活性。

4.5.1 甲壳素和壳聚糖纤维的基本性能

表 4-6 为甲壳素、壳聚糖纤维和普通纺织纤维的性能对比。

表 4-6 甲壳素、壳聚糖和普通纺织纤维的性能对比

纤维种类	密度/（g/cm^3）	回潮率/%	强度/（g/dtex）	断裂伸长/%
甲壳素纤维	1.39	10～12.5	1.2～2.2	7～33
壳聚糖纤维	1.39	16.2	0.61～2.48	5.7～19.3
海藻酸盐纤维	1.78	17～23	0.9～1.8	2～14
棉纤维	1.54	7～8.5	2.3～4.5	3～10
毛纤维	1.32	14～16	0.9～1.8	30～45
黏胶纤维	1.52	12～16	1.5～4.5	9～36
醋酯纤维	1.30	6～6.5	1.0～1.26	23～45
腈纶	1.17	1.5	1.8～4.5	16～50
涤纶	1.38	0.4	2.5～5.5	10～45
锦纶 66	1.14	4～4.5	3.6～8	16～45

图 4-4 为相对湿度对壳聚糖纤维回潮率的影响。可以看出，壳聚糖纤维对空气中的水分有很好的吸附作用。相对湿度为 65%时，棉纤维的回潮率约为 8%，壳聚糖纤维达到 16.2%。由于壳聚糖纤维中的氨基和羟基都具有很高的亲水性，并且其电荷、极性基密度大，因此具有超强的保湿能力，给人一种舒适的湿润感和柔和的感触。

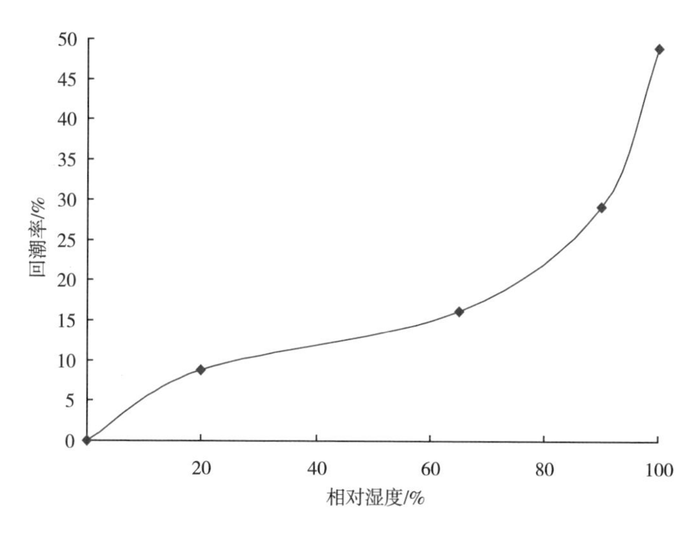

图 4-4　相对湿度对壳聚糖纤维回潮率的影响

4.5.2　壳聚糖纤维的生物活性

4.5.2.1　壳聚糖纤维的生物相容性

壳聚糖具有良好的生物相容性，在体内和体外可通过各种化学催化作用使其分子结构中的 β（1-4）糖苷键在脂肪酶、溶菌酶、淀粉酶等催化下分解为氨基葡萄糖后被组织细胞吸收。程友等（程友，2005）研究了壳聚糖非织造布在体外、体内的降解性能及其生物相容性，首先将其加入溶菌酶溶液中，于 37℃恒温振荡水浴中放置一定时间后取出，依据质量变化跟踪降解速度。结果显示，壳聚糖在质量浓度为 1%的溶菌酶溶液中放置 1 周和 2 周的平均降解失重分别为 5.52%和 9.36%。植入体内后，壳聚糖非织造布周围无结节，随时间延长淋巴细胞浸润减少，具有良好的生物相容性（程友，2007）。

4.5.2.2　壳聚糖纤维的细胞活性

壳聚糖纤维的细胞活性体现在其与细胞接触后的黏附、形态、生长、增殖、分化、再生等状况。在与细胞接触时，纤维的理化性质决定了其表面黏附的蛋白质种类、数量、构像和分布（闵翔，2011）。丁勇等（丁勇，2005）研究了壳聚糖对巨噬细胞活性的影响，结果显示壳聚糖在活化巨噬细胞后促进其分泌出多种细胞因子，有利于慢性伤口愈合。张文达等（张文达，2007）用壳聚糖溶液培养人体上皮细胞，溶液中上皮细胞数量随壳聚糖质量浓度增加而增多，在壳聚糖质量浓度为 0.6g/L 时能明显增殖。杨红等（杨红，2010）研究了壳聚糖质量浓度对神经细胞生长的影响，把乳鼠视网膜神经细胞在有壳聚糖存在的环境中体外培养，结果显示细胞不仅生长良好，其存活时间及存活细胞数量均优于对照组。Heinemann 等（HEINEMANN，2008）的研究结果显示壳聚糖纤维支架对小鼠成骨细胞的增殖分化有促进作用。

壳聚糖的细胞活性可通过理化改性技术的应用进一步改善（PIERRE，2013）。Budiraharjo 等（BUDIRAHARJO，2013）通过共价键合把骨形态发生蛋白与壳聚糖结合，促进了成骨细胞的黏附、增殖和分化。Yang 等（YANG，2013）把壳聚糖与白细胞介素等细胞因子结合后有效增强其抗肿瘤作用。Custodio 等（CUSTODIO，2010）的研究证明壳聚糖及其衍生物可提高细胞通透性，对酶具有抑制作用，同时增强亲水化合物的通透作用，提高其跨膜转运能力。Jiang 等（JIANG，2008）通过物理包埋及化学键合蛋白质、寡肽等生物活性分子改善细胞与壳聚糖的相容性，使壳聚糖具有更好的稳定性，在组织工程领域有特殊的应用价值。

4.5.2.3 壳聚糖纤维的止血性能

壳聚糖可加工成粉末、溶液、凝胶、薄膜、海绵、纤维、非织造布等多种形式的材料用于伤口止血，国内外大量研究结果已经证实壳聚糖的止血性能（PUSATERI，2003）。壳聚糖纤维无毒、无抗原性，是一种性能优良的止血材料。自 Malette 等（MALETTE，1983）于 1983 年首次发表对壳聚糖止血功能的研究后，以壳聚糖为原料制备的很多种止血材料及其止血功效在医疗领域得到广泛关注，目前已经有多种产品应用于临床止血。

壳聚糖的止血功效与其脱乙酰度、分子量、质子化程度和物理形态密切相关。在与血液接触时，血纤维蛋白原、Y-球蛋白、白蛋白、凝血原酶等血浆蛋白迅速吸附到纤维表面，介导了血小板在纤维表面的黏附。血小板的形变和激活引起 5-羟色胺、β-血小板球蛋白、促凝血激活物、腺苷核苷酸等血小板活性成分的释放，其中腺苷核苷酸能促进更多的血小板、血细胞、不溶性血纤维蛋白在纤维表面黏附，最终形成血栓。在 pH≤6.8 时壳聚糖纤维表面显正电性，对血液中的细胞外基质蛋白、磷脂、黏多糖等多种显负电性的生物大分子有很强的吸附作用。

Segal 等（SEGAL，1998）在研究海藻酸盐纤维的止血性能时发现其主要作用机制是凝血效应和对血小板的激化作用，海藻酸盐纤维释放出的钙离子在激化血小板后使其释放出纤维蛋白链而形成血栓，产生良好的止血功效。对于壳聚糖纤维，马军阳等（马军阳，2007）的研究显示，通过蛋白质介导黏附血小板后形成的壳聚糖与血小板复合物可加速血纤维蛋白单体的聚合并共同形成凝块，同时壳聚糖通过诱导红细胞聚集刺激血管收缩，最终形成血栓后封合伤口（宋炳生，2005）。

高金伟等（高金伟，2012）研究了壳聚糖纤维对肝脏的止血效果，空白组不使用任何材料，对照组使用速即纱，试验组使用壳聚糖纤维敷贴创面，术后记录各组的总出血量和止血率。结果显示，空白组、对照组和试验组的止血率分别为0、25%和100%，出血量分别为（2.121±0.190）g/kg、（0.702±0.056）g/kg和（0.443±0.030）g/kg，壳聚糖纤维敷料的止血效果明显优于对照组和空白组。

4.5.2.4　壳聚糖纤维的抑菌性能

壳聚糖是一种天然抗菌材料，具有广谱、高活性抗菌功效，可以有效抑制细菌和真菌的生长和繁殖（冯小强，2009；秦益民，2019）。Amin等（AMIN，2014）在研究壳聚糖水凝胶敷料的抗菌性能时发现，由于人体皮肤表面存在碳酸、尿酸、乳酸、氨基酸、游离脂肪酸等酸性物质，其pH值在4.5~6.5之间。壳聚糖分子结构中的氨基在与体表的酸性介质接触后形成带正电荷的高分子链，通过中和细菌表面的负电荷，与细菌胶合使其凋亡。pH值对壳聚糖的抑菌作用有很大影响，pH值升高使壳聚糖的溶解性和质子化程度降低，抗菌能力减弱，pH值大于7后壳聚糖不再具有杀菌能力。pH值降低使正电荷数量增加，导致抑菌活性加强（张丽霞，2002）。

壳聚糖的抑菌特性源于多种作用机制。第一，在微酸性介质中，壳聚糖是一种阳离子型生物絮凝剂，可以使细菌细胞聚沉。壳聚糖吸附于细菌表面形成的高分子膜阻止代谢废物的排泄、影响营养物质的吸收，导致细菌代谢紊乱而失去活性。高分子量壳聚糖的分子链卷曲和缠结度大，—NH^{3+}基团包埋在絮凝体中使杀菌能力下降。低分子量壳聚糖尤其是壳寡糖可通过渗透作用穿过多孔细胞壁，进入细胞后使细胞质内含物絮凝、变性后无法进行生理活动，带负电的DNA和RNAm等遗传物质在与带正电的壳聚糖结合后也可以抑制细菌繁殖（冯小强，2008）。第二，细菌细胞膜上的蛋白质、类脂等分子与壳聚糖中的—NH^{3+}复合后损坏细胞壁的完整性、改变细胞膜的通透性，最终使细胞壁趋于溶解，直至细胞死亡。第三，壳聚糖分子中的氨基选择性螯合对微生物生长起关键作用的铜、锌等酶的辅助因子，在抑制酶活性的同时抑制微生物的生长繁殖。此外，壳聚糖也可以激活甲壳素酶活性，使甲壳素酶过分表达后导致细菌细胞壁甲壳素的降解，通过损伤细胞壁导致细菌死亡（PAVINATTO，2010）。

壳聚糖纤维的抗菌功效在医用纺织材料领域有重要的应用价值，可用于预防感染、抑制创面细菌繁殖、促进伤口愈合（RABEA，2003）。魏莹等（魏莹，2004）在42例供皮区和浅Ⅱ度创面的研究中发现，壳聚糖纤维医用敷料在保护创面的同时减少了创面物质的丢失及感染的发生，并且出血量明显减少、疼痛减轻、换药次数减少。

4.5.2.5 壳聚糖纤维对酶活性的抑制性能

酶在细胞和组织的生命活动中起重要作用（JOHNSEN，1998）。人体中存在很多种酶，其中与皮肤相关的主要有基质金属蛋白酶（MMPs）、丝氨酸蛋白酶、半胱氨酸蛋白酶等（MIGNATTI，1993；MARTINS，2013）。自1962年Gross等（GROSS，1962）在蝌蚪中发现具有分解胶原蛋白功能的间质胶原酶MMP-1后，各国科学家已相继发现25种细胞外肽链内切酶（CHEN，2009）。这些酶的共同特征是前结构域中的半胱氨酸序列和催化区域中的锌离子结合区。通过与锌离子的结合，氧肟酸盐类、羧酸类、硫醇类以及磷酸和次磷酸类化合物可以抑制MMPs的活性，在医药卫生领域有重要的应用价值（李岱霖，2009）。MMPs抑制剂还可以通过组织分泌、人工合成、从天然产物中提取等方法获取（房学迅，2007）。

壳聚糖纤维对锌离子有很强的吸附性能，可通过螯合锌离子对MMPs产生抑制作用，在慢性伤口愈合过程中起重要作用。朱世振等（朱世振，2014）的研究表明，壳聚糖能明显抑制IL-1B诱导的软骨细胞MMP-1mRNA和蛋白的表达，从而抑制IL-1B介导的软骨细胞基质金属蛋白酶抑制剂（TIMPs）/MMPs比例的失衡，减轻骨关节炎软骨退变。王海斌等（王海斌，2005）研究了高脱乙酰度羧甲基壳聚糖对实验性兔膝骨关节炎软骨退变的影响。大白兔股骨髁关节软骨经关节腔注射羧甲基壳聚糖后，观察了大体改变和病理变化，并用免疫组化的方法对比实验组和对照组的基质金属蛋白酶-1（MMP-1）及基质金属蛋白酶-3（MMP-3）的表达情况。结果显示，骨关节炎软骨中MMP-1和MMP-3的表达在应用高脱乙酰度羧甲基壳聚糖后能明显降低。羧甲基壳聚糖能诱导软骨细胞再生，生成的软骨细胞有正常的软骨组织结构，并且产生大量Ⅰ型胶原及蛋白多糖等细胞外基质。

4.5.2.6 壳聚糖纤维的促愈性能

壳聚糖纤维在伤口护理领域有重要的应用价值，在预防感染、降低疼痛的同时具有促进伤口愈合的功效（陈煜，2005；王华明，2007）。伤口愈合涉及炎症反应、血管生成、肉芽组织增殖、上皮化等一系列生理过程，其中血管生成、胶原合成、组织形成等皮肤修复的关键阶段需要巨噬细胞的活化，巨噬细胞、淋巴细胞和纤维母细胞等释放的白介素-1（IL-1）和肿瘤坏死因子-α（TNF-α）可促进肉芽生成。通过刺激巨噬细胞分泌与组织修复相关的IL-1等调节因子，壳聚糖纤维能诱导纤维母细胞增生，促进伤口愈合。

炎症反应是伤口愈合的初始阶段，在此过程中，包括多形核细胞（PMN）、巨噬细胞等在内的各种炎症细胞浸润到创面后清除外来成分。通过加速炎症细胞浸润创面，壳聚糖纤维有促进清创的作用（何静，2001）。Ueno 等（UENO，1999）在小猎犬腹部的皮肤伤口上进行试验后发现，壳聚糖能诱导巨噬细胞增生，使其活性增强，还有明显的 PMN 浸润作用，其作用机制是：壳聚糖是巨噬细胞的阳性趋化剂，通过吸引单核细胞从血管中游出，在组织中聚集后形成巨噬细胞，也可以通过刺激局部组织细胞增生后演变为巨噬细胞。Ali 等（ALI，2003）的研究显示壳聚糖纤维与血清的互动作用可以强化巨噬细胞活性、刺激成纤维细胞增殖，产生愈创功效。

大量临床研究证明，壳聚糖纤维和医用敷料具有促进伤口愈合的功效（FRANCESKO，2011；KINGKAEW，2014）。李珂等（李珂，2007）在研究壳聚糖敷料对溃疡期压疮的治疗效果中将 60 例溃疡期压疮患者随机分为对照组和观察组各 30 例，彻底清创后观察组将壳聚糖湿敷于创面、对照组采用甲硝唑、庆大霉素混合液湿敷创面。结果显示，观察组的创面愈合时间、换药次数等治疗效果显著优于对照组。Ohshima 等（OHSHIMA，1987）把壳聚糖非织造布制成的敷料应用于烧伤供皮区、植皮区、皮肤擦伤、溃疡等 91 个患者的伤口上。结果显示壳聚糖敷料在降低创面粘连、降低疼痛、促进愈合等方面有良好的疗效。冯丽等（冯丽，2008）选取新西兰白兔 30 只作为实验动物，随机分为对照组和实验组，并对壳聚糖促进伤口愈合的作用进行对比分析。结果显示与对照组相比，实验组伤口愈合时间明显缩短，证明壳聚糖对伤口愈合有明显的促进作用。

4.6　壳聚糖医用敷料的结构和性能

壳聚糖纤维既具有壳聚糖的生物活性，又有纤维材料的特性，通过纺织加工可以制成非织造布、纱布、绷带、止血棉等许多种类的医用敷料。

4.6.1　壳聚糖医用敷料的特性

壳聚糖纤维制成的非织造布可以加工成医用敷料用于伤口护理。与传统的棉纱布相比，壳聚糖医用敷料有以下特点：

（1）给病人冷爽之感以减轻伤口疼痛。

（2）具有极好的氧涌透性，防止伤口缺氧。

（3）吸收水分并通过体内酶自然降解。

（4）降解产生可加速伤口愈合的氨基葡萄糖，促进伤口愈合。

4.6.2 壳聚糖医用敷料的吸湿性能

表 4-7 为壳聚糖非织造布和两种海藻酸盐非织造布在水和生理盐水中的吸湿性能。三种样品在水中的溶胀率基本相似，少量水分进入纤维使纤维湿润。在生理盐水中的溶胀率有很大区别，其中高 M 海藻酸钙纤维很容易与钠离子发生离子交换，使大量水分进入纤维后形成凝胶。高 G 海藻酸钙纤维也可以通过离子交换形成凝胶，但是这种纤维的溶胀率远低于高 M 纤维。壳聚糖纤维与钠离子没有离子交换能力，其在水中的溶胀率与生理盐水中的基本相似（秦益民，2006）。

表 4-7 壳聚糖非织造布和海藻酸盐非织造布的吸湿性能

非织造布样品	在水中的溶胀率/（g/g）	在生理盐水中的溶胀率/（g/g）	对生理盐水的吸湿性能/（g/g）
壳聚糖	2.1	2.1	14.1
高 M 海藻酸钙	2.2	13.9	16.7
高 G 海藻酸钙	1.8	5.2	14.2

图 4-5 为壳聚糖医用敷料吸湿前后的结构变化。可以看出，非织造布结构中的壳聚糖纤维遇水后有轻微的膨胀，其吸收的液体主要保持在纤维之间形成的毛细空间中，具有类似棉纱布的吸湿特点。这里需要指出的是，壳聚糖纤维对气态水分子的吸收性能比普通纺织用纤维高。对于液态水，由于结构中缺少持水基团，其吸湿性能明显低于海藻酸盐纤维。

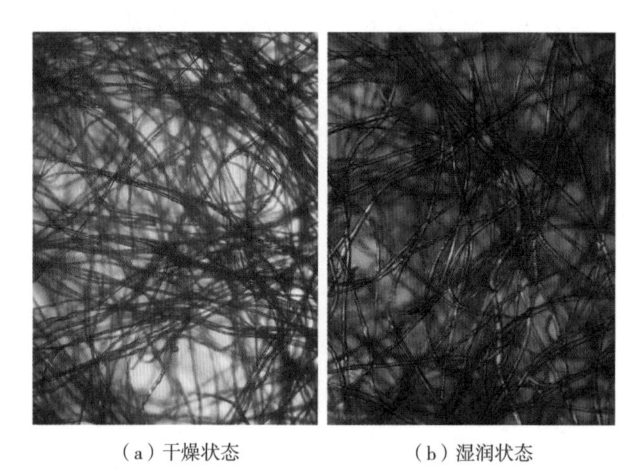

（a）干燥状态　　（b）湿润状态

图 4-5 壳聚糖医用敷料吸湿前后的结构变化

4.7 羧甲基壳聚糖敷料的结构和性能

壳聚糖医用敷料的一个主要缺点是吸湿性差，与海藻酸盐医用敷料相比，壳聚糖敷料在与伤口渗出液接触后，不能形成具有保湿作用的凝胶，其吸收创面渗出液的能力也低于海藻酸盐敷料（秦益民，2006）。经过羧甲基化的壳聚糖有很强的亲水性能（杨文鸽，2003）。秦益民（秦益民，2007）用氯乙酸处理壳聚糖纤维，在纤维结构中引入具有很强吸湿性能的羧甲基团后大幅改善了敷料吸收液体的能力。表 4-8 为羧甲基壳聚糖非织造布的吸湿性能。未处理的初始壳聚糖样品的吸湿性为 10.8g/g，随着羧甲基取代度的提高，处理后样品的吸湿性比未处理样品有明显提升。羧甲基取代度为 40.8%时，吸湿性达到 15.0g/g，比初始样品提高 38.9%。实验中可以观察到，当液体与纯壳聚糖非织造布接触时，由于材料具有一定的疏水性，液体很难被吸收进非织造布，而羧甲基化后的壳聚糖非织造布很容易被水湿润。图 4-6 为羧甲基壳聚糖敷料吸水后形成凝胶的效果图。

表 4-8　羧甲基壳聚糖非织造布的吸湿性能

羧甲基取代度/%	吸湿性/（g/g）	吸在纤维之间的液体/（g/g）	吸进纤维的液体/（g/g）
0	10.8	10.0	1.20
4.33	11.4	10.5	2.76
40.80	15.0	11.1	6.65
41.72	22.1	12.6	12.47
62.22	6.10	3.3	3.41

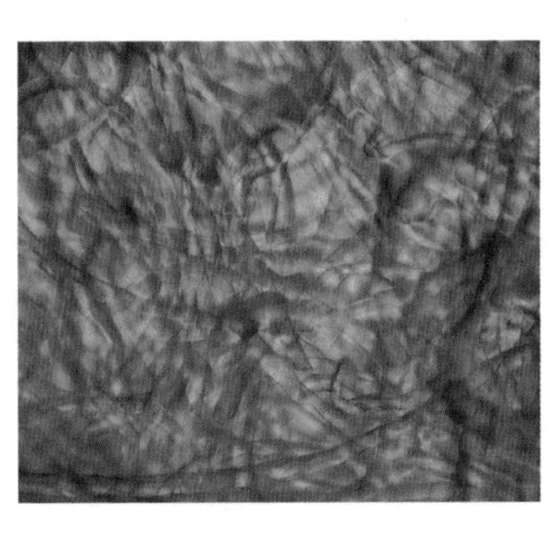

图 4-6　羧甲基壳聚糖敷料吸水后形成凝胶的效果图

4.8 壳聚糖医用敷料的临床应用

壳聚糖纤维制成的各种医用敷料供烫伤、擦伤、皮肤裂伤等的临床应用具有止血、消炎和促进组织生长作用，可缩短治疗周期，愈合后的创面与正常组织相似，无疤痕（QIN，2004）。Cho 等（CHO，1999）发现通过控制壳聚糖纤维的脱乙酰度和分子量可制成水溶性壳聚糖敷料，具有更好的促进伤口愈合性能。

壳聚糖和甲壳素纤维也可以被加工成人造皮肤。首先用血清蛋白质处理纤维提高其吸附性，然后用水作为分散剂、聚乙烯醇作为黏合剂，制成非织造布后切块、灭菌即可作人造皮肤使用。这种材料的密着性好、便于表皮细胞长入，具有镇痛止血功能，可促进伤口愈合，并且不发生粘连。用这种材料作为基材大量培养表皮细胞后贴于深度烧伤表面，随着壳聚糖纤维的降解形成完整的新生真皮。

Chen 等（CHEN，2006）在明胶敷料中加入一定量的羧甲基壳聚糖。使用在伤口上后，羧甲基壳聚糖可以促进成纤维细胞向创面迁移，促进伤口愈合。Burkatovskaya 等（BURKATOVSKAYA，2006）报道了当壳聚糖应用在感染的伤口上时，用壳聚糖护理的动物在实验过程中全部存活，而接受其他材料的动物的存活率为 25%～100%。结果显示壳聚糖能有效控制伤口上的细菌，改善成活率。

4.9 小结

甲壳素和壳聚糖纤维是具有特殊生物活性的纤维材料，尤其是壳聚糖纤维在医疗卫生领域有很高的应用价值。壳聚糖的氨基葡萄糖结构赋予纤维优良的螯合性能和聚阳离子特性，通过与皮肤、血液、伤口渗出液的接触对人体组织产生独特的生物活性，其在细胞水平上体现出与生物体的亲和性能，通过诱生损伤生物体的特殊细胞，加快伤口愈合。壳聚糖纤维对血清蛋白质等血液成分的吸附能力很大，其产生抗原的可能性很小，具有止血、镇痛、消炎、抑菌等独特的应用功效，在医用敷料领域有很高的应用价值。

参考文献

[1] AGBOH O C. The production of chitin fibers [D]. Leeds: University of Leeds, 1986.

[2] ALI S A M, SHAH F, HAMLYN P F, et al. Bioactive fibres for enhanced wound-healing [J]. J Text Inst, 2003, 94 (3): 42-45.

[3] AMIN M A, ABDEL-RAHEEM I T. Accelerated wound healing and anti-inflammatory effects of physically cross linked polyvinyl alcohol-chitosan hydrogel containing honey bee venom in diabetic rats [J]. Arch Pharm Res, 2014, 37: 1016-1031.

[4] AUSTIN P R. Chitin solvents: US, 3, 879, 377 [P]. 1975.

[5] BALASSA L L, PRUDDEN J F. Chitin wound dressings. In Proceedings of the 1st International Conference on Chitin and Chitosan [M]. London: Pergamon Press, 1978.

[6] BUDIRAHARJO R, NEOH K G, KANG E T. Enhancing bioactivity of chitosan film for osteogenesis and wound healing by covalent immobilization of BMP-2 or FGF-2 [J]. J Biomater Sci Polym Ed, 2013, 24 (6): 645-662.

[7] BURKATOVSKAYA M, TEGOS G P, SWIETLIK E, et al. Use of chitosan bandage to prevent fatal infections developing from highly contaminated wounds in mice [J]. Biomaterials, 2006, 27 (22): 4157-4164.

[8] CHEN P, PARKS W C. Role of matrix metalloproteinases in epithelial migration [J]. J Cell Biochem, 2009, 108: 1233-1243.

[9] CHEN R N, WANG G M, CHEN C H, et al. Development of N, O-(carbox-ymethyl) chitosan/collagen matrixes as a wound dressing [J]. Biom-acromolecules, 2006, 7 (4): 1058-1064.

[10] CHO Y W, CHO Y N, CHUNG S H, et al. Water-soluble chitin as a wound healing accelerator [J]. Biomaterials, 1999, 20 (22): 2139-2145.

[11] CLARK G L, SMITH A F. The production of fibers from chitin [J]. J Phys Chem, 1936, 40: 863.

[12] CUSTODIO C A, ALVES C M, REIS R L, et al. Immobilization of fibronectin in chitosan substrates improves cell adhesion and proliferation [J]. J Tissue Eng Regen Med, 2010, 4 (4): 316-323.

[13] EAST G C, QIN Y. Wet spinning of chitosan and the acetylation of chitosan fibers [J]. Journal of Applied Polymer Science, 1993, 50 (10): 1773-1779.

[14] FRANCESKO A, TZANOV T. Chitin, chitosan and derivatives for wound healing and tissue engineering [J]. Adv Biochem Engin/Biotechnol, 2011, 125: 1-27.

[15] GROSS J, LAPIERE C M. Collagenolytic activity in amphibian tissues: a tissue culture assay [J]. Proc Natl Acad Sci USA, 1962, 48: 1014-1022.

[16] HEINEMANN C, HEINEMANN S, BERNHARDT A, et al. Novel textile chitosan scaffolds promote spreading, proliferation, and differentiation of osteoblasts [J]. Biomacromolecules, 2008, 9 (10): 2913-2920.

[17] JIANG T, KUMBAR S G, NAIR L S, et al. Biologically active chitosan systems for tissue engineering and regenerative medicine [J]. Curr Top Med Chem, 2008, 8 (4): 354-364.

[18] JOHNSEN M, LUND LR, ROMER J, et al. Cancer invasion and tissue remodeling: common themes in proteolytic matrix degradation [J]. Curr Opin Cell Biol, 1998, 10: 667-671.

[19] KINGKAEW J, KIRDPONPATTARA S, SANCHAVANAKIT N, et al. Effect of molecular weight of chitosan on antimicrobial properties and tissue compatibility of chitosan-impregnated bacterial cellulose films [J]. Biotechnology and Bioprocess Engineering, 2014, 19: 534-544.

[20] KUNIKE G. Production of chitin fiber [J]. J Soc Dyers Colourists, 1926, 42: 318-321.

[21] LANSDOWM A. Silver 1: its antimicrobial properties and mechanism of action [J]. J Wound Care, 2002, 11: 125-131.

[22] LANSDOWM A. A review of silver in wound care: facts and fallacies [J]. Br J Nurs, 2004, 13: Suppl, 6-19.

[23] LEE K Y, PARK W H, HA W S. Polyelectrolyte complexes of sodium alginate with chitosan or its derivatives for microcapsules [J]. Journal of Applied Polymer Science, 1997, 63 (4): 425-432.

[24] MALETTE W G, QUIGLEY H J, GAINES R D, et a1. Chitosan: a new hemostatic [J]. Ann Thorac Surg, 1983, 36 (1): 55-58.

[25] MARTINS V L, CALEY M, O' TOOLE E A. Matrix metalloproteinases and epidermal wound repair [J]. Cell Tissue Res, 2013, 351: 255-268.

[26] MIGNATTI P, RIFKIN D B. Biology and biochemistry of proteinases in tumor invasion [J]. Physiol Rev, 1993, 73: 161-195.

[27] MOORE G K, ROBERTS G A F. The gelation mechanism of chitosan gel [J]. Int J Biol Macromol, 1980, 2: 78-80.

[28] MUZZARELLI R A A, BARONTINI G, ROCCHETTI R. Immobilized enzymes on chitosan columns: α-Chymotrypsin and acid phosphatase [J]. Biotechnology and Bioengineering, 1976, 18 (10): 1445-1454.

[29] MUZZARELLI R A A. Natural Chelating Polymers [M]. London: Pergamon Press, 1973.

[30] MUZZARELLI R A A. Chitin [M]. Oxford: Pergamon Press, 1977.

[31] MUZZARELLI R A A, ROCCHETTI R. Schiff base derivatives from chitosan [J]. Special Publ Royal Soc of Chemistry, 1986, 61: 44-51.

[32] NAKAJIMA M, ATSUMI K, KIFUNE K. Preparation of chitin fibers. In Chitin, Chitosan and Related Enzymes [M]. ZIKAKIS P Ed. Oxford: Academic Press, 1984.

[33] NOGUCHI J, TOKURA S, NISHI N. Chitin fibers. In Proceedings of the 1st International Conference on Chitin and Chitosan [M]. London: Pergamon Press, 1978.

[34] OHSHIMA Y, NISHINO K, YONEKURA Y, et al. Clinical application of chitin nonwoven fabric as wound dressing [J]. Eur J Plast Surg, 1987, 10: 66-69.

[35] PANG F J, HE C J, WANG Q R. Preparation and properties of cellulose/chitin blend fiber [J]. Journal of Applied Polymer Science, 2003, 90 (12): 3430-3436.

[36] PAVINATTO A, PAVINATTO F J, BARROS-TIMMONS A, et al. Electrostatic interactions are not sufficient to account for chitosan bioactivity [J]. ACS Appl Mater Interfaces. 2010, 2 (1): 246-251.

[37] PIERRE G, SALAH R, GARDARIN C, et al. Enzymatic degradation and bioactivity evaluation of C-6 oxidized chitosan [J]. Int J Biol Macromol, 2013, 60: 383-392.

[38] PUSATERI A E, MCCARTHY S J, GREGORY K W, et a1. Effect of a chitosan based hemostatic dressing on blood loss and survival in a model of severe venous hemorrhage and hepatic injury in swine [J]. Trauma, 2003,

54: 177-182.

[39] RABEA E I, BADAWY M E T, STEVENS C V, et al. Chitosan as antimicrobial agent: applications and mode of action [J]. Biomacromolecules, 2003, 4 (6): 1457-1465.

[40] QIN Y. The production of fibers from chitosan [D]. Leeds: University of Leeds, 1990.

[41] QIN Y. The chelating properties of chitosan fibers [J]. Journal of Applied Polymer Science, 1993, 49 (4): 727-731.

[42] QIN Y. A comparison of alginate and chitosan fibres [J]. Med Device Technol, 2004, 15 (1): 34-37.

[43] ROBERTS G A F, TAYLOR K E. Chitosan gels, 3. The formation of gels by reaction of chitosan with glutaraldehyde [J]. Die Makromolekulare Chemie, 1989, 190 (5): 951-960.

[44] SEGAL H C, HUNT B J, GILDING K. The effects of alginate and non-alginate wound dressings on blood coagulation and platelet activation [J]. J Biomater Appl, 1998, 12 (3): 249-257.

[45] SHIGENO Y, KONDO K, TAKEMOTO K. Functional monomers and polymers, 91. On the adsorption of iodine and bromine onto polystyrene-grafted chitosan [J]. Die Makromolekulare Chemie, 1981, 182 (2): 709-712.

[46] SZOZLAND L, EAST G C. The dry spinning of dibutyrylchitin fibers [J]. Journal of Applied Polymer Science, 1995, 58 (13): 2459-2466.

[47] THOMAS S. An in vitro analysis of the antimicrobial properties of 10 silver-containing dressings [J]. J Wound Care, 2003, 12 (8): 305-311.

[48] THOR C J B, HENDERSON W F. Production of chitin fibers [J]. Am Dyestuff Rep, 1940, 29: 461.

[49] TOKURA S, NISHI N, NOGUCHI J. Preparation of chitin fibers [J]. Polym J, 1979, 11: 781-786.

[50] TOKURA S, NISHI N, NOGUCHI J. Deacetylated chitin fibers [J]. Seni Gakkaishi, 1986, 43: 288-292.

[51] UENO H, YAMADA H, TANAKA I, et al. Accelerating effects of chitosan for healing at early phase of experimental open wound in dogs [J]. Biomaterials, 1999, 20 (15): 1407-1414.

[52] VIKHOREVA G A, GLADYSHEV D Y, BAZT M R, et al. Structure and

properties of chitosan carboxymethyl ether [J]. Acta Polymerica, 1991, 42 (7): 330-336.
[53] WAN Y, CREBER K A M, PEPPLEY B, et al. Ionic conductivity and tensile properties of hydroxyethyl and hydroxypropyl chitosan membranes [J]. Journal of Polymer Science Part B: Polymer Physics, 2004, 42 (8): 1379-1397.
[54] YANG L, ZAHAROFF D A. Role of chitosan co-formulation in enhancing interleukin-12 delivery and antitumor activity [J]. Biomaterials, 2013, 34 (15): 3828-3836.
[55] 蒋挺大. 壳聚糖 [M]. 北京：化学工业出版社，2001.
[56] 蒋挺大. 甲壳素 [M]. 北京：化学工业出版社，2003.
[57] 高怀生，黄是是，张世达，等. 碘壳聚糖生物敷料的制备 [J]. 中国药学杂志，1996，31 (5)：280-282.
[58] 杨福顺，卓仁禧. 侧链含 5-氟尿嘧啶甲壳胺的合成及其抗肿瘤活性的研究 [J]. 高分子学报，1990 (3)：332-338.
[59] 蒋新国，何继红，奚念珠. 海藻酸钠和脱乙酰壳多糖混合骨架片剂的缓释特性研究 [J]. 中国药学杂志，1994，29 (10)：610-612.
[60] 高光，吴朝霞. 羧甲基甲壳素的结构与性能研究 [J]. 高分子材料科学与工程，2004，20 (3)：107-110.
[61] 王爱勤，李洪启，张俊彦，等. 丙三醇壳聚糖的制备与分析 [J]. 中国生化药物杂志，1997，18 (2)：75-78.
[62] 袁毅桦，陈忻，刘颖梅，等. 羟丙基壳聚糖的制备及吸湿保湿性研究 [J]. 精细与专用化学品，2005，13 (7)：18-21.
[63] 钱清. 甲壳质纤维的制备及应用 [J]. 合成技术及应用，2001，16 (3)：29-32.
[64] 史仅. 甲壳素/纤维素纤维的制备和特性 [J]. 纺织导报，2001 (6)：18-21.
[65] 程友，黄金中，杜江，等. 甲壳胺无纺布的降解性及生物相容性观察 [J]. 中国耳鼻咽喉颅底外科杂志，2005，11 (4)：229-231.
[66] 程友，王秋萍，薛飞，等. PLGA/甲壳胺无纺布三维生物支架的安全性及组织相容性观察 [J]. 实用医学杂志，2007，23 (18)：2833-2835.
[67] 闵翔，唐敏健，焦延鹏，等. 壳聚糖/聚己内酯共混膜的制备及性能 [J]. 中国组织工程研究与临床康复，2011，15 (21)：3887-3890.
[68] 丁勇，徐锦堂，陈剑，等. 兔角膜缘上皮细胞在体外壳聚糖共混膜上

的培养及生物学鉴定 [J]. 暨南大学学报（自然科学与医学版），2005，26（2）：205-209.

[69] 张文达，郑军华. 壳聚糖体外促进兔膀胱黏膜上皮细胞的增殖 [J]. 第二军医大学学报，2007，28（11）：1248-1251.

[70] 杨红，赵燕. 壳聚糖促进体外培养 SD 乳鼠视网膜神经细胞生长的初步研究 [J]. 华中科技大学学报（医学版），2010，39（1）：116-119.

[71] 马军阳，陈亦平，李俊杰，等. 甲壳素/壳聚糖止血机理及应用 [J]. 北京生物医学工程，2007，26（4）：442-445.

[72] 宋炳生，李汉宝，陈家英. 壳糖止血海绵的药效学研究 [J]. 医学研究生学报，2005，18（7）：601-602.

[73] 高金伟，刘万顺，韩宝琴. 壳聚糖基纤维止血效果研究 [J]. 安徽农业科学，2012，40（11）：6458-6459.

[74] 冯小强，李小芳，杨声，等. 壳聚糖抑菌性能影响因素、机理及其应用研究进展 [J]. 中国酿造，2009（1）：19-23.

[75] 张丽霞，马建伟. 甲壳胺纤维抗菌试验性方法及影响因素的初步研究 [J]. 山东纺织科技，2002（2）：1-3.

[76] 冯小强，杨声，李小芳，等. 不同分子量壳聚糖对五种常见菌的抑制作用研究 [J]. 天然产物研究与开发，2008，20：335-338.

[77] 魏莹，赵耀华，牛希华，等. 甲壳质医用敷料在烧伤治疗中的应用 [J]. 医药论坛杂志，2004，25（7）：58-59.

[78] 李岱霖，郑清川，张红星，等. 基质金属蛋白酶的新型抑制剂效能的理论研究 [J]. 高等学校化学学报，2009，30（8）：1592-1595.

[79] 房学迅，杨金刚，史秀娟. 来源于天然产物的基质金属蛋白酶（MMPs）抑制剂 [J]. 化学进展，2007，19（12）：1991-1998.

[80] 朱世振，邱波，门海龙，等. 壳聚糖对软骨细胞基质金属蛋白酶 1 及其抑制因子表达的影响 [J]. 中华风湿病学杂志，2014，18（12）：828-831.

[81] 王海斌，刘世清，彭昊，等. 高脱乙酰度羧甲基壳聚糖对兔骨关节炎软骨 MMP-1，3 表达的作用 [J]. 武汉大学学报（医学版），2005，26（1）：21-24.

[82] 陈煜，窦桂芳，罗运军，等. 甲壳素和壳聚糖在伤口敷料中的应用 [J]. 高分子通报，2005（2）：94-100.

[83] 王华明，王江. 壳聚糖伤口敷料的研究进展 [J]. 华南热带农业大学学报，2007，13（2）：48-53.

[84] 何静，刘彦群．壳聚糖与伤口愈合［J］. 徐州医学院学报，2001，21（3）：255-258.

[85] 李珂，张福卿，孙淼，等．甲壳胺治疗溃疡期压疮效果观察［J］. 护理学杂志，2007，22（11）：47-48.

[86] 冯丽，赫英娟，张全明，等．甲壳胺对伤口愈合作用的观察［J］. 齐齐哈尔医学院学报，2008，29（10）：1258.

[87] 杨文鸽，裘迪红．壳聚糖羧甲基化条件的优化［J］. 广州食品工业科技，2003，19（1）：48-49.

[88] 秦益民，陈燕珍，张策．抗菌甲壳胺纤维的制备和性能［J］. 纺织学报，2006，27（3）：60-62.

[89] 秦益民，朱长俊．发酵法生产甲壳素纤维［J］. 纺织学报，2007，28（8）：31-34.

[90] 秦益民．甲壳素与甲壳胺纤维：1. 纤维的制备［J］. 合成纤维，2004，33（2）：19-21.

[91] 秦益民．甲壳素与甲壳胺纤维：2. 纤维的性能［J］. 合成纤维，2004，33（3）：22-23.

[92] 秦益民，朱长俊．甲壳素与甲壳胺纤维：3. 纤维的化学改性［J］. 合成纤维，2004，33（4）：17-19.

[93] 秦益民．甲壳素与甲壳胺纤维：4. 纤维在生物医学领域中的应用［J］. 合成纤维，2004，33（5）：34-35.

[94] 秦益民．壳聚糖纤维的理化性能和生物活性研究进展［J］. 纺织学报，2019，40（5）：170-176.

[95] 秦益民．海藻酸和甲壳胺纤维的性能比较［J］. 纺织学报，2006，27（1）：111-113.

[96] 秦益民．羧甲基甲壳胺纤维及制备方法和应用：中国，200410025721.4［P］. 2007.

第 5 章　海藻酸盐纤维与医用敷料

5.1　海藻酸

海藻酸是一种存在于褐藻类海藻中的天然高分子，与陆地植物中的纤维素一样起到强化细胞壁的作用。干燥的褐藻一般含有约 20%的海藻酸，在收获海藻后，海藻酸的提取过程包括水洗、粉碎海藻生物质后用碱溶液溶解藻体内的海藻酸，使其与藻体分离后在提取液中加入氯化钙使海藻酸以海藻酸钙凝胶的形式沉淀后再用酸洗去钙离子，得到的海藻酸絮凝物与碳酸钠反应后转化成海藻酸钠，随后经干燥、磨粉得到工业用海藻酸钠粉末（秦益民，2008；ONSOYEN，1992）。图 5-1 为从海带中提取海藻酸钠的工艺流程。

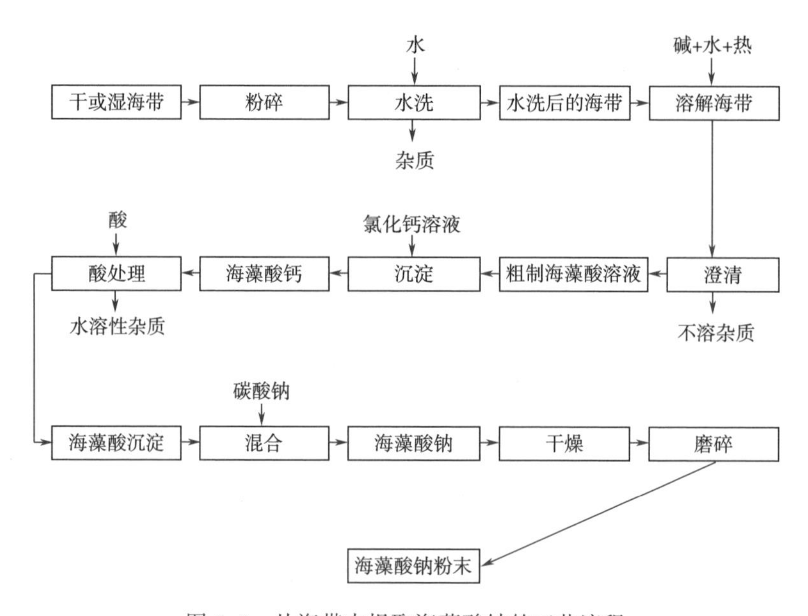

图 5-1　从海带中提取海藻酸钠的工艺流程

自然界中，海藻的种类繁多、分布广泛，目前已知的海藻包括红藻 4400 多种、褐藻 1700 多种、绿藻 900 多种（赵淑江，2014）。中国沿海已有记录的海藻中隶属于红藻门 40 科 169 属 607 种；褐藻门 24 科 62 属 298 种；绿藻门 21 科 48 属 211 种，约占世界总数的 1/8（丁兰平，2011），主要分布在广东、福建、浙江等东海沿岸、南海北区和南区的诸群岛沿岸、黄海西岸。图 5-2 为用于提取海藻酸的几种主要褐藻的示意图。

海带(*Saccharina japonica*)

泡叶藻(*Ascophyllum nodosum*)

极北海带(*Laminaria hyperborea*)

雷松藻LN(*Lessonia nigrescens*)

巨藻(*Macrocystis pyrifera*)

雷松藻LF(*Lessonia flavicans*)

极大昆布(*Ecklonia maxima*)

公牛藻(*Durvillaea antarctica*)

掌状海带(*Laminaria digitata*)

图 5-2　用于提取海藻酸的几种主要褐藻

海藻是一类独特的海洋生物，其生物体中存在很多种多糖成分，其中褐藻含有海藻酸、纤维素、岩藻多糖、褐藻淀粉、复杂硫酸酯化葡聚糖、含岩藻糖的聚糖、类地衣淀粉葡聚糖等；红藻含有卡拉胶、琼胶、纤维素、帚叉藻聚糖、甘露聚糖、木聚糖、紫菜胶等；绿藻含有直链淀粉、支链淀粉、纤维素、复杂的半纤维素、葡甘露聚糖、甘露聚糖、果胶、木聚糖等（KHAN，2009）。在这些多糖成分中，褐藻中的海藻酸和红藻中的卡拉胶、琼胶是目前海藻加工行业的主要产品（秦益民，2019；秦益民，2021）。

应该指出的是，尽管世界各地的海藻种类非常丰富，只有少数几种用于规模化生产海藻生物制品，例如用于提取海藻酸的褐藻主要有 16 种，其中巨藻产于北美洲、南美洲、新西兰、澳大利亚以及非洲的大洋沿岸，极北海带主要分布在挪威沿海，其藻体由坚硬的固着器、茎和柔软的叶片组成，是提取海藻酸的最好原料之一。用于提取海藻酸的其他褐藻还包括海带、泡叶藻、雷松藻、掌状海带、极大昆布、南极公牛藻等。

除了海藻酸，褐藻生物体中还含有丰富的蛋白质、多酚、类胡萝卜素、维生素、矿物质等海藻活性物质。作为生物体的组成部分，这些活性成分与生命活动密切相关，在健康产业有重要的应用价值。例如在美容护肤行业，海藻被用于改善皮肤血液循环、活化皮肤细胞，其生物活性成分可有效促进皮肤再生，使皮肤新鲜、结实、光滑。海藻中的褐藻多酚、岩藻多糖等活性成分有抗菌作用，其含有的胡萝卜素是合成维生素 A 的前体，对皮肤健康有重要作用（秦益民，2020）。表 5-1 为巨藻中各种组分的含量（秦益民，2008）。

表 5-1 巨藻中各种组分的含量

成分	含量（占干重的比例）/%	成分	含量（占干重的比例）/%
水分	10~11	镁	0. 7
灰分	33~35	铁	0. 08
蛋白质	5~6	铝	0. 025
粗纤维（纤维素）	6~7	锂	0. 01
脂肪	1~1. 2	铜	0. 003
海藻酸和其他碳水化合物	39. 8~45	氯	11
钾	9. 5	硫	1. 0
钠	5. 5	氮	0. 9
钙	2. 0	磷	0. 29
锶	0. 7	碘	0. 13

5. 2 海藻酸的化学结构

海藻酸是由英国化学家 E C C Stanford 在 1881 年首先发现（STANFORD，1881）。在工业革命期间，随着科学技术的日益进步，人们对许多自然资源的成分和应用做了大量研究。1884 年 4 月 8 日的一次英国化学工业协会的会议上，Stanford 对英国海岸线上广泛存在的海藻的应用做了详细总结（STANFORD，1884），同时报道了他用稀碱溶液从海藻中提取海藻酸的方法。Stanford 把用碱溶液处理海藻后提取出的胶状物质命名为 Algin，把这种物质加酸后生成的凝胶命名为 Alginic acid，即海藻酸。

从化学的角度看，海藻酸是一种高分子羧酸。在 Stanford 发现海藻酸后的很长一段时间内，研究人员只知道海藻酸是由单一的糖醛酸组成的，不同来源的海藻酸只是在分子量上有所不同。1955 年，Fischer 等（FISCHER，1955）在对海藻酸进行水解后发现海藻酸中有两种同分异构体。除了当时已知的甘露糖醛酸（Mannuronic acid，简称 M），他们发现海藻酸中还有古洛糖醛酸（Guluronic acid，简称 G）。Vincent（VINCENT，1960）把海藻酸用酸水解后得到低分子量海藻酸，并同样发现低分子量海藻酸中除了甘露糖醛酸，还有古洛糖醛酸。图 5-3 为海藻酸的两种单体结构。

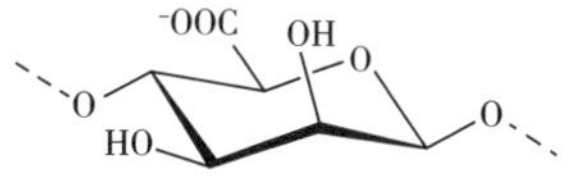

β-D-甘露糖醛酸（β-D-Mannuronic acid）

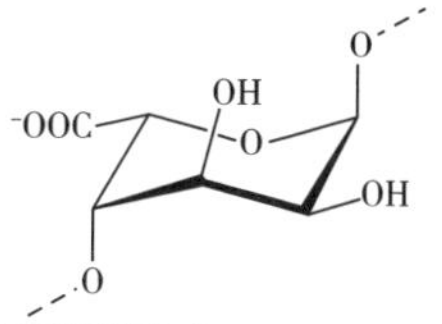

α-L-古洛糖醛酸（α-L-Guluronic acid）

图 5-3　β-D-甘露糖醛酸和 α-L-古洛糖醛酸的化学结构

Haug 等（HAUG，1966；HAUG，1967）通过大量的科学研究发现海藻酸高分子结构中有三种链段，即 MM、GG 和 MG/GM。他们把海藻酸用酸水解后得到低分子量的海藻酸分子片段，经过分离检测显示这些低分子量海藻酸有很不相同的链段结构。作为 α-L-古洛糖醛酸和 β-D-甘露糖醛酸组成的天然高分子，海藻酸是一种嵌段共聚物。G 和 M 醛酸是两种同分异构体，它们的区别在于 C5 位上的—OH 基团位置的不同，当其成环后的构象，尤其是进一步聚合成链后的空间结构有很大差别。当相邻的两个 G 单体以 1α-4α 两个直立键相键合，形成的 GG 链结构如“脊柱”状。当相邻的两个 M 单体以 1e-4e 两个平状键相键合，形成的 MM 链结构如“带”状。如图 5-4 所示，GG、MM 和 MG/GM 链段有很不相同的立体结构。

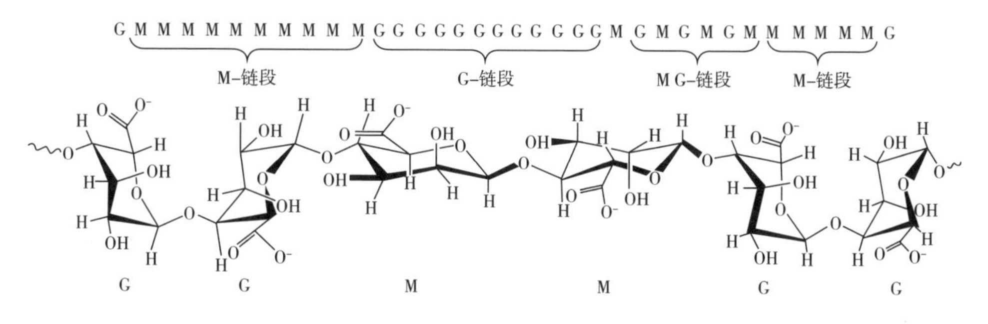

图 5-4　GG、MM 和 MG/GM 链段的立体结构

同一棵海藻上，用硬的茎提取的海藻酸含有较多的 G 和 GG，而用柔软的叶片提取的海藻酸则含有较多的 M 和 MM。平静的海洋可以给海藻提供稳定的生长环境，使其结构较硬，提取出的海藻酸多为高 G 型。风浪大的海岸线上生长的海藻生物体比较柔软，可生产高 M 型海藻酸。由于海洋气候环境和海藻种类的不同，从分布在全球各地的海藻中生产出的海藻酸在 M、G、MM、GG 和 MG/GM 含量上有很大变化。表 5-2 总结了从不同褐藻中提取出的海藻酸的化学组成（MOE，1995）。

表 5-2　不同褐藻中提取的海藻酸的化学组成

褐藻种类	F_G/%	F_M/%	F_{GG}/%	F_{MM}/%	$F_{MG,GM}$/%
海带	35	65	18	48	17
掌状海带	41	59	25	43	16
极北海带的叶子	55	45	38	28	17
极北海带的菌柄	68	32	56	20	12
极北海带的皮层	75	25	66	16	9
巨藻	39	61	16	38	23
泡叶藻的新生组织	10	90	4	84	6
泡叶藻的枯老组织	36	64	16	44	20
雷松藻 LN	38	62	19	43	19
极大昆布	45	55	22	32	32
南极公牛藻	29	71	15	57	14

5.3　海藻酸的性能和应用

海藻酸是一种天然高分子羧酸，可以与金属离子结合后形成各种海藻酸盐，其中工业上常用的海藻酸盐包括海藻酸钠、海藻酸钾、海藻酸铵、海藻酸钙以及混合的海藻酸铵—钙盐等。海藻酸本身是一种不溶于水的高分子材料，其钠、钾和铵盐以及酯化衍生物藻酸丙二醇酯是水溶性的，其中海藻酸钠是最常用的海藻酸盐，可溶解在水中形成缓慢流动的滑溜溶液。由于海藻酸钠分子量很高并且其分子具有刚性结构，即使在低浓度下，海藻酸钠水溶液即具有非常高的表观黏度。

5.3.1　海藻酸的成胶性能

水溶性的海藻酸钠在与高价阳离子（工业上一般采用钙离子）结合后，通过大分子间形成交联键而形成凝胶。由于立体结构的不同，α-L-古洛糖醛酸和β-D-甘露糖醛酸对钙离子的结合力有很大区别。如图 5-5 所示，两个相邻的 G 单体之间形成的空间在凝胶过程中可以容纳一个钙离子，在与另外一个 GG 链段上的羧酸结合后，钙离子与 GG 链段的海藻酸可以形成稳定的盐键。MM 链段的海藻酸在空间上呈现出一种扁平的立体结构，其与钙离子结合力弱，成胶性能较 GG 链段差。

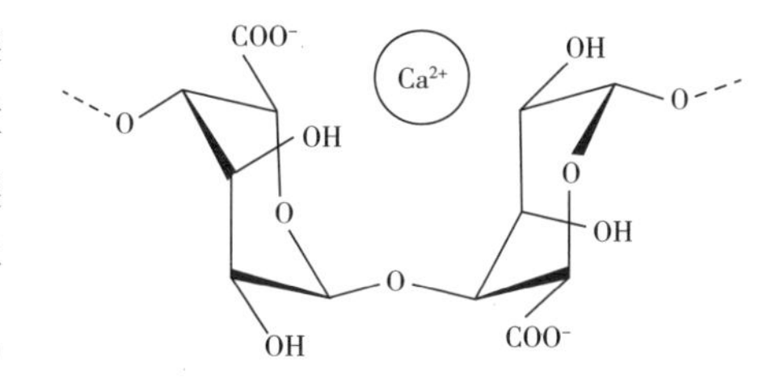

图 5-5　GG 链段的立体结构

海藻酸钠水溶液与钙离子接触后，其分子链上的 GG 链段与钙离子结合，形成一种类似“鸡蛋盒”的稳定结构。当钙离子含量超过一定浓度时，溶液中的海藻酸分子失去流动性后形成凝胶，大量水分子被锁定在海藻酸高分子组成的网络中，成为一种含水量极高的冻胶。图 5-6 显示当海藻酸钠水溶液与钙离子接触时形成的“鸡蛋盒”状凝胶结构。

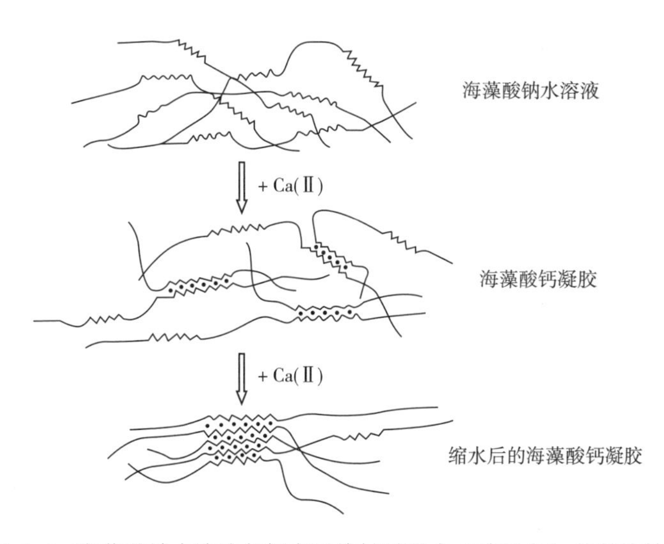

图 5-6　海藻酸钠水溶液与钙离子接触时形成“鸡蛋盒”状凝胶结构

镁以外的二价和多价金属离子都可以与海藻酸钠水溶液反应后形成凝胶，其中钙离子是最常用的胶凝剂之一。由于钙离子与海藻酸的反应速度很快，其加入海藻酸盐体系的方法对凝胶的性质有很大影响，如果钙离子加入得太快，生成的是小片状、间断的凝胶结构。钙离子加入的速度可以通过缓慢溶解的钙盐或者通过加入焦磷酸四钠盐、六偏磷酸钠等多价螯合剂控制。工业上制备海藻酸凝胶主要采用以下五种方法。

5.3.1.1 渗析/扩散法（dialysis/diffusion）

这是最常使用的方法。使用这种方法时，海藻酸钠水溶液在与外来的钙离子接触后形成凝胶。这样形成的凝胶一般是不均匀的，因为与钙离子接触早的一部分海藻酸钠在成胶后凝固缩水，比后面形成的凝胶的固含量高。钙离子的浓度越低、海藻酸钠的分子量越小、浓度越高、G 酸的含量越高，这种不均匀性就越强。由于成胶速度受钙离子扩散速度的限制，这个方法的应用性有限，只能用于制备较薄的片状材料。Rhim（RHIM，2004）利用氯化钙与海藻酸钠的离子交换性能制备了海藻酸钙薄膜。

5.3.1.2 原位法（in situ gelation）

这种方法一般采用溶解度比较低的钙盐或者是与其他材料配位的钙离子。在与海藻酸钠充分混合后，加入具有缓释作用的弱酸。钙离子在酸的作用下释放出来后与海藻酸结合形成凝胶。这样形成的凝胶很均匀，并且也可以制备未被充分交联的凝胶，即海藻酸钙钠混合凝胶。Draget 等（DRAGET，1990）把浓度为 10mg/mL 的海藻酸钠水溶液与 $CaCO_3$ 粉末混合后按照葡萄糖酸内酯（GDL）与 $CaCO_3$ 以 2∶1 的摩尔比加入 GDL，其中海藻酸钠水溶液与 GDL 水溶液的比例为 1∶1，静置 1h 后得到均匀的水凝胶，通过改变 GDL 添加量可以获得不同凝胶强度的海藻酸钙水凝胶。

5.3.1.3 冷却法（gel setting by cooling）

因为高温下溶液中的钙离子不能与海藻酸结合，把钙离子与海藻酸钠在高温下混合后，通过冷却可以制备海藻酸钙凝胶。

5.3.1.4 交联法（cross-linking）

这个方法采用环氧氯丙烷（epicholorohydrin，ECH）等化学交联剂与海藻酸分子中的羟基反应后形成交联结构。这样形成的凝胶结构稳定、含水量高，可以吸收干重 50~200 倍的水分。Lee 等（LEE，2000）的研究显示海藻酸凝胶的性能可以通过交联剂的种类和交联密度进行调控，其中可以采用的交联剂包括己二酸二酰肼、L-赖氨酸甲酯、聚氧乙烯双胺等。

5.3.1.5 酸法（acid gel）

海藻酸本身不溶于水，因此把海藻酸钠水溶液酸化后可以使海藻酸沉淀而形成水凝胶。Draget 等（DRAGET，2006）在海藻酸钠水溶液中加入葡萄糖酸内酯

（GDL），通过 GDL 的水解使溶液酸化，并且在保证 pH 值均匀可控下降的基础上获得凝胶。研究显示海藻酸钠浓度为 10mg/mL 时，加入浓度为 0.8mol/L 的 GDL 水溶液可以形成稳定的凝胶。与离子交联形成的凝胶相似，G 单体含量越高，凝胶强度越好。

5.3.2 海藻酸的工业应用

海藻酸及其各种衍生物的用途广泛，在食品、纺织、医药、生物医用材料、生物刺激剂、科学研究等领域有重要的应用价值。

在食品工业中，海藻酸盐被用作稳定剂添加到冰淇淋、巧克力牛奶、冰牛奶等制品中，其添加量为 0.05%~0.25%。作为增稠剂，海藻酸盐可代替果胶加入果酱、果冻、沙拉、调味汁、布丁、肉卤罐头等食品。海藻酸盐还可用于肠衣薄膜、蛋白纤维、固定化酶的载体等（秦益民，2019）。

在纺织领域，海藻酸盐可应用于印花色浆，用海藻酸盐作为糊料印出的花色鲜艳、上色量高，尤其适用于活性染料的印花。海藻酸盐纤维可与羊毛混纺，显示各种花纹，充当消失纤维。海藻酸钠可代替淀粉用于经纱上浆（秦益民，2019）。

在生物医用材料领域，海藻酸钠经纯化后可用作代血浆、止血剂、止血粉等。海藻酸或海藻酸丙二醇酯经过磺酸化处理后可制成相应的硫酸盐类，用作抗凝血剂、防治心血管药剂等。以海藻酸盐为原料配制的弹性印模料使用方便、卫生安全，已经在全球各国口腔医疗手术中广泛使用。海藻酸盐还可用于药片崩解剂和赋形剂、药膏基材、放射性锶的阻吸剂、药效延长剂等（秦益民，2008）。

以海藻酸寡糖为主要活性成分的海藻类肥料具有良好的生物刺激功效，可以促进根系健康生长、降低热和干旱等非生物胁迫、改善作物的发芽和开花、提高果实的产量和品质，在生态农业中有重要的应用价值（秦益民，2022）。

5.4 海藻酸盐纤维

5.4.1 海藻酸盐纤维的发展

海藻酸是一种直链线型高分子，可通过湿法纺丝制备纤维。1944 年，英国人 Speakman 等（SPEAKMAN，1944）最早对海藻酸盐纤维的制备工艺作了系统研究。他们把溶解在水中的海藻酸钠纺丝液通过喷丝孔挤入氯化钙凝固液后得到与黏胶纤维性能相似的纤维。在合成纤维大规模应用于纺织行业之前，英国 Courtaulds 公司曾商业化生产海藻酸钙纤维。由于纤维富含钙离子，海藻酸钙纤维有良好的阻燃性能，可用于制备室内装饰物。基于其在稀碱水溶液中的溶解性能，海藻酸钙纤维还曾用于生产袜子的连接线。图 5-7 为制备海藻酸钙纤维的湿法纺丝示意图。

20 世纪 80 年代初，在传统的应用被合成纤维替代的背景下，英国 Courtaulds 公司（现 Acordis 公司）把海藻酸盐纤维制备的非织造布作为医用敷料在伤口护理领域推广，应用于渗出液较多的慢性溃疡伤口（THOMAS，2000）。如图 5-8 所示，当敷料与渗出液接触时，海藻酸钙纤维中的钙离子与人体中的钠离子发生离子交换，使不溶于水的海藻酸钙转换成水溶性的海藻酸钠，导致大量水分进入纤维后在创面上形成一种纤维状水凝胶。这种独特的离子交换特性赋予海藻酸盐敷料极高的吸湿性、容易去除等优良性能（QIN，1996）。

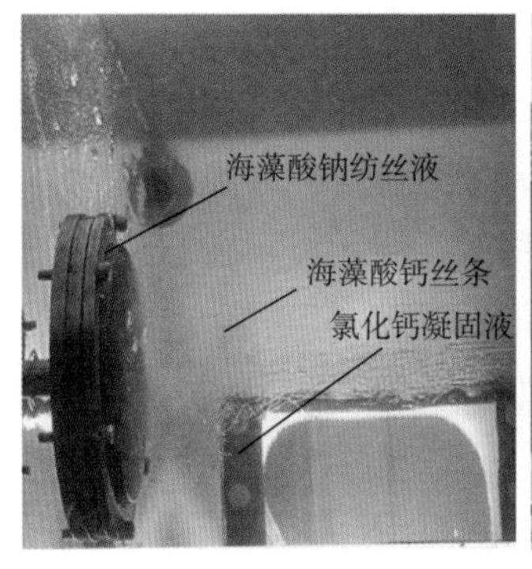

图 5-7　制备海藻酸钙纤维的湿法纺丝示意图

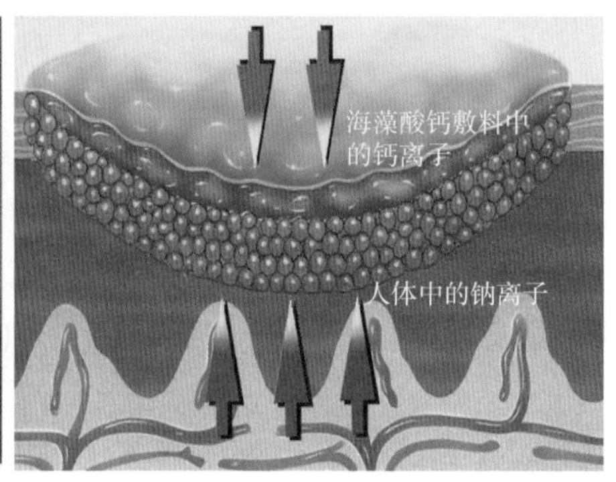

图 5-8　海藻酸钙医用敷料的离子交换性能

在 Courtaulds 公司之后，另一家英国公司 CV Laboratories 开发出了海藻酸钙钠纤维（此后转让给 ConvaTec 公司）。这个产品在生产过程中已经在纤维中引入钠离子，因此未经离子交换就有很高的吸湿性。英国 Advanced Medical Solutions 公司在 20 世纪 90 年代发明了一系列基于海藻酸盐纤维的新型医用敷料，在海藻酸盐纤维中负载羧甲基纤维素纳、维生素、芦荟等许多有益于伤口愈合的材料，改善了产品的性能（QIN，2000；GILDING，2001；QIN，2001）。

5.4.2　海藻酸盐纤维的成胶性能

表 5-3 为三种含不同 M/G 单体的海藻酸盐纤维的成胶性能，其中高 G 纤维中的海藻酸含有约 70%G 单体和 30%M 单体，M/G 比例约为 0.4，高 M 纤维中的 M/G 比例约为 1.8，其海藻酸含有约 65%M 单体。在与含有 142mmol 氯化钠

和2.5mmol氯化钙的水溶液（即英国药典规定的A溶液）接触，在37℃下放置30min后，高G纤维的接触液中含有317.5mg/L钙离子，高M纤维的接触液中的钙离子浓度为560mg/L，约为高G纤维的2倍。这里可以清楚看出，高M纤维对钙离子的结合力远低于高G纤维，因此其与伤口渗出液中钠离子发生离子交换的能力明显高于高G纤维，具有更好的成胶性能（秦益民，2003）。

表5-3　三种含不同M/G单体的海藻酸盐纤维的释钙率和吸湿性

样品	高G纤维	中G纤维	高M纤维
M/G比例	约0.4	约1.6	约1.8
纤维中钙盐含量/%	98.3	96.9	96.2
接触液中Ca（Ⅱ）含量/ppm	317.5	450	560
钙离子释放率/%	0.9	1.43	1.87
吸水率/（g/g）	2.69±0.27	6.0±0.87	5.69±0.39
吸生理盐水率/（g/g）	8.49±0.62	14.51±0.74	15.89±0.65

图5-9为高G海藻酸钙纤维与生理盐水接触后的结构变化。由于高G海藻酸与钙离子的结合力强，在与生理盐水接触时，溶液中的钠离子较难与纤维中的钙离子发生离子交换，因此抑制了水分进入纤维。高M海藻酸与钙离子的结合力弱，纤维与生理盐水接触时，通过离子交换很快转化成水溶性的海藻酸钠，纤维在吸收大量水分后形成凝胶。图5-10为高M海藻酸钙纤维与生理盐水接触后的结构变化。

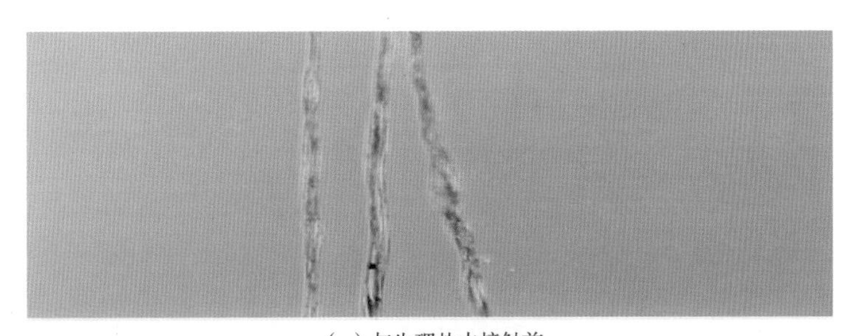

（a）与生理盐水接触前

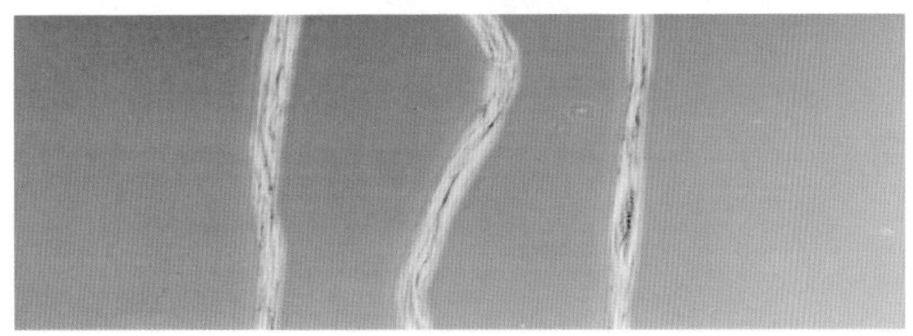

（b）与生理盐水接触后

图5-9　高G海藻酸钙纤维与生理盐水接触后的结构变化

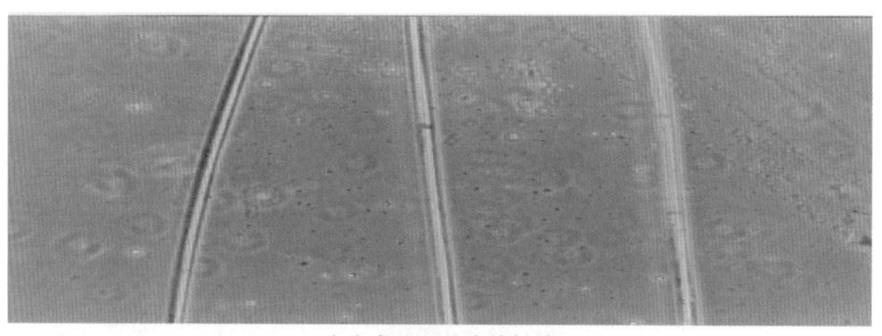

（a）与生理盐水接触前

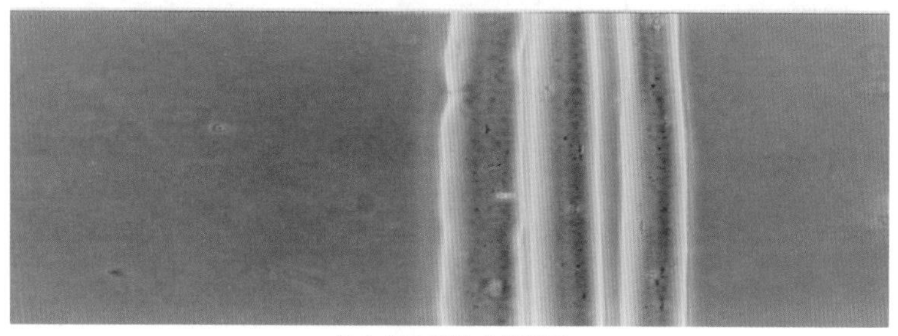

（b）与生理盐水接触后

图 5-10　高 M 海藻酸钙纤维与生理盐水接触后的结构变化

5.5　海藻酸盐医用敷料

5.5.1　海藻酸盐医用敷料的发展历史

在海藻酸盐纤维应用于医疗卫生行业之前，海带很早就被用于覆盖创面。早期的航海家曾使用海带护理伤口，并取得良好的疗效，海带也因此被称作 Mariner's cure——水手的护士。在第一和第二次世界大战期间，由于物资紧缺，英国人把干燥的海带做成纱布送往前线，用在战地医院中（MCMULLEN，1991）。第二次世界大战期间，英国人 Blaine 研究了海藻酸盐纤维制品对人体组织的反应，报道了海藻酸盐纤维作为一种止血材料的良好性能（BLAINE，1947）。1951 年，Blaine（BLAINE，1951）探讨了把海藻酸盐纤维作为手术中可吸收止血材料的可能性，他在实验中发现，植入体内 10 天后，只有很少量的海藻酸盐纤维残留在体内，说明海藻酸盐纤维可以被人体吸收。

Blaine 的研究促进了海藻酸盐纤维在英国医疗领域的应用。由于湿法纺丝过程中得到的长丝通过针织可以直接加工成织物，早期的海藻酸盐敷料是一种针织海藻酸钙织物，在与血液、伤口渗出液接触后通过离子交换转换成海藻酸钠，并最后溶解。为了结合海藻酸钠的吸湿性和海藻酸钙的结构完整性，科学家对海藻酸钙钠纤维的生产方法进行了研究。Bonniksen（BONNIKSEN，1951）用盐酸或醋酸溶液处理海藻酸钙纤维后去掉纤维中的钙离子，使纤维转换成海藻酸纤维，然后把醋酸钙或氯化钙溶解在醇水混合溶液中处理海藻酸纤维，通过控制醇水混合溶液中钙离子的含量可以调节纤维中钙离子的含量。反应结束后用 NaOH 中和溶液至 pH=7，使纤维上同时含有钙和钠离子。Franklin 等（FRANKLIN，1974）用盐酸处理海藻酸钙纤维去掉纤维中的部分钙离子，再用一定量 NaOH 处理纤维，在处理过程中保留一部分海藻酸。这样得到的纤维是海藻酸、海藻酸钠和海藻酸钙的混合物。

5.5.2 海藻酸盐医用敷料的生产方法

英国 Courtaulds 公司开发的第一代海藻酸钙医用敷料（商品名 Sorbsan）是由含 M 较高的海藻酸钠通过湿法纺丝制成纤维后加工成非织造布，梳棉后纤维形成的网络经辊压得到松散的纤维聚集体。敷贴在伤口上后，纤维中的钙离子很快被钠离子置换，其成胶性能优异。如图 5-11 所示，由于纤维与纤维之间没有物理机械缠结，去除敷料时只需用温暖的生理盐水冲洗。

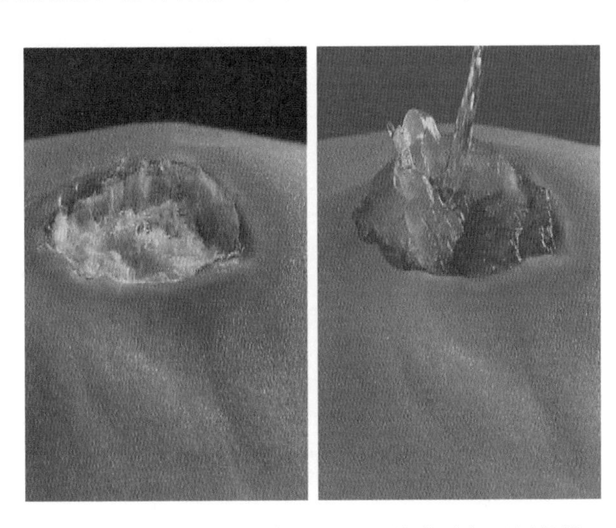

图 5-11　用生理盐水冲洗 Sorbsan 海藻酸钙医用敷料

高 G 型海藻酸钙敷料吸湿后的结构稳定性好。法国 Brothier 公司生产的高 G 海藻酸钙敷料（商品名 Algosteril）是一种针刺非织造布。由于纤维本身的强度相对较高，针刺过程又提高了纤维之间的抱合力，这类敷料使用后可以一次性从创面剥离。但是由于高 G 海藻酸钙与钠离子较难产生离子交换，这种产品的吸湿性差，敷贴在创面上较难形成凝胶。

英国 ConvaTec 公司生产的商品名为 Kaltostat 的海藻酸盐敷料是一种含 80%钙盐/20%钠盐的高 G 海藻酸钙钠敷料，结合了高 G 产品的结构完整性和高 M 产品的成胶性能和高吸湿性。但是由于生产过程中钠离子的进入使纤维在干燥前的含水量大幅提高，纤维的干燥变得困难，纤维之间比较容易粘连，影响产品的外观和手感。

由于原料的不同和加工工艺上的变化，不同品种的海藻酸盐医用敷料在结构和性能上有很大变化，其中的影响因素包括：

（1）原料中 α-L-古洛糖醛酸（G）和 β-D-甘露糖醛酸（M）的比例以及 GG、MM、MG 链段的含量。

（2）纤维中钙离子和钠离子的比例。

（3）非织造布的生产工艺。

表 5-4 为英国卫生部门公布的药品价格表中各类海藻酸盐医用敷料的品牌、生产厂家、销售价格等情况。由于材料结构的不同，这些产品对伤口渗出液的吸收能力、与伤口的黏合性、使用后在伤口上的残留物、促进伤口上皮化等各项性能均有很大区别。

表 5-4　英国卫生部门公布的药品价格表中的各类海藻酸盐医用敷料

产品名称	销售商	产品的结构特征	尺寸规格/cm	销售价格/英镑
Algisite	Smith & Nephew	针刺高 M 海藻酸钙	5×5	0.72
			10×10	1.49
			15×20	4.00
Algosteril	Beiersdorf	针刺高 G 海藻酸钙	5×5	0.74
			10×10	1.69
Comfeel SeaSorb	Coloplast	冷冻干燥海藻酸盐海绵	6×4	0.72
			10×10	1.50
			15×15	3.10
Kaltogel	Convatec	针刺高 M 海藻酸钙/钠	5×5	0.71
			10×10	1.48
Kaltostat	Convatec	针刺高 G 海藻酸钙/钠	5×5	0.73
			7.5×12	1.59

续表

产品名称	销售商	产品的结构特征	尺寸规格/cm	销售价格/英镑
Melgisorb	Molnlycke	针刺高 M 海藻酸钙	5×5	0.71
			10×10	1.48
			10×20	2.78
Sorbsan	Maersk	辊压高 M 海藻酸钙	5×5	0.91
			10×10	1.60
Tegagel	3M Health Care	针刺高 M 海藻酸钙	5×5	0.73
			10×10	1.54

5.6 海藻酸盐医用敷料的理化性能

海藻酸盐医用敷料具有一系列优良的性能，特别适用于护理渗出液较多的伤口，通过为创面提供湿润的愈合环境，促进伤口愈合。

5.6.1 海藻酸盐医用敷料的吸湿保湿性能

与其他传统的医用敷料相比，海藻酸盐医用敷料的主要性能是其高吸湿性。这种高吸湿性一方面源于非织造布结构，另一方面源于纤维很好的亲水性。英国药典把高吸湿的海藻酸盐敷料定义为吸湿性在 $12g/100cm^2$ 以上，高吸湿充填物的吸湿性大于 6g/g。市场上海藻酸盐医用敷料的吸湿性一般高于这两个指标。海藻酸盐纤维在与伤口渗出液进行离子交换后在创面上形成一种水凝胶体，为伤口愈合提供湿润的愈合环境，有利于皮肤组织再生。这层水凝胶为伤口提供一个无粘层面，其形成的物理屏障阻止细菌进入。伤口愈合后，这种成胶性敷料可以很容易用生理盐水冲洗后去除，同时不影响新生细胞增长。图 5-12 为海藻酸盐医用敷料与棉纱布不同的吸湿机理。

表 5-5 比较了海藻酸钙非织造布和棉纱布在 A 溶液中的吸湿性能（秦益民，2007）。在测试液体在纤维内和纤维间的分布时，一片敷料（重量为 W）吸液后（重量为 W_1）用纱布包扎，离心脱水 15min 后测定脱水后敷料的重量为 W_2，这个重量是纤维本身的干重和吸收进纤维内部的液体重量的总和。把离心脱水后的敷料在 105℃下干燥 4h 至恒重，测得纤维干重（W_3）。W_1-W_2 为吸收在纤维之间

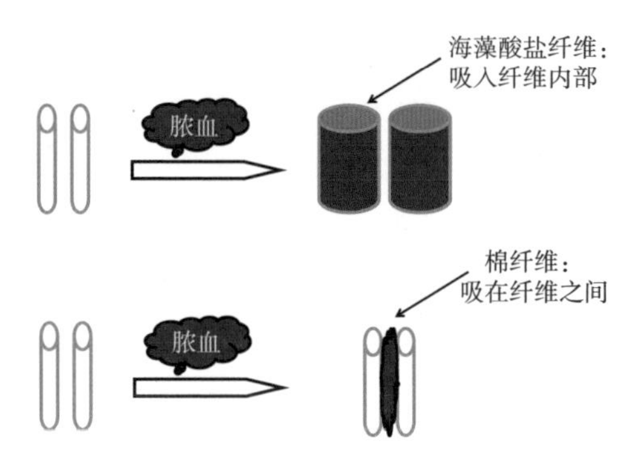

图 5-12　海藻酸盐医用敷料与棉纱布不同的吸湿机理

的液体，W_2-W_3 为吸收进纤维内部的液体。（W_1-W_2）/W_3 和（W_2-W_3）/W_3 分别计算出每克干重的敷料吸收在纤维之间和纤维内部的液体。

表 5-5　海藻酸钙非织造布和棉纱布在 A 溶液中的吸液率

产品	（W_1-W）/W/（g/g）	（W_1-W_2）/W_3/（g/g）	（W_2-W_3）/W_3/（g/g）
海藻酸钙非织造布	19.635	16.614	8.145
棉纱布	5.975	6.026	0.218

海藻酸钙非织造布的吸液率达 19.635g/g，棉纱布仅为 5.975g/g。在对两种材料进行离心脱水后发现，棉纱布的吸液率不仅很低，其吸收的水分基本保留在纤维与纤维之间的毛细空间，离心脱水后每克纤维保持的水分仅为 0.218g/g。与此相比，海藻酸钙纤维的亲水性强，其吸收水分中的一大部分保留在纤维内部，很难通过离心脱水去除，纤维本身吸收的水分为 8.145g/g。

表 5-6 比较了三种海藻酸钙敷料的吸湿性，其中 Algosteril™ 和 Curasorb™ 是高 G 型，Sorbsan™ 是高 M 型。高 M 海藻酸钙敷料的吸液率为 16.75g/g，明显高于高 G 型敷料（QIN，2006）。

表 5-6　三种海藻酸钙敷料的吸湿性

指标	海藻酸钙敷料品种		
	Algosteril™	Curasorb™	Sorbsan™
M/G 比例	约 0.4	约 0.4	约 1.8
单位面积重量/（g/m^2）	125.55±8.15	127.50±5.80	125.20±6.50
吸液率/（g/g）	14.27±0.41	14.77±0.36	16.75±0.27
水中的溶胀率/（g/g）	1.85±0.13	2.12±0.12	2.14±0.14
生理盐水中的溶胀率/（g/g）	5.23±0.42	4.42±0.13	13.91±0.77
纤维直径/μm	25.25±1.22	15.27±1.68	17.4±1.87

表 5-7 比较了海藻酸钙/CMC 共混纤维敷料与普通海藻酸盐敷料的吸湿性。Qin 等（QIN，2000）通过水溶性的羧甲基纤维素钠（CMC）与海藻酸钠共混纺丝，成功制备了具有很高吸湿性能的海藻酸与羧甲基纤维素钠共混纤维。由于 CMC 破坏了海藻酸盐纤维的结构规整性，含 CMC 的共混纤维在与生理盐水接触后很容易形成高度膨胀的凝胶态结构，以其制备的医用敷料的吸湿性比纯海藻酸盐高 30%。

表 5-7　海藻酸钙/CMC 共混纤维敷料与普通海藻酸盐敷料的吸湿性

指标	海藻酸盐敷料品种		
	Urgosorb™	Algosteril™	Kaltostat™
化学组成	海藻酸钙与 CMC 共混纤维	海藻酸钙纤维	海藻酸钙钠纤维
吸液率/（g/g）	20. 35±0. 75	14. 27±0. 41	17. 40±0. 35
水中的溶胀率/（g/g）	4. 25±0. 25	1. 85±0. 13	7. 65±0. 35
生理盐水中的溶胀率/（g/g）	9. 65±1. 42	5. 23±0. 42	5. 79±0. 21

5. 6. 2　海藻酸盐医用敷料的“凝胶阻断”性能

海藻酸盐医用敷料在具有很高吸湿性的同时不把其吸收的液体扩散到伤口周边健康的皮肤上，这种独特的性能被称为 Gel blocking，即凝胶阻断性能。从图 5-13 可以看出，由于纤维的吸湿膨胀堵塞了纤维之间的毛细空间，海藻酸盐医用敷料吸收的液体被固定在与创面直接接触的层面上，而不向伤口周边扩散，因此不会像传统棉纱布一样使伤口周边由于过度浸渍在液体中而造成皮肤腐烂。McMullen（MCMULLEN，1991）观察到在使用海藻酸盐医用敷料时，凝胶的形成局限于伤口的上面，周边皮肤没有潮湿的迹象。

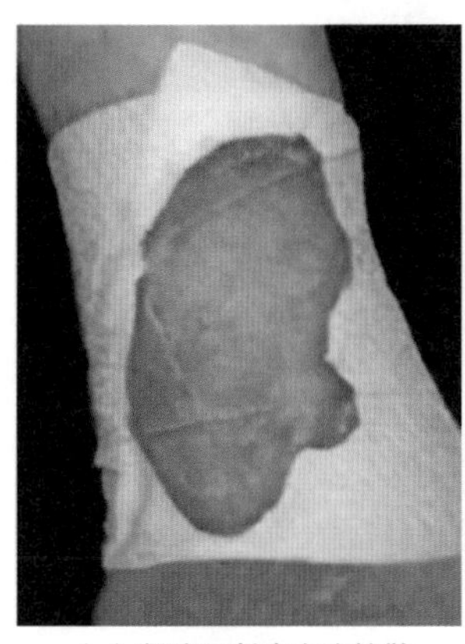

（a）凝胶阻断渗出液扩散

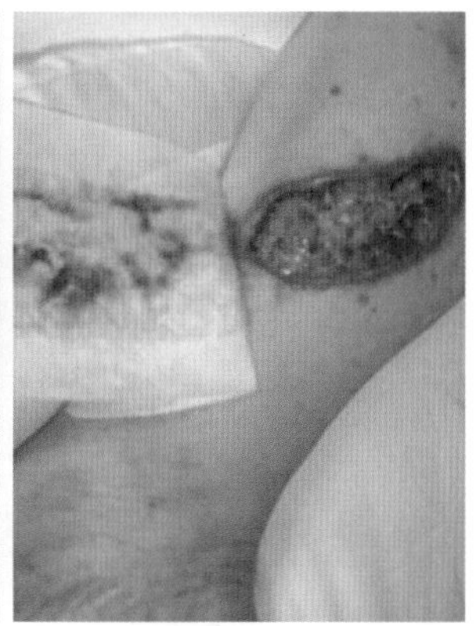

（b）维持洁净的创面

图 5-13　海藻酸盐医用敷料的“凝胶阻断”性能效果图

5.7 海藻酸盐医用敷料的开发和应用

海藻酸是一种从海藻中提取的天然高分子材料，以海藻酸为原料制备的海藻酸盐医用敷料对人体无任何毒性，可以安全使用。Groves 等（GROVES，1986）以及 Fry（FRY，1986）在临床试验中证明海藻酸盐医用敷料安全、无毒，具有优良的生物相容性。

1981 年，Maersk Medical 公司把 Courtaulds 公司生产的海藻酸钙纤维非织造布以 Sorbsan 品牌在慢性伤口护理市场上推广应用，取得很大成功。此后，随着伤口“湿润愈合”理论和“湿法疗法”实践的普及，全球各大医药公司对高科技功能性医用敷料推广应用的力度不断加强，海藻酸盐纤维与医用敷料的优良性能得到广泛认可，产品在世界各地得到普遍应用。到 2012 年，英国市场上已经有 19 种在售的海藻酸盐医用敷料产品（CLARK，2012）。

临床上海藻酸盐医用敷料可用于护理很多类型的伤口。如图 5-14 所示，海藻酸盐医用敷料可用于覆盖创面和充填腔隙，特别适用于有较多渗出液的慢性难愈性伤口（THOMAS，2000）。对于相对干燥的伤口，临床应用时可以把敷料先用生理盐水润湿，然后覆盖在创面上。

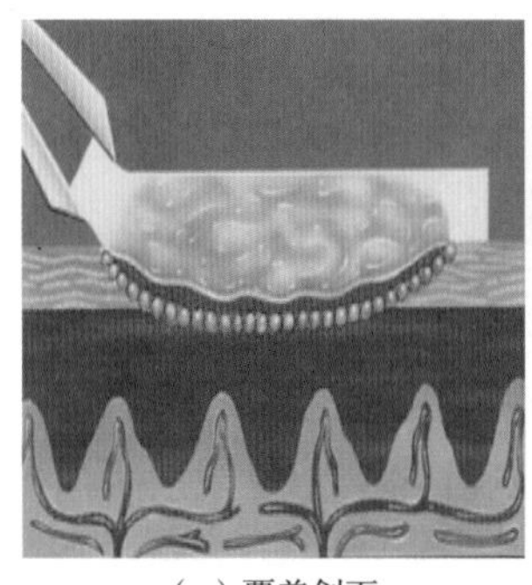

（a）覆盖创面

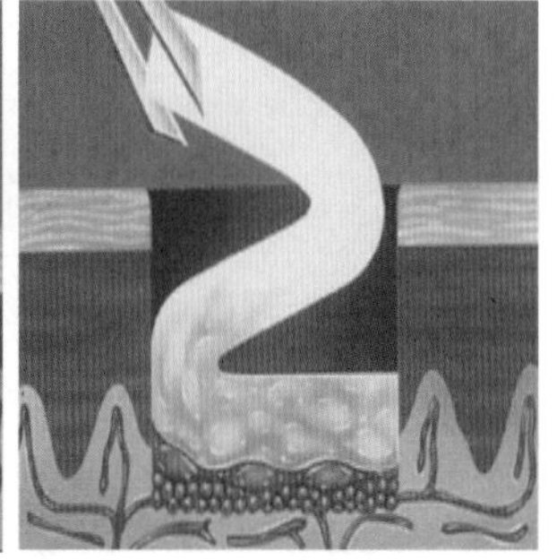

（b）充填腔隙

图 5-14 海藻酸盐医用敷料的两种应用方法

5.7.1 国际市场上的海藻酸盐医用敷料

海藻酸盐纤维在通过纺织加工后可以得到非织造布和毛条两种具有不同结构的医用敷料。应用过程中，海藻酸盐医用敷料可分为湿完整和湿分散两类产品，其中英国药典把湿完整的产品定义为可在 A 溶液中保持结构完整的产品，湿分散型敷料则在 A 溶液中成胶且分散后失去原有的织物形态。国际市场上 Courtaulds 公司生产的高 M 型海藻酸钙纤维非织造布属于湿分散型产品，可用温暖的生理盐水冲洗后从创面上去除。高 G 型海藻酸钙敷料在吸收伤口渗出液后的结构稳定性好，使用后可用手术镊子揭除。图 5-15 为海藻酸盐敷料和毛条的临床应用。

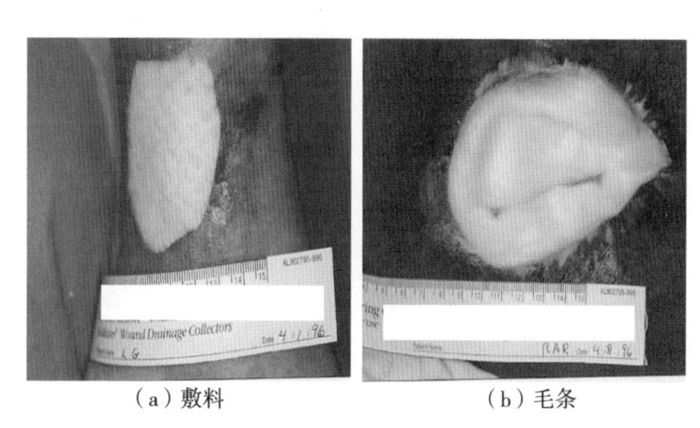

（a）敷料　　（b）毛条

图 5-15　海藻酸盐敷料和毛条的临床应用

5.7.2　海藻酸盐医用敷料的临床应用

海藻酸盐医用敷料在伤口护理中有很广泛的应用，图 5-16 显示其主要的应用领域。

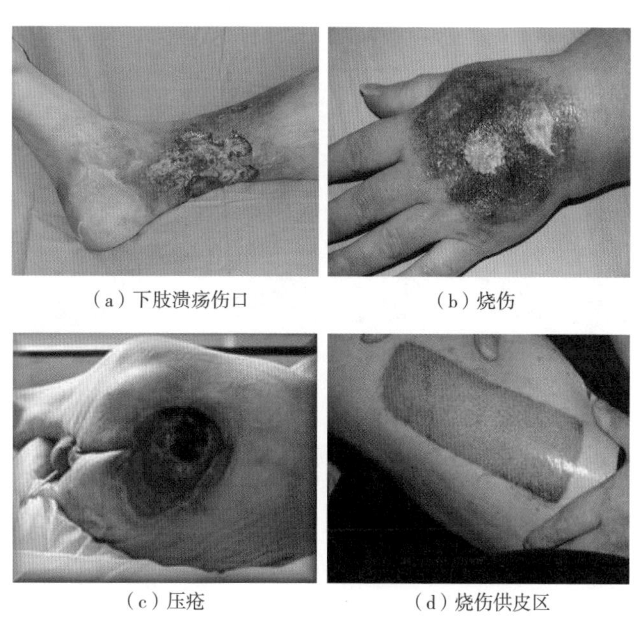

（a）下肢溃疡伤口　　（b）烧伤

（c）压疮　　（d）烧伤供皮区

图 5-16　海藻酸盐医用敷料的主要应用领域

5.7.2.1 下肢静脉、动脉溃疡伤口

下肢溃疡一般发生在行动不便的老年人身上。由于血液流动不畅，皮肤组织缺少必要的养分而形成损伤。这类伤口的形成过程慢，对皮肤生理功能的损伤大，并且由于老年人体质差，伤口的愈合过程缓慢（THOMAS，1989；SMITH，1990）。下肢溃疡伤口一般有较多的渗出液，作为一种吸湿性很高的医用敷料，海藻酸盐医用敷料产品特别适用于下肢溃疡伤口的护理，一般作为与创面直接接触层使用。临床应用时可用压力绷带把海藻酸盐医用敷料固定在伤口上（ARMSTRONG，1997）。

5.7.2.2 烧伤

烧伤护理包括烧伤创面及烧伤供皮区，后者的创面大、表面平整，很容易与敷料粘连。采用凡士林纱布等传统产品时存在渗血多、患者疼痛、创面易感染等缺点（BASSE，1992）。海藻酸盐医用敷料有很高的吸湿性并且在吸湿后形成凝胶，特别适用于烧伤及烧伤供皮区的护理，可以减轻去除敷料时病人的疼痛以及伤口的二次出血。使用海藻酸盐医用敷料后，用生理盐水冲洗创面即可把敷料从伤口上去除，为病人提供极大的便利（LAWRENCE，1991；叶溱，2001）。

5.7.2.3 压疮

与下肢溃疡伤口类似，压疮一般渗出液较多，严重的压疮伤口上皮肤腐烂后形成腔隙。海藻酸盐医用敷料的吸湿性好，特别适用于护理压疮。海藻酸盐毛条也可用于充填腐烂严重的腔隙伤口（CHAPUIS，1990）。图 5-17 为海藻酸盐毛条充填伤口的效果图。

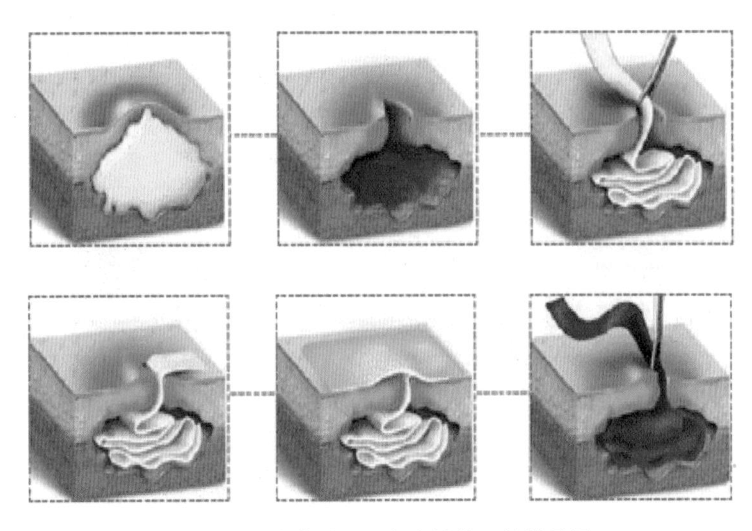

图 5-17 海藻酸盐毛条充填伤口的效果图

5.7.2.4　糖尿病足溃疡伤口

足溃疡伤口在糖尿病人中较为常见，有 15%～20%的糖尿病患者有这种伤口。海藻酸盐医用敷料的高吸湿性和低黏合性使它们适用于糖尿病足溃疡伤口的治疗（BRADSHAW，1989）。

5.7.2.5　手术伤口

海藻酸盐医用敷料有很好的止血性能，在伤口上形成凝胶能减轻病人的疼痛，因此适用于手术伤口护理（GUPTA，1991）。在鼻腔手术中使用海藻酸钙医用敷料可以产生良好的止血效果（秦益民，2017）。

5.8　海藻酸盐医用敷料的功效

大量临床实践证明海藻酸盐医用敷料能为创面提供湿润的愈合环境、促进细胞迁移和繁殖，加快伤口愈合。

5.8.1　促进伤口愈合

全球各地大量的临床研究结果显示在伤口上使用海藻酸盐医用敷料可以有效促进伤口愈合（秦益民，2017）。Berven 等（BERVEN，2013）的研究显示，海藻酸具有细胞趋化活性，通过促进细胞的增长繁殖改善伤口愈合。ATTWOOD（ATTWOOD，1989）比较了海藻酸盐医用敷料与传统纱布在供皮区伤口上的应用。试验结果表明，使用海藻酸盐敷料的疗效明显优于传统纱布。在 107 个病人的 130 个供皮区伤口上得到的临床试验结果表明，伤口愈合时间由传统纱布的 10 天减少到海藻酸盐敷料的 7 天。在另一项研究中，Sayag 等（SAYAG，1996）的结果显示，同样情况下，74%的病人在使用海藻酸盐敷料后伤口面积缩小 40%，而只有 42%的病人在使用传统纱布后能达到同样的疗效。海藻酸盐敷料比传统纱布的疗程快 8 周。

5.8.2　止血

海藻酸盐医用敷料具有良好的止血功效。Groves 等（GROVES，1986）的研究结果显示，敷贴在伤口的 5min 内，海藻酸盐敷料即可产生止血效果。Segal 等（SEGAL，1998）对几种不同结构的海藻酸盐敷料的止血性能做了详细的研究，发现海藻酸盐敷料的止血功效源于凝血效应和对血小板活性的增强作用。海藻酸盐敷料的凝血效应比其他纱布好，当纤维中含有锌离子时，敷料的凝血效应和对血小板活性的增强作用比普通海藻酸钙敷料更好。

Davies 等（DAVIES，1997）比较了海藻酸盐敷料和普通手术纱布的止血效果。他们发现使用普通手术纱布时每个手术中的流血量为（139.4±9.6）mL，使用海藻酸盐敷料时的流血量为（98.8±9.9）mL，显示海藻酸盐敷料优良的止血性能。

5.8.3 降低伤口疼痛

Butler 等（BUTLER，1993）研究了海藻酸盐敷料在护理供皮区伤口时病人的舒适性。他们发现当海藻酸盐敷料用次氯酸溶液浸润后使用在伤口上时，病人的疼痛有明显下降。Bettinger 等（BETTINGER，1995）也发现在用海藻酸盐敷料护理烧伤病人时，伤口的疼痛比使用其他纱布有明显的下降。

5.8.4 抗菌

由于海藻酸盐敷料中的纤维吸湿后高度溶胀，纤维与纤维之间的空间在吸湿后被压缩。如果伤口渗出液中带有细菌，它们很容易被固定在纤维与纤维之间后降低活性和繁殖能力。这是海藻酸盐敷料减少感染发生的一个主要原因。Bowler 等（BOWLER，1999）对海藻酸盐敷料的抗菌性能作了试验。他们把海藻酸盐敷料与含有细菌的溶液接触一定时间后测试溶液中细菌的含量，结果表明海藻酸盐敷料有保持并隔离细菌的功能。Young（YOUNG，1993）把海藻酸盐敷料成功应用在感染的、渗出液很多的伤口上。

5.8.5 充填作用

Barnett 等（BARNETT，1987）以及 Dealey（DEALEY，1989）和 Chaloner（CHALONER，1991）研究了海藻酸盐医用敷料对护理深度伤口和腔隙伤口的作用。护理这类伤口时，海藻酸盐医用敷料的主要功能是其很高的吸湿性，能有效去除伤口渗出液，同时起到充填腔隙的作用。海藻酸盐敷料用于鼻内填塞也有很好的疗效。谢民强等（谢民强，2003）比较了凡士林纱条、瑞纳凝胶快速止血材料、海藻酸钙敷料和膨胀海绵的疗效。结果显示，鼻腔胀痛率分别为 87.5%、5.7%、4.3% 和 47.4%，取出填塞物后鼻腔再出血率为 95%、8.6%、4.3%和 50%。

5.8.6 降低治疗成本

尽管海藻酸盐医用敷料的单位价格比传统纱布高，基于其优良的护理性能，临床上使用海藻酸盐敷料能降低护理过程中涉及的总费用（THOMAS，2000）。

由于使用方便、性能优良，从治愈整个伤口的总成本来看，用海藻酸盐敷料比用传统纱布更经济（THOMAS，1990）。Fanucci 等（FANUCCI，1991）总结了海藻酸盐敷料的临床应用。他们发现由于使用海藻酸盐敷料可以缩短护理时间、减少敷料的换药次数、降低敷料用量以及加快病人的康复出院，使用海藻酸盐敷料比传统纱布更经济。Motta（MOTTA，1989）在使用海藻酸盐敷料的过程中得到同样的结论。

5.9　新型海藻酸盐医用敷料

自 20 世纪 80 年代以来，海藻酸盐医用敷料在全球医用敷料领域得到广泛认可（MORRIS，2008）。成立于 1992 年的英国 Advanced Medical Solutions 公司为海藻酸盐医用敷料在全球伤口护理领域的推广和广泛应用做了大量原创性工作，其开发的海藻酸盐与 CMC 共混纤维医用敷料（QIN，2000）已经成为国际市场上一种主要的伤口护理用品。图 5-18 为英国 Advanced Medical Solutions 公司的创新创业团队。

图 5-18　英国 Advanced Medical Solutions 公司的创新创业团队

进入 21 世纪，更多的以海藻酸为基材的医用敷料在不断出现，其中最典型的是海藻酸与其他高分子的复合敷料以及负载药物的海藻酸盐敷料。海藻酸可以与胶原混合后制成复合敷料。Donaghue 等（DONAGHUE，1998）对这样的敷料做了临床试验，发现使用海藻酸/胶原复合敷料后伤口的面积缩小 80.6%±6%，而使用普通纱布在同样条件下伤口面积缩小 61.1%±26%。使用海藻酸/胶原复合敷料使 78%的病人的伤口面积缩小 75%以上，而使用普通纱布在同样条件下 60%的病人的伤口面积缩小 75%以上。48%的病人在使用海藻酸/胶原复合敷料后伤口完全愈合，而只有 36%的病人在使用普通纱布后伤口完全愈合。这些结果证明了海藻酸/胶原复合敷料的良好疗效。海藻酸也可以与明胶混合后制成敷料（CHOI，1999），可用于负载对伤口愈合有促进作用的药物。

海藻酸钠在水溶液中是带负电的，而壳聚糖是带正电的，把海藻酸钠和壳聚糖的水溶液混合后冷冻干燥可以制备高吸湿性的敷料。在这种材料中加入磺胺嘧啶银可以制备具有抗菌性能的含银抗菌敷料（KIM，1999）。Lin 等（LIN，1999）把海藻酸与万古霉素混合后制成负载抗生素的敷料。他们发现当溶液中有一定量钙离子时，海藻酸盐敷料上的万古霉素可以缓慢释放出来，起到抑菌作用。

海藻酸与壳聚糖的复合可以结合两种海洋源生物高分子的性能，在伤口护理中产生独特的使用功效。秦益民（秦益民，2015）通过耐酸性的海藻酸丙二醇酯（PGA）与壳聚糖溶液的共混首次实现两种海洋源生物高分子在同一个纺丝溶液中的均匀共混，其中 PGA 是海藻酸与环氧丙烷反应后得到的酯化衍生物，在纤维的成型过程中 PGA 中的酯键与壳聚糖中的氨基反应后形成稳定的酰胺键交联结构。表 5-8 为不同比例的 PGA 与壳聚糖共混纤维在去离子水和生理盐水中的溶胀率，随着 PGA 含量的增加溶胀率均有明显提升。

表 5-8　PGA 与壳聚糖共混纤维的溶胀率

PGA 与壳聚糖比例/（g/g）	纤维的溶胀率/（g/g）	
	去离子水	生理盐水
0：100	2.91	2.88
5：100	3.45	3.10
10：100	4.57	4.15
20：100	5.78	4.65
30：100	7.65	5.22

海藻酸是由 1-4 键合的 β-D-甘露糖醛酸和 α-L-古洛糖醛酸残基组成的线型高分子，其糖醛酸单元具有顺二醇结构，其中的 C—C 键被强氧化剂氧化后生成两个醛基，可以与壳聚糖中的氨基反应后使两种高分子形成稳定的共价结合。氧化海藻酸钠分子中的醛基与裸露在壳聚糖分子链上的氨基发生反应后形成 Schiff 键，把氧化海藻酸钠溶解在水中与壳聚糖纤维反应后通过 Schiff 键的形成

可以在壳聚糖纤维表面负载一层氧化海藻酸钠。这样得到的海藻酸钠与壳聚糖复合纤维结合了壳聚糖纤维的抗菌性和氧化海藻酸钠的亲水性，是一种性能优良的医用纤维材料（秦益民，2014）。

为了更好满足市场需求，全球各地对海藻酸盐纤维与医用敷料已经开展了大量研究，在有效提高护理质量的同时，形成一系列具有独特结构和性能的海藻酸盐医用敷料。表 5-9 总结了在海藻酸盐纤维与医用敷料的五个发展阶段中代表性产品的性能特征。

表 5-9　海藻酸盐纤维与医用敷料的五个发展阶段

发展阶段	典型产品	产品特性	代表性商品
1G	海藻酸钙纤维	以高 M 型海藻酸为原料制备的成胶性纤维敷料	Sorbsan™
2G	海藻酸钙钠纤维	以高 G 型海藻酸为原料制备的含有钠离子的成胶性纤维敷料	Kaltostat™
3G	海藻酸与 CMC 共混纤维	羧甲基纤维素钠提高了纤维和敷料的吸湿和成胶性能	UrgoSorb™
4G	含银海藻酸盐纤维	银离子赋予海藻酸盐纤维和医用敷料优良的抗菌性能	UrgoSorb Silver™
5G	海藻酸与壳聚糖共混纤维	结合了海藻酸的高吸湿性和壳聚糖的抗菌特性	GellinS™ 艾吉康™

5.10　小结

海藻酸盐医用敷料是一种具有高吸湿性能的功能性伤口敷料。在与伤口渗出液接触后，海藻酸盐医用敷料能形成柔软的凝胶，为伤口愈合提供理想的湿润环境。临床研究证明海藻酸盐医用敷料安全、无毒，具有高吸湿性、止血性、成胶性、抑菌性，能促进伤口愈合、减轻局部疼痛、减少疤痕形成，适用于处理创面渗液和局部止血，对有中、重度渗出液以及有腔隙的伤口，如压疮、糖尿病足溃疡伤口、下肢静脉/动脉溃疡伤口、烧伤科烧伤供皮区创面及难愈性烧伤创面、肛肠科肛瘘术后创面渗血、渗液等有良好的疗效。

参考文献

[1] ARMSTRONG S H, RUCKLEY C V. Use of a fibrous dressing in cxuding leg ulcers [J]. J Wound Care, 1997, 6 (7): 322-324.

[2] ATTWOOD A I. Calcium alginate dressing accelerate split graft donor site healing [J]. British Journal of Plastic Surgery, 1989, 42: 373-379.

[3] BARNETT S E, VARLEY S J. The effects of calcium alginate on wound healing [J]. Annals of the Royal College of Surgeons of England, 1987, 69: 153-155.

[4] BASSE P, SIIM E, LOHMANN M. Treatment of donor sites: calcium alginate versus paraffin gauze [J]. Acta Chir Plast, 1992, 34 (2): 92-98.

[5] BERVEN L, SOLBERG R, TRUONG H H T, et al. Alginates induce legumain activity in RAW 264.7 cells and accelerate autoactivation of prolegumain [J]. Bioactive Carbohydrates and Dietary Fibre, 2013, 2: 30-44.

[6] BETTINGER D, GORE D, HUMPHRIES Y. Evaluation of calcium alginate for skin graft donor sites [J]. J Burn Care Rehabil, 1995, 16 (1): 59-61.

[7] BLAINE G. Experimental observations on absorbable alginate products in surgery [J]. Annals of Surgery, 1947, 125 (1): 102-114.

[8] BLAINE G. A comparative evaluation of absorbable haemostatics [J]. Postgraduate Medical Journal, 1951: 613-620.

[9] BONNIKSEN K. Calcium sodium alginate: UK, 653, 341, [P]. 1951.

[10] BRADSHAW T. The use of Kaltostat in the treatment of ulceration in the diabetic foot [J]. Chiropodist, 1989 (9): 204-207.

[11] BOWLER P G, JONES S A, DAVIES B J. Infection control properties of some wound dressings [J]. J Wound Care, 1999, 8 (10): 499-502.

[12] BUTLER P E, EADIE P A, LAWLOR D, et al. Calcium alginate dressing accelerates split skin graft donor site [J]. British Journal of Plastic Surgery, 1993, 46 (6): 523-524.

[13] CHALONER D. Treating a cavity wound [J]. Nursing Times, 1991, 87: 67-69.

[14] CHAPUIS A, DOLLFUS P. The use of calcium alginate dressings in the management of decubitus ulcers in patients with spinal cord lesions

[J]. Paraplegia, 1990, 28 (4): 269-271.

[15] CHOI Y S. Study on gelatin-containing artificial skin: I. Preparation and characteristics of novel gelatin-alginate sponge [J]. Biomaterials, 1999, 20 (5): 409-417.

[16] CLARK M. Rediscovering alginate dressings [J]. Wounds International, 2012, 3 (1): 1-4.

[17] DAVIES M S, FLANNERY M C, MCCOLLUM C N. Calcium alginate as haemostatic swabs in hip fracture surgery [J]. J R Coll Surg Edinb, 1997, 42 (1): 31-32.

[18] DEALEY C. Management of cavity wounds [J]. Nursing, 1989, 3 (39): 25-27.

[19] DONAGHUE V M, CHRZAN J S, ROSENBLUM B I, et al. Evaluation of a collagen-alginate wound dressing in the management of diabetic foot ulcers [J]. Advanced Wound Care, 1998, 11 (3): 114-119.

[20] DRAGET K I, OSTGAARD K, SMIDSROD O. Homogeneous alginate gels: A technical approach [J]. Carbohydrate Polymers, 1990, 14 (2): 159-178.

[21] DRAGET K I, SKJAK-BRAEK G, STOKKE B T. Similarities and differences between alginic acid gels and ionically crosslinked alginate gels [J]. Food Hydrocolloids, 2006, 20: 170-175.

[22] FANUCCI D, SEESE J. Multi-faceted use of calcium alginates [J]. Ostomy and Wound Management, 1991, 37: 16-22.

[23] FISCHER F G, DORFEL H Z. Chemical structure of alginate [J]. Physiol Chem, 1955, 302: 186.

[24] FRANKLIN K J, BATES K. Calcium sodium alginate: UK, 1, 375, 572 [P]. 1974.

[25] FRY J R. Letter to the Editor [J]. Pharmaceutical Journal, 1986, 237: 37.

[26] GILDING D K, QIN Y. Wound treatment composition-amorphous hydrogel: US, 6, 258, 995 [P]. 2001.

[27] GROVES A R, LAWRENCE J C. Alginate dressing as a donor site haemostat [J]. Annals of the Royal College of Surgeons of England, 1986, 68: 27-28.

[28] GUPTA R, FOSTER M E, MILLER E. Calcium alginate in the management of acute surgical wounds and abscesses [J]. J Tiss Viab, 1991, 1 (4): 115-116.

[29] HAUG A, LARSEN B, SMIDSROD O. A study of the constitution of alginic acid by partial acid hydrolysis [J]. Acta Chem Scand, 1966, 20: 183-190.

[30] HAUG A, LARSEN B, SMIDSROD O. Studies on the sequence of uronic acid residues in alginic acid [J]. Acta Chem Scand, 1967, 21: 691-704.

[31] KHAN W, RAYIRATH U P, SUBRAMANIAN S, et al. Seaweed extracts as biostimulants of plant growth and development [J]. J Plant Growth Regul, 2009, 28: 386-399.

[32] KIM H J. Polyelectroylte complex composed of chitosan and sodium alginate for wound dressing application [J]. Journal of Biomaterials Science, Polymer Edition, 1999, 10 (5): 543-556.

[33] LAWRENCE J E, BLAKE G B. A comparison of calcium alginate and Scarlet Red dressings in the healing of split thickness skin donor sites [J]. British Journal of Plastic Surgery, 1991, 44 (4): 247-249.

[34] LEE K Y, ROWLEY J A, EISELT P, et al. Controlling mechanical and swelling properties of alginate hydrogels independently by cross-linker type and cross-linking density [J]. Macromolecules, 2000, 33: 4291-4294.

[35] LIN S S, UENG S W, LEE S S, et al. In vitro elution of antibiotic from antibiotic-impregnated biodegradable calcium alginate wound dressing [J]. Journal of Trauma, 1999, 47 (1): 136-141.

[36] MCMULLEN D. Clinical experience with a calcium alginate dressing [J]. Dermatology Nursing, 1991, 3 (4): 216-219.

[37] MOE S, DRAGET K, SKJAK-BRAEK G, et al. Chemical structure of alginate. in Food Polysaccharides and Their Applications [M]. New York: Marcel Dekker Inc, 1995: 245-286.

[38] MORRIS C. Celebrating 25 years of Sorbsan and its contribution to advanced wound management [J]. Wounds UK, 2008, 4 (4): 1-4.

[39] MOTTA G J. Calcium alginate topical wound dressings [J]. Ostomy and Wound Management, 1989, 25: 52-56.

[40] ONSOYEN E. Alginate. in Thickening and Gelling Agents for Food [M]. Glasgow: Blackie Academic and Professional, 1992.

[41] QIN Y, GILDING D K. Alginate fibers and wound dressings [J]. Medical Device Technology, 1996 (11): 32-34.

[42] QIN Y, GILDING D K. Fibres of co-spun alginates: US 6, 080, 420 [P].

2000.

[43] QIN Y, GILDING D K. Dehydrated hydrogel, freeze dried: US, 6, 203, 845, [P]. 2001.

[44] QIN Y. The characterization of alginate wound dressings with different fiber and textile structures [J]. Journal of Applied Polymer Science, 2006, 100 (3): 2516-2520.

[45] RHIM J W. Physical and mechanical properties of water resistant sodium alginate films [J]. Lebensm Wiss u Technol, 2004, 37: 323-330.

[46] SAYAG J, MEAUME S, BOHBOT S. Healing properties of calcium alginate dressings [J]. J Wound Care, 1996, 5 (8): 357-362.

[47] SEGAL H C, HUNT B J, GILDING D K. The effects of alginate and non-alginate wound dressings on blood coagulation and platelet activation [J]. J Biomater Appl, 1998, 12 (3): 249-257.

[48] SMITH J, LEWIS J D. Sorbsan and leg ulcer [J]. Pharm J, 1990, 244: 468.

[49] SPEAKMAN J B, CHAMBERLAIN N H. Production of alginate fibers [J]. J Soc Dyers Colourists, 1944, 60: 264-272.

[50] STANFORD E C C. Improvements in the manufacture of useful products from seaweeds: BS, 142 [P]. 1881.

[51] STANFORD E C C. On algin [J]. The Journal of the Society of Chemical Industry, 1884, 5 (29): 297-303.

[52] THOMAS S, TUCKER C A. Sorbsan in the management of leg ulcers [J]. Pharm J, 1989, 243: 706-709.

[53] THOMAS S. Wound Management and Dressings [M]. London: The Pharmaceutical Press, 1990.

[54] THOMAS S. Alginate dressings in surgery and wound management-Part 1 [J]. J Wound Care, 2000, 9 (2): 56-60.

[55] THOMAS S. Alginate dressings in surgery and wound management-Part 2 [J]. J Wound Care, 2000, 9 (3): 115-119.

[56] THOMAS S. Alginate dressings in surgery and wound management-Part 3 [J]. J Wound Care, 2000, 9 (4): 163-166.

[57] VINCENT D L. Oligosaccharides from alginic acid [J]. Chem Ind, 1960: 1109-1111.

[58] YOUNG M J. The use of alginates in the management of exudating, infected

wounds: case studies [J]. Dermatol Nurs, 1993, 5 (5): 359-363.
[59] 赵淑江. 海洋藻类生态学 [M]. 北京: 海洋出版社, 2014.
[60] 丁兰平, 黄冰心, 谢艳齐. 中国大型海藻的研究现状及其存在问题 [J]. 生物多样性, 2011, 19 (6): 798-804.
[61] 叶溱, 陈炯. 藻酸盐敷料在烧伤供皮区创面的应用 [J]. 浙江医学, 2001, 23 (4): 248-249.
[62] 谢民强, 许庚, 李源, 等. 四种鼻腔填塞材料的疗效比较 [J]. 中国内镜杂志, 2003, 9 (12): 19-22.
[63] 秦益民, 朱长俊, 冯德明, 等. 海藻酸钙医用敷料与普通棉纱布的性能比较 [J]. 纺织学报, 2007, 28 (3): 45-48.
[64] 秦益民. 海藻酸纤维的成胶性能 [J]. 产业用纺织品, 2003 (4): 17-20.
[65] 秦益民, 刘洪武, 李可昌, 等. 海藻酸 [M]. 北京: 中国轻工业出版社, 2008.
[66] 秦益民, 宁宁, 刘春娟, 等. 海藻酸盐医用敷料的临床应用 [M]. 北京: 知识出版社, 2017.
[67] 秦益民, 李可昌, 张健, 等. 海洋功能性食品配料 [M]. 北京: 中国轻工业出版社, 2019.
[68] 秦益民. 海洋源生物活性纤维 [M]. 北京: 中国纺织出版社, 2019.
[69] 秦益民, 张全斌, 梁惠, 等. 岩藻多糖的功能与应用 [M]. 北京: 中国轻工业出版社, 2020.
[70] 秦益民. 海藻源膳食纤维 [M]. 北京: 中国轻工业出版社, 2021.
[71] 秦益民. 海洋源生物刺激剂 [M]. 北京: 中国轻工业出版社, 2022.
[72] 秦益民. 一种氧化海藻酸钠改性的甲壳胺纤维及其制备方法和应用: 中国, 201310127978. X [P]. 2014.
[73] 秦益民. 甲壳胺和藻酸丙二醇酯共混材料及其制备方法和应用: 中国, 201210553968. 8 [P]. 2015.

第6章　水胶体与医用敷料

6.1　亲水胶体

亲水胶体通常指能溶解于水，并在一定条件下充分水化后形成黏稠、滑腻的溶液或胶体的高分子量物质。这类水溶性高分子是亲水性很强的材料，由于在水中吸收水分后能溶胀成一种胶体状材料，水溶性高分子材料又称水胶体。

根据来源，水溶性高分子材料可分为天然水溶性高分子、半合成水溶性高分子和合成水溶性高分子。天然水溶性高分子是以植物或动物为原料，通过物理或物理化学的方法提取制备，其中很多天然水溶性高分子一直是食品和造纸助剂的重要原料，常见的有淀粉、植物胶、动物胶、甲壳质、海藻酸盐等。半合成水溶性高分子是前述天然物质经化学改性制成，主要有羧甲基纤维素等改性纤维素和阳离子淀粉等改性淀粉（吴剑锋，2004）。表6-1总结了工业上常用的天然水溶性高分子。

表6-1　工业上常用的天然水溶性高分子

水溶性高分子种类	案例
生物聚合物	黄原胶、结冷胶
植物籽粉	刺槐豆胶、瓜儿豆胶
植物萃取物	阿拉伯胶
纤维素及纤维素衍生物	CMC
淀粉类	原生或变性淀粉
动物类亲水胶体	明胶
果胶类	源于苹果或柠檬、橘类
海藻类	海藻酸盐、卡拉胶、琼胶

由于分子结构设计十分灵活，可较好满足各种不同类型的用途，聚丙烯酰

胺、聚丙烯酸、聚乙烯醇等合成水溶性高分子有广泛的应用。

6.2 水胶体医用敷料

水胶体医用敷料是把水溶性高分子物质的颗粒与橡胶混合后制成的一种治伤用材料。这种材料结合了水溶性高分子的吸水性能和橡胶的黏性，敷贴在伤口上后水溶性高分子颗粒吸水后溶胀，为创面提供湿润的愈合环境，同时橡胶基材使敷料粘贴在伤口上，为伤口护理带来很大方便。水胶体医用敷料具有促进伤口愈合的一些必要条件：第一，它们的吸液率高，可以充分吸收创面上的渗出液；第二，它们为创面提供物理保护作用、阻止细菌侵入伤口；第三，它们可以很方便地从伤口上去除，其去除过程几乎是没有任何疼痛的。图 6-1 为水胶体医用敷料的典型结构。

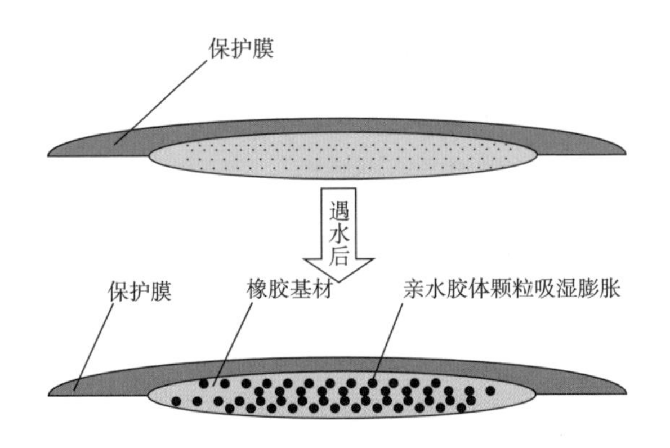

图 6-1 水胶体医用敷料的典型结构

在水胶体医用敷料的制备过程中，水溶性高分子粉末很均匀地分散在橡胶基材中，形成一种类似胶状分散体的结构，具有复合材料的特点。水胶体敷料由三种成分构成，即具有很强吸水性能的水溶性高分子、具有自黏性的橡胶和具有半透气性的保护膜。生产过程中，水溶性高分子和橡胶充分混合后在挤出设备上挤出成片状材料，然后与保护膜复合。目前用于制造水胶体医用敷料的保护膜一般是聚氨酯薄膜或泡绵材料，它们具有一定的弹性，并且防水、透气。当与伤口渗出液接触时，分散在橡胶基材中的水溶性高分子颗粒吸水后形成胶体。由于配方的不同，一些水胶体医用敷料吸湿后能维持完整的片状结构，另一些则变成能流动的黏稠胶体。

6.3　水胶体医用敷料的制备方法

ConvaTec 公司生产的 Granuflex 品牌的水胶体医用敷料是最早以湿润愈合为指导思想开发的新一代医用敷料。经过几十年的发展，改进的 Granuflex 产品采用一层聚氨酯薄膜和聚氨酯泡绵复合成的外层作为保护膜，与之结合的创面接触层由明胶、果胶和 CMC 的混合物及交联的黏性材料混合在一起制成。

国际市场上有很多品种的水胶体医用敷料。一般来说，水胶体医用敷料的基材是由亲水性高分子颗粒与橡胶混合后制成，不同的产品可能采用不同种类的亲水性高分子和橡胶，或在配方中加入一定量的功能性材料（BURGESS，1993）。表 6-2 显示一个制备水胶体基材的典型配方。

表 6-2　制备水胶体基材的典型配方

序号	原料名称	含量/%
1	聚异丁烯橡胶（低分子量、中硬度）	8.1
2	羧甲基纤维素钠	21.8
3	交联羧甲基纤维素钠	8.0
4	矿物油	17.4
5	苯乙烯—异戊二烯—苯乙烯橡胶	17.5
6	增黏剂	10.9
7	抗氧化剂	1.3
8	乙烯丙烯橡胶	15.0

水胶体医用敷料的吸湿性很高，可以达到 5000g/（m^2·天）。但是由于其结构紧密，液体不能很快进入敷料，最初 1h 其吸液率往往小于 1000g/（m^2·天），与伤口接触初期的吸液能力更小。正因为如此，水胶体医用敷料适用于低到中度渗出的伤口。对于有高度渗出液的伤口，由于不能及时吸收伤口产生的渗出液，使用水胶体医用敷料时渗出液从伤口向周边渗漏，一方面浸渍伤口周边的健康皮肤，造成皮肤腐烂；另一方面，如果伤口渗出液继续向敷料周边渗漏，则容易污染患者身体。

为了改进传统水胶体医用敷料的吸湿性能，Fattman 等（FATTMAN，2001）发明了一种新型水胶体医用敷料的制备方法。他们在橡胶基材中引入气泡后制备了重量轻、有二相结构的水胶体泡沫材料。这种泡沫材料的性能取决于材料中气泡和基材的性能，通过控制生产条件可以控制材料中气泡的分布和气泡的结构。

由于气泡的存在，泡沫状水胶体医用敷料的柔软性得到提高、密度下降，总的生产成本也有所下降，同时材料的比表面积有很大提高。使用在伤口上时，由于表面积提高，敷料能很快吸收创面上的渗出液，同时由于泡沫中的微孔对液体的吸收是一种物理吸收，其吸收速度比化学因素产生的快。液体被吸收进入微孔后与基材充分接触，加快了化学吸附。在物理和化学两种因素的共同作用下，泡沫状水胶体医用敷料有很高的吸湿性。

生产中有两种基本的方法可以在水胶体医用敷料中引入泡沫结构。第一，在配制水胶体医用敷料的基材时混入化学发泡剂，通过化学反应、热分解、低沸点液体的蒸发等多种方法在基材中产生泡沫；第二，泡沫结构也可以通过在发泡剂存在时的高速搅拌获得。生产中可以用空气、氮气、二氧化碳及其他挥发性气体作为发泡剂，在混合或挤出过程中加入气泡形成泡沫结构。

在生产泡沫状水胶体医用敷料时，矿物油、聚异丁烯橡胶和抗氧化剂在115℃下充分混合，搅拌1.0~2.5h后混合物冷却到100℃继续搅拌30min后加入羧甲基纤维素钠粉末和增粘剂，在100℃下继续搅拌30min使混合均匀，随后从搅拌器中取出冷却，加入乙烯丙烯橡胶后在115℃下密炼10min后加入已经冷却的混合物，再在115℃下充分混合30min。

以上混合好的水胶体基材在80℃下密炼5min后加入发泡剂，其中使用的发泡剂是碳酸氢钠和柠檬酸的混合物，摩尔比为2：1、加入量为6%。发泡剂和前面形成的基材充分搅拌20min后形成均匀的混合物，然后取出混合物、冷却。试验证明，加热以上混合物时，温度达到113℃时开始发泡，发泡速度在124℃时出现一个高峰值，160℃时出现第二个高峰值。

发泡剂活化后在水胶体内形成一个泡沫状的结构。这样得到的泡沫材料的密度与加工温度密切相关。温度越高，形成的微孔直径越大，材料密度越低。表6-3为加工温度对水胶体基材密度的影响（FATTMAN，2001）。

表6-3　加工温度对水胶体基材密度的影响

序号	加工温度/℃	密度/（g/cm^3）
1	未加热	1.00
2	135	0.85

续表

序号	加工温度/℃	密度/（g/cm³）
3	150	0.58
4	160	0.45

在对泡沫材料中的微孔直径做详细分析后显示，不同温度下得到的微孔结构有很大不同。表6-4为不同加工温度下得到的水胶体中微孔直径分布。

表6-4　不同加工温度下得到的水胶体中微孔直径分布

序号	加工温度/℃	微孔直径/μm			微孔结构
		最小直径	平均直径	最大直径	
1	125	0.02	0.5	1.0	单独的、封闭的
2	130	0.2	0.6	2.0	有些是开放的、互相连接的
3	150	0.2	1.6	4.0	开放的、互相连接的

未经发泡处理的样品和150℃下发泡后的样品的吸湿性有很大不同。两种样品在38℃下与0.9%生理盐水接触后有明显不同的吸湿性能。表6-5显示两种材料在不同时间段的吸湿性能。可以看出，发泡后样品的吸湿性比未发泡样品有很大提高。

表6-5　泡沫状水胶体基材的吸湿性能

样品	吸湿性		
	1h	2h	18.5h
未发泡/（g/m²）	179	247	687
发泡/（g/m²）	497	787	1319
比率/%	2.8	3.2	1.9

在一些水胶体敷料的制备过程中，为了进一步提高产品的吸湿性能，生产过程中水胶体基材与保护膜之间可以加入一层非织造布或多孔泡沫材料，这层材料可以使水胶体吸收的液体固定在敷料中间，进一步提高产品的性能。ConvaTec公司生产的Versiva品牌的复合敷料结合了水胶体医用敷料的黏性和水化纤维的高吸湿性。如图6-2所示，该产品的吸湿层由羧甲基纤维素钠纤维制成的非织造布组成，外层复合聚氨酯薄膜或泡绵，与伤口接触面上复合一层多孔水胶体膜。水胶体膜上打孔后可使伤口渗出液很快与羧甲基纤维素钠纤维接触，避免渗出液由

于水胶体吸收速度慢而在创面上积聚（DANIELS，2002）。

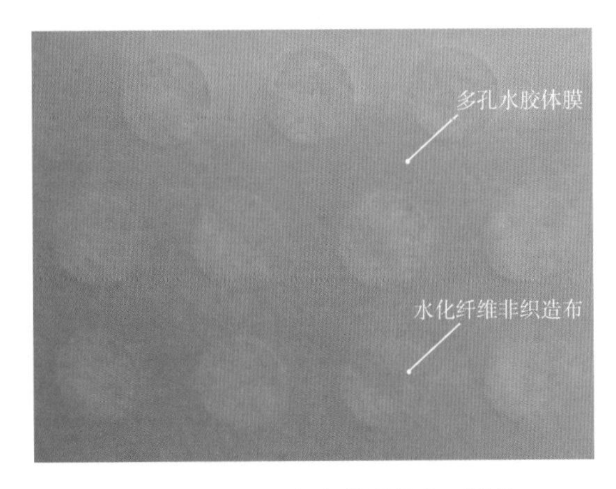

图 6-2　Versiva 复合敷料的表面结构

6.4　水胶体医用敷料的结构和性能

当与伤口渗出液接触时，水胶体医用敷料中的水胶体成分开始吸水膨胀，形成一层含水量很高的胶体，使创面保持在一个湿润的环境中。这层胶体在水胶体达到饱和吸收值之前仍能吸收更多的水分。

由于水胶体医用敷料中的橡胶成分有一定的黏性，这类敷料可以很方便地敷贴在伤口上。水胶体在吸收水分后充分膨胀，其黏合力有所下降。因此，水胶体敷料与伤口的黏合主要发生在伤口周边的健康皮肤上。由于吸湿后黏性下降，敷料与创面的黏合力较小，更换敷料时患者受到的疼痛很小。

在伤口护理过程中，水胶体医用敷料为伤口吸收渗出液、碎片、细菌等污染物，也能吸收伤口愈合过程中受损伤的组织排出的有毒成分。由于敷料中混合了高吸湿性的水溶性高分子，水胶体医用敷料有很高的吸湿性，适用于渗出液较多的伤口。通过水胶体的吸湿溶胀，渗出液中的碎片、细菌和有毒成分很快结合到水胶体颗粒中。

基于水胶体医用敷料的高度亲水性，它们可以在伤口表面维持一个湿润愈合环境的同时，不使伤口渗出液积聚在伤口上，因此能最好地保护创面上形成的新鲜肉芽组织。水胶体医用敷料可以长时间使用在伤口上，如没有特殊症状，它们可以在伤口上使用 7 天。

与水凝胶相似，水胶体医用敷料也是一种具有半透气性的医用敷料。如图6-3所示，水胶体医用敷料的最外层一般是一层防水薄膜，能阻止环境中的水、氧气、细菌和微生物进入伤口，并为敷料提供一定的强度和耐磨性。敷贴在伤口上时，伤口周边的健康皮肤与水胶体中的橡胶基材充分黏合，使敷料紧密敷贴在伤口上。创缘部分的水胶体在吸收一定量伤口渗出液后膨胀，使敷料与伤口之间的空隙堵塞，阻止渗出液的遗漏。

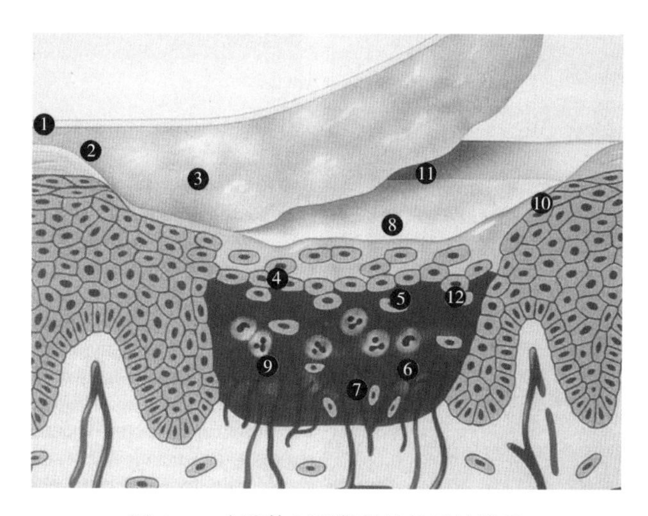

图6-3　水胶体医用敷料的使用效果图

1—防水薄膜　2—创缘的水胶体吸湿膨胀后阻止渗出液遗漏　3—水胶体吸湿后在创面上形成一层湿润的胶体　4—在水胶体保护下创面温度与体温接近　5—微酸性的环境适合酶的清创作用　6—创面上的白细胞产生抗菌作用　7—缺氧的环境促进毛细血管形成和肉芽组织生成　8—湿润的环境适合上皮细胞迁移　9—由于神经末梢处在湿润状态而减轻疼痛　10—敷料剥离后不损伤周边皮肤　11—不损伤创面　12—保护创面上形成的新鲜肉芽组织

与创面直接接触的水胶体吸湿后形成一层湿润的胶体，为创面提供一层隔热层，使创面温度与体温接近。在水胶体的保护下，人体代谢产生的二氧化碳的挥发受到抑制，创面形成一个微酸性的环境，而这种微酸性环境适合酶的清创作用，使创面保持清新。在水胶体的保护下，氧气很难从环境中进入创面，因而在创面形成一个缺氧的微环境，促使创面下的皮肤组织形成毛细血管。这种毛细血管的形成为人体养分向创面输送提供了通道，因而也间接加快了组织修复和肉芽组织生成。当伤口表面覆盖一层毛细血管后，组织修复过程中的各种细胞可以通过血管进入创面，愈合过程需要的营养成分也可以进入受伤部位，因此加快了肉芽组织的形成（CHERRY，1985）。

通过在伤口表面维持一个湿润的环境，水胶体医用敷料能辅助上皮细胞从伤口的边缘向创面迁移，加快伤口的上皮化。神经末梢处于湿润环境时，一定程度上可以减轻伤口疼痛。

水胶体医用敷料在结构和性能上与海藻酸钙医用敷料和水凝胶医用敷料有许多相似的地方。表 6-6 比较了这三种材料的结构和性能。

表 6-6　水胶体、海藻酸钙、水凝胶医用敷料的结构和性能

指标	水胶体	海藻酸钙	水凝胶
产品特点	水胶体医用敷料具有很好的粘贴性。由于基材中的水胶体颗粒吸湿后膨胀，敷料应用在伤口上后可以向创面膨胀，改善敷料与创面之间的接触	海藻酸钙医用敷料是在干燥状态下覆盖创面，在与渗出液中的钠离子发生离子交换后转换成一种纤维状凝胶	水凝胶医用敷料在使用前已经含有大量水分，覆盖在伤口上为破损的组织提供水分。如果伤口产生渗出液，它也能吸收一定量的液体
吸湿性能	吸收的速度慢，但是由于材料中水胶体的高亲水性，随着接触时间的增加，其吸湿性有显著提高。亲水颗粒也有吸附细菌、碎片组织及渗出液中有毒成分的性能	由于非织造布结构中的毛细空间可以很快吸收水分，并且纤维在离子交换后有很高的持水能力，其吸湿性很高，吸湿过程中把渗出液中的细菌、碎皮组织等包含起来	吸收的速度很慢，随着材料中亲水基团的膨胀所保持的水分慢慢增加
透气性能	对气体成分有半透气作用，在伤口上产生密闭的环境	对空气有很好的透气性，能阻止细菌入侵伤口	对气体成分有半透气作用，在伤口上产生密闭的环境
其他性能	有一定的黏性，与创面的结合好，可以很方便地从伤口上去除	有良好的止血作用，用生理盐水冲洗即可把敷料从伤口上去除	由于材料是透明的，可以透过敷料观察伤口的愈合情况，敷贴在伤口上能缓解疼痛，可以很方便地从伤口上去除

水胶体医用敷料的性能主要取决于包含在基材中的水胶体的性能和含量，基材的厚度对其性能也有很大影响。表 6-7 为不同品种的水胶体医用敷料的厚度，其中最薄的产品 Comfeel+Transparenter 的厚度只有 0.37mm，最厚的产品 Askina Transorbent 的厚度为 2.78mm。一般来说，厚度越小，其透气性越好，厚度越大，其吸收液体的能力也有相应提高。

表 6-7　不同品种的水胶体医用敷料的厚度

产品名称	厚度/mm（s. d）	产品名称	厚度/mm（s. d）
Comfeel+Transparenter	0. 37（0. 03）	Tegasorb	1. 24（0. 03）
Tegasorb Thin	0. 46（0. 02）	Comfeel+Flexibler	1. 28（0. 02）
Askina Biofilm	0. 57（0. 02）	Cutinova Hydro	1. 75（0. 03）
Algoplaque	0. 95（0. 02）	Varihesive E	2. 43（0. 03）
Hydrocoll	1. 09（0. 04）	Granuflex	2. 44（0. 03）
Comfeel+Biseautees	1. 23（0. 02）	Askina Transorbent	2. 78（0. 04）

水胶体敷料吸收液体的过程涉及多种因素的参与。首先，水胶体医用敷料从创面上移走的总液体量（即敷料的吸湿容量）等于透过材料散发的水蒸气量和材料本身吸收的液体量的总和。干燥状态下的水胶体产品对水气有密闭作用，因此其吸收液体的能力主要来源于敷料对创面上液体的吸收作用。随着吸湿过程的进行，水胶体的结构开始膨胀，对水蒸气的渗透性越来越高，透过材料散发的水蒸气量占总吸湿量的比例开始升高。

Thomas 等（THOMAS，1997）比较了 12 种水胶体医用敷料的吸湿性、保湿性和其他一些性能，结果显示，尽管不同产品的外观很相似，在性能上存在很大区别。表 6-8 和表 6-9 分别显示不同品种水胶体医用敷料在 24h 和 96h 内的透气性、吸湿性和吸湿总量。

表 6-8　不同品种水胶体医用敷料在 **24h** 内的透气性、吸湿性和吸湿总量

产品名称	透过的水蒸气量/($g/10cm^2$)(s. d)	吸收的液体量/($g/10cm^2$)(s. d)	吸湿总量/($g/10cm^2$)(s. d)
Tegasorb Thin	0. 58 (0. 03)	2. 89 (0. 26)	3. 47 (0. 26)
Tegasorb	0. 60 (0. 22)	4. 40 (0. 11)	5. 01 (0. 26)
Cutinova Hydro	0. 67 (0. 03)	2. 53 (0. 05)	3. 21 (0. 05)
Askina Biofilm Transparent	0. 27 (0. 02)	0. 24 (0. 07)	0. 51 (0. 08)
Askina Transorbent	3. 35 (0. 51)	0. 80 (0. 05)	4. 16 (0. 55)
Comfeel Plus Plaques Biseautees	1. 33 (0. 05)	1. 53 (0. 04)	2. 86 (0. 06)
Comfeel Plus Transparenter	0. 65 (0. 10)	3. 98 (0. 12)	4. 63 (0. 16)
Comfeel Plus Flexibler	0. 49 (0. 05)	3. 27 (0. 09)	3. 76 (0. 11)
Varihesive E	0. 03 (0. 01)	1. 94 (0. 11)	1. 97 (0. 12)
Granuflex	0. 03 (0. 02)	1. 75 (0. 13)	1. 78 (0. 14)
Hydrocoll	0. 50 (0. 04)	5. 62 (0. 11)	6. 12 (0. 12)

表 6-9　不同品种水胶体医用敷料在 96h 内的透气性、吸湿性和吸湿总量

产品名称	透过的水蒸气量/ (g/10cm²) (s. d)	吸收的液体量/ (g/10cm²) (s. d)	吸湿总量/ (g/10cm²) (s. d)
Tegasorb Thin	3. 45 (0. 11)	3. 59 (0. 48)	7. 04 (0. 51)
Tegasorb	5. 50 (0. 75)	5. 57 (0. 66)	11. 06 (0. 19)
Cutinova Hydro	4. 04 (0. 07)	2. 95 (0. 05)	6. 99 (0. 05)
Askina Biofilm Transparent	0. 79 (0. 01)	0. 19 (0. 16)	0. 98 (0. 17)
Askina Transorbent	9. 89 (0. 73)	0. 82 (0. 05)	10. 72 (0. 75)
Comfeel Plus Plaques Biseautees	6. 41 (0. 31)	4. 45 (0. 10)	10. 85 (0. 31)
Comfeel Plus Transparenter	9. 31 (1. 01)	1. 45 (0. 22)	10. 77 (0. 81)
Comfeel Plus Flexibler	4. 28 (0. 75)	4. 03 (0. 24)	8. 31 (0. 77)
Varihesive E	0. 91 (0. 18)	3. 35 (0. 11)	4. 25 (0. 19)
Granuflex	0. 63 (0. 47)	3. 35 (0. 36)	3. 98 (0. 13)
Hydrocoll	2. 19 (0. 11)	5. 02 (0. 69)	7. 19 (0. 76)

表 6-10 显示不同品种水胶体医用敷料吸收液体的能力，可以看出，在许多不同品种的水胶体医用敷料中，吸湿总量最小的产品 24h 内的吸湿总量低于 1g/10cm²，最高的约为 6g/10cm²。

表 6-10　不同品种水胶体医用敷料吸收液体的能力

产品名称	吸收液体的能力/ (g/g)				
	2h	4h	24h	48h	72h
Tegasorb Thin	2. 15	2. 71	4. 63	4. 10	3. 79
Tegasorb	1. 09	1. 66	4. 06	5. 07	5. 31
Cutinova Hydro	0. 64	0. 89	2. 07	2. 85	3. 25
Askina Biofilm Transparent	3. 63	3. 96	3. 29	1. 29	0. 77
Askina Transorbent	1. 84	2. 49	3. 18	2. 77	3. 43
Comfeel Plus Plaques Biseautees	1. 38	2. 04	4. 56	5. 61	5. 85
Comfeel Plus Transparenter	1. 88	2. 14	3. 30	3. 54	3. 39
Comfeel Plus Flexibler	1. 01	1. 43	3. 54	4. 42	5. 24
Varihesive E	0. 27	0. 40	1. 62	2. 03	2. 06
Granuflex	0. 27	0. 39	1. 53	1. 88	1. 50
Hydrocoll	1. 94	2. 35	3. 35	2. 52	1. 09

在一项对伤口渗出液的研究中，Thomas 等（THOMAS，1996）发现从下肢溃疡伤口上产生的渗出液量约为 5g/（$10cm^2$ · 24h），其变化范围为 4～12g/（$10cm^2$ · 24h）。Lamke 等（LAMKE，1977）在烧伤伤口上得到的平均渗出液量为 5g/（$10cm^2$ · 24h），与 Thomas 等得到的数据基本相同。从这些数据中可以看出，如果伤口上产生的渗出液需要由水胶体医用敷料吸收，这些产品的性能可能不是很理想的。但是，也有研究说明如果在敷贴水胶体医用敷料时把伤口周边充分固定，可以使伤口产生的渗出液量减少 50%。在密闭的情况下，随着水胶体的膨胀，敷料对伤口产生一定的压力，使伤口中的毛细血管受压，阻止更多伤口渗出液的产生。

测试中一些产品的重量在 48～96h 之间有所下降，这是因为水胶体颗粒在充分吸收水分后失去其结构完整性，从敷料上脱落到测试溶液中。另外一些产品结构比较完整，没有出现重量下降。临床上，如果水胶体敷料的结构不完整，一些颗粒会从敷料上脱落进入伤口。

从表 6-11 可以看出，不同产品在与模拟伤口渗出液接触后的 pH 值在 4.5 到 7 之间（THOMAS，1997），尽管目前还不能肯定哪一个 pH 值更适合伤口愈合。

表 6-11　不同品种水胶体医用敷料的 pH 值

产品名称	pH 值（s. d）
Tegasorb Thin	5.1（0.04）
Tegasorb	5.6（0.02）
Cutinova Hydro	5.6（0.03）
Askina Biofilm Transparent	6.0（0.04）
Askina Transorbent	7.0（0.04）
Comfeel Plus Plaques Biseautees	6.0（0.07）
Comfeel Plus Transparenter	6.4（0.05）
Comfeel Plus Flexibler	6.3（0.11）
Varihesive E	4.5（0.06）
Granuflex	5.0（0.01）
Hydrocoll	5.5（0.05）

6.5　水胶体医用敷料的临床应用

临床上水胶体医用敷料可以作为直接接触创面的材料，用于护理烧伤、供皮区创面、压疮等伤口。由于吸湿性不是很高、吸收液体的速度比较慢，它们主要应用在有轻度到中度渗出液的伤口上。对于有更高渗出液的伤口，应该选用海藻酸盐和聚氨酯泡绵敷料。一些表皮受损伤的伤口可以用薄的水胶体医用敷料护理，起到类似于聚氨酯透气薄膜的作用。薄的水胶体医用敷料也可用作固定层材料，例如，当直接接触伤口的材料是海藻酸盐敷料或水凝胶时，可以用它们来固定敷料。

在使用水胶体医用敷料之前，首先应该充分清洗创面后把创缘擦干，所用的敷料应该比创面宽约2cm，以保证敷料与皮肤之间充分黏合。如果伤口的深度超过5mm，在使用水胶体敷料前应该首先用合适的材料充填。如果伤口产生的渗出液较多，应该每隔2~3天更换一次敷料。如果伤口比较干净且已经进入肉芽型阶段，敷料可以在伤口上保持7天。

水胶体医用敷料使用方便、换药周期比较长，并且去除敷料时不会产生疼痛，它们是护理表皮伤口的理想材料，特别适用于渗出液不是很多，创面比较干净、平坦的伤口。它们在伤口上形成一个有效的密闭环境，使创面上的干痂软化并脱离伤口，对环境中的细菌也提供了一个有效屏障（THOMAS，1992）。图6-4为临床应用水胶体医用敷料的效果图。

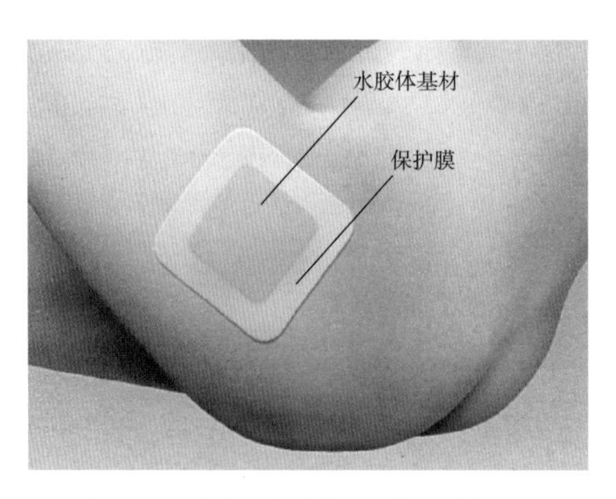

图6-4　临床应用水胶体医用敷料的效果图

与传统敷料相比，水胶体医用敷料可以促进伤口愈合、缩短愈合需要的时间，并且在伤口愈合过程中患者感受到的疼痛有所降低。由于产品使用方便，护理伤口需要的时间大幅缩短，同时也节省很多卫生材料，使愈合伤口需要的总护理费用有很大下降（KIM，1996）。国外一项跨国界、多中心、大样本研究表明，133例患者的155处溃疡创面应用水胶体敷料后，62%的伤口完全愈合，另有

15%呈显著改善，所有伤口完全愈合需要的时间仅为（51±5）日（FRIEDMAN，1984）。国内一组 30 例下肢静脉性溃疡的治疗结果发现，采用水胶体敷料治疗的 15 例患者，治疗 4 周后创面平均面积由治疗前的 2.51 ~ 27.33cm^2（平均 8.46cm^2）缩小至治疗后的 0 ~ 2.5cm^2（平均 0.46cm^2），而传统纱布对照组创面面积则由治疗前的 2.83 ~ 24.6cm^2（平均 7.04cm^2）缩小至治疗后的 0 ~ 9.05cm^2（平均 2.03cm^2），差别十分明显。研究中，水胶体敷料治疗的 3 例 Ⅰ 级溃疡全部愈合、9 例 Ⅱ 级溃疡有 7 例愈合，而对照组的 9 例 Ⅱ 级溃疡仅 3 例愈合，差别十分显著。另一组以褥疮为主的慢性难愈合创面在采用水胶体敷料前曾用其他方法治疗，长久不愈，但改用水胶体敷料后，褥疮在 4 周内即可愈合（付小兵，1998）。在对供皮区采用水胶体敷料覆盖的 25 例病人中，有 13 例在伤后 7 天内创面完全愈合，其余 12 例也在伤后 12 天内痊愈，且创面渗出液减少，患者自感舒适，疼痛明显减轻。

许多临床试验证明了水胶体医用敷料优良的性能。Annoni 等（ANNONI，1989）在 30 个有下肢溃疡伤口的病人身上作了为期 12 周的试验。他们在病人的伤口上使用了水胶体敷料，每过一周测试伤口上细菌的分布情况。结果显示病人更换敷料的平均时间为 4.1 天，平均愈合时间为 67 天。在另外一项研究中，Gilchrist 等（GILCHRIST，1989）证实在使用水胶体敷料的过程中，伤口上细菌的种类和数量保持一种稳定状态。

随着更多新型医用敷料的出现，水胶体医用敷料的市场正在受到其他产品的挑战。但是，它们在使用性能和生产成本上仍然具有一定的优势。例如，聚氨酯泡绵材料的性能和应用与水胶体医用敷料有很多相似的地方，但是有研究证明两种产品在疗效上没有很大的区别（THOMAS，1997），而水胶体的成本明显低于聚氨酯泡绵。

6.6　小结

水胶体医用敷料结合了亲水性高分子材料的吸水性能和橡胶材料的黏合性，敷贴在创面上可以起到吸收伤口渗出液、保护创面、促进伤口愈合的作用。水胶体敷料的原料来源广泛、制作工艺相对简便，与许多种类的新型医用敷料相比，在生产成本和使用性能上有一定优势。

参考文献

[1] ANNONI F, ROSINA M, CHIURAZZI D, et al. The effects of a hydrocolloid dressing on bacterial growth and the healing process of leg ulcers [J]. Int Angiol, 1989, 8 (4): 224-228.

[2] BURGESS B. A comparative prospective randomised trial of the performance of three hydrocolloid dressings [J]. Professional Nurse, 1993, 8 (7) Supplement: 3-6.

[3] CHERRY G W, RYAN T J. Enhanced wound angiogenesis with a new hydrocolloid dressing [J]. Royal Society of Medicine, International Congress & Symposium Series, 1985, 88: 61-68.

[4] DANIELS S, SIBBALD R G, ENNIS W, et al. Evaluation of a new composite dressing for the management of chronic leg ulcer wounds [J]. J Wound Care, 2002, 11 (8): 290-294.

[5] FATTMAN G F, BAYLESS R F. Hydrocolloid foam dressing: US, 6, 326, 524, [P]. 2001.

[6] FRIEDMAN S J, SU W P. Management of leg ulcers with hydrocolloid occlusive dressing [J]. Arch Dermatol, 1984, 120 (10): 1329-1336.

[7] GILCHRIST B, REED C. The bacteriology of chronic venous ulcers treated with occlusive hydrocolloid dressings [J]. Br J Dermatol, 1989, 121 (3): 337-344.

[8] KIM Y C, SHIN J C, PARK C I, et al. Efficacy of hydrocolloid occlusive dressing technique in decubitus ulcer treatment: a comparative study [J]. Yonsei Med J, 1996, 37 (3): 181-185.

[9] LAMKE L O, NILSSON G E, REICHNER H L. The evaporative water loss from burns and water vapour permeability of grafts and artificial membranes used in the treatment of burns [J]. Burns, 1977, 3: 159-165.

[10] THOMAS S. Hydrocolloids [J]. J Wound Care, 1992, 1 (2): 27-30.

[11] THOMAS S, FEAR M, HUMPHREYS J, et al. The effect of dressings on the production of exudate from venous leg ulcers [J]. Wounds, 1996, 8 (5): 145-150.

[12] THOMAS S, LOVELESS P. A comparative study of the properties of twelve

hydrocolloid dressings [J]. World Wide Wound, 1997: 1-5.

[13] THOMAS S, BANKS V, BALE S, et al. A comparison of two dressings in the management of chronic wounds [J]. J Wound Care, 1997, 6 (8): 383-386.

[14] 吴剑锋，吴晖，吴涛，等．几种亲水性胶体凝胶特征研究 [J]. 广州食品工业科技，2004，20 (4)：159-161.

[15] 付小兵，盛志勇．新型敷料与创面修复 [J]. 中华创伤杂志，1998，14 (4)：247-249.

[16] 肖蔚．3M 水胶体敷料用于Ⅲ期压疮的效果观察 [J]. 中国误诊学杂志，2010，10 (33)：8172.

[17] 胡迎兰，刘鎏，李扬，等．水胶体医用敷料的制备与性能研究 [J]. 胶体与聚合物，2013，31 (1)：20-22.

[18] 张乐，冒玉娟，吴萌，等．天然高分子生物材料在新型医用敷料中的应用研究 [J]. 产业与科技论坛，2018，17 (23)：73-75.

[19] 李巧兰．医用水胶体敷料的制备、性能及伤口应用效果 [J]. 粘接，2021，47 (9)：44-48.

第7章 水凝胶与医用敷料

7.1 水凝胶

水凝胶是一种对水有特殊吸附作用的功能高分子材料，其内部带有强烈的亲水基团。与海绵、纸纤维、棉布等吸附材料不同，吸水性凝胶材料可吸收自身重量成百上千倍的水后膨胀成一种与水牢固结合的水凝胶。即使受到相当大的压力，这种凝胶中的水也很少被挤出。正是这一特殊功能使吸水性高分子凝胶材料在被发现后得以迅速发展，成为一种重要的功能高分子材料，其应用领域包括：

（1）在农业生产上可制成保水剂，能明显提高土壤的保水能力，降低肥料的流失，提高利用率。也可用于包覆种子，在干旱地区飞机播撒种子植树造林。

（2）在改造沙漠方面，由于吸水树脂具有优良的保水性，可施加于树木、花草的根部，一次浇水后可将水固定于树木或其他植物根部，随后慢慢释放水，从而提高植物成活率。将吸足水后的高吸水性树脂水凝胶喷洒于沙漠表面，由于树脂的成膜性，可将沙粒连在一起，减缓沙粒流动，有利于沙漠绿化。

（3）在卫生材料方面，基于树脂吸水速度快、吸水倍数高、受挤压而水不会析出的特点，可制成医用床垫，是神经外科、妇产科、急救中心等卧床病人吸污用的理想材料，还可用于制作小儿一次性尿布。

（4）在医疗领域，用高吸水性树脂和药物一起制成敷料，除可吸收伤口组织的排出物、防止裸露的皮下组织干燥、减轻病人频繁换药的痛苦，还可以将药物缓慢释放，提高药效。用高吸水性树脂制成的保冷材料，冷冻在零摄氏度以下可保持柔软，且保冷时间长，可以反复使用于高热病人的降温和冷敷。它们也是为疫苗、生化药品保冷、储存、运输的理想材料。

（5）在其他方面，高吸水性树脂可用作油田钻井泥浆的降失水剂；可制成包装材料的保湿剂、吸湿剂以及工业脱水剂、船舶涂料添加剂、防水密封材料、化学保冷剂、蓄冷剂、污泥固化剂、复合吸水材料等。

水凝胶在医疗卫生领域有独特的应用价值，作为一种在水中不溶解但可溶胀的高分子网络，水凝胶的功能类似于生命组织，其有一定的水含量及良好的生物相容性，覆盖在人体上不影响生命体的代谢过程，而代谢产物又可通过水凝胶排出。在伤口护理过程中，水凝胶可用于皮肤创伤、皮肤溃疡、烧伤、烫伤及其他皮肤病，具有柔软、弹性好、无毒副作用、透气透水的性能。必要时，治疗伤口的一些药物可包埋在水凝胶内，药物可缓慢持续释放到病变区，既有利于伤口愈合，也有利于观察伤口的变化情况。

7.2　水凝胶医用敷料

水凝胶敷料是一种新型创面用材料，可用于溃疡、烧伤、烫伤、化学蚀伤等伤口。与传统敷料相比，水凝胶能缩短伤口愈合时间、减轻患者疼痛、促进伤口更好愈合，并且不留疤痕，还能改善创面微环境、抑制细菌生长。

水凝胶是一种类似于果冻的胶体，可以用许多种类的亲水性高分子材料制备。作为医用敷料的水凝胶有两种基本类型，即无定形水凝胶和片状水凝胶，其中无定形水凝胶是一种处于流体状态的黏稠的凝胶体。这种产品的流动性比较好，适用于充填腔隙，或用在创面形状不很平整的伤口上。片状水凝胶可以整块覆盖在创面上，可以很方便地敷贴和去除。图 7-1 显示两种水凝胶敷料的效果图。

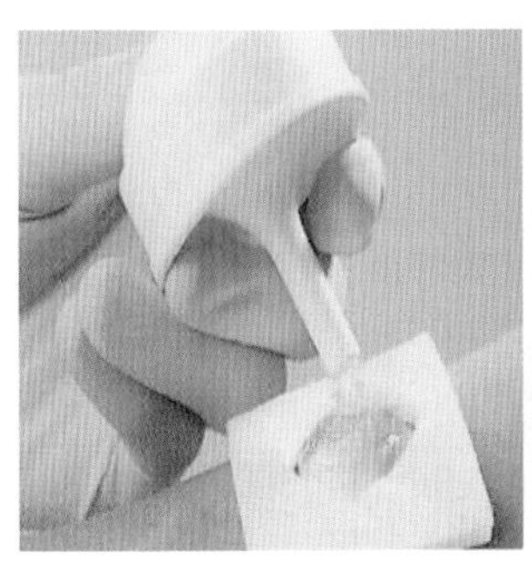
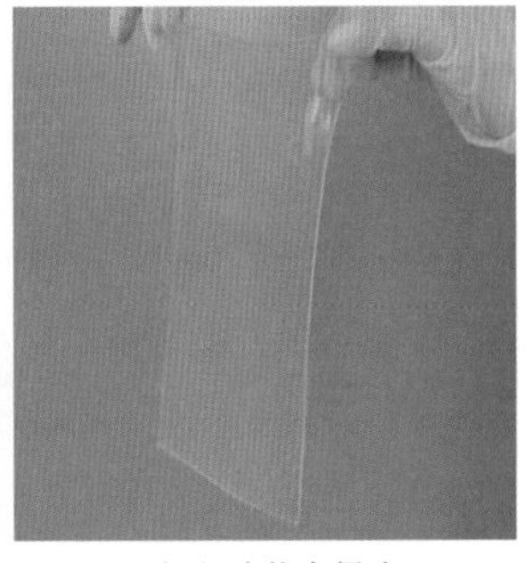

（a）无定形水凝胶　　（b）片状水凝胶

图 7-1　两种水凝胶敷料的效果图

水凝胶特别适用于擦伤、划伤、压疮等常见的体表创伤。对于这些伤口，传统上医生一般用无菌纱布及外用抗生素处理。纱布易与皮肤伤口组织粘连，换药时常破坏新生的上皮和肉芽组织，引起出血，使病人疼痛难忍。水凝胶敷料敷贴在伤口上时，不但不粘连伤口、不破坏新生组织，同时还能杀死各种细菌、避免伤口感染。敷用时，医生将水凝胶敷料粘贴在患者的皮肤表面后用胶布或聚氨酯薄膜固定在伤口上。水凝胶中的水分会迅速渗入皮肤内，并在体表形成一层“保护膜”。这层“保护膜”只允许氧气和水分通过，不让细菌通过，因此能防止各种细菌侵入、预防伤口感染。大约四五天后，医生可将水凝胶更换一次。更换时只需将水凝胶轻轻揭掉，或用生理盐水冲洗掉，对创面的影响很小，这是其他各种医用敷料无法比拟的优点。

7.3 水凝胶医用敷料的制备方法

英国 Smith & Nephew 公司生产的 Intrasite 品牌的水凝胶是应用最广的无定形水凝胶产品（WILLIAMS，1994）。这是一种无色透明的胶状材料，含有 2.3%改性羧甲基纤维素钠（CMC）、20%丙二醇和 77.7%水。与创面接触时，凝胶中的 CMC 能吸收一定的渗出液，在创面上形成湿润的愈合环境。英国 ConvaTec 公司生产的 Granugel 品牌的产品采用类似的加工方法，在配方中加入一定量的果胶，对创面清创有一定的作用。

Wulff 等（WULFF，2001）发明了一种由 CMC 和海藻酸钙组成的水凝胶敷料的制备方法。他们把交联 CMC 和海藻酸钙粉末在一个混合器中以 500r/min 的低速混合，然后把 2/3 的总水量加入后，提高搅拌速度至 2000r/min，充分混合 7min 后把剩下的水加入，再把搅拌速度提高到 3000r/min，并降低混合器中的压力直到产生真空，然后把得到的凝胶状物质装入管后在 120℃ 下灭菌 20min。表 7-1 为该水凝胶的配方，表 7-2 为所得水凝胶的黏度。

表 7-1 一种水凝胶的配方

原料	A		B	
	质量分数/%	质量/g	质量分数/%	质量/g
交联 CMC	3.31	993	4.80	1440
海藻酸钙	0.37	111	0.53	159
蒸馏水	96.32	28896	94.67	28401
总量	100	30000	100	30000

表 7-2 水凝胶的黏度

水凝胶	黏度/cps
A	800000
B	1600000
IntraSite	400000

应该指出的是，在无定形水凝胶的制备过程中，为了控制产品中的微生物污染、延长产品保质期，配方中一般需要加入丙二醇，其含量为 15%~20%。

市场上的无定形水凝胶一般由颗粒状的亲水性高分子材料与水和丙二醇混合后制成。Gilding 等（GILDING，2001）发明了一种纤维强化的水凝胶的生产方法。他们把海藻酸钙纤维分散到含有海藻酸钠的水溶液中，通过纤维释放出的钙离子使溶液中的海藻酸钠成胶。制备过程中把 1kg 海藻酸钙纤维切成 10mm 长的短纤维，同时把 1. 2kg 海藻酸钠粉末和 50g 柠檬酸钠溶解在 40L 水和 8. 5kg 丙二醇混合溶液中，通过充分搅拌形成的水凝胶的黏度为 800000cps。

片状水凝胶一般由交联的亲水性高分子材料制备。英国 Geistlich Sons Ltd 公司生产的 Geliperm Sheet 品牌的产品是一种应用比较广的片状水凝胶。该产品含有 96%的水，另外的 4%由琼胶和聚丙烯酰胺组成。经过交联的聚丙烯酰胺为水凝胶提供了强度，琼胶提供了持水性能。如图 7-2 所示，水凝胶中的高分子形成一个网状结构，水分分布在网状结构中。在应用于伤口护理时，这些水分为创面提供湿润的愈合环境。由于大量水的存在，水凝胶敷料不会与创面粘连。在与伤口接触时，由于部分水的蒸发，创面上产生一种凉爽的感觉，能帮助缓解伤口疼痛，改善患者舒适性。

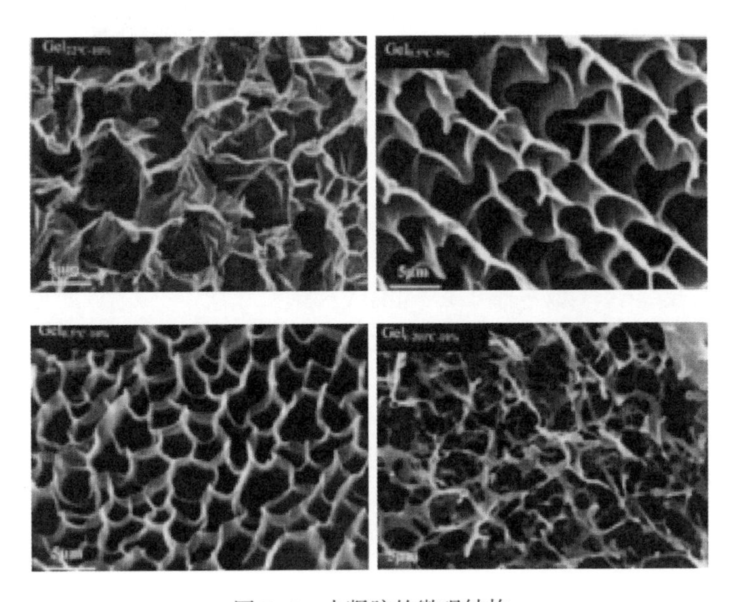

图 7-2　水凝胶的微观结构

美国 Bard 公司生产的 Vigilon 品牌的产品是另外一种片状水凝胶。它同样含有 96% 的水分，其凝胶结构由交联聚环氧乙烷组成。为了提高强度，该水凝胶与低密度聚乙烯网复合。这种水凝胶敷料能进一步吸收相当于自身重量的伤口渗出液，能透过水蒸气和氧气，但是对细菌和液体水起到屏障作用（MANDY，1983）。

由于水凝胶中的水含量很高，其强度一般比较低。Qin 等（QIN，2002）发明了一种用海藻酸钙纤维强化的水凝胶体。他们把海藻酸钙纤维分散在海藻酸钠水溶液中，在干燥成型过程中，从纤维上释放出的钙离子使溶液中的海藻酸钠形成凝胶，纤维本身则杂乱分布在凝胶中，起到强化作用。图 7-3 为这种用海藻酸钙纤维强化的海藻酸盐水凝胶的表面结构。

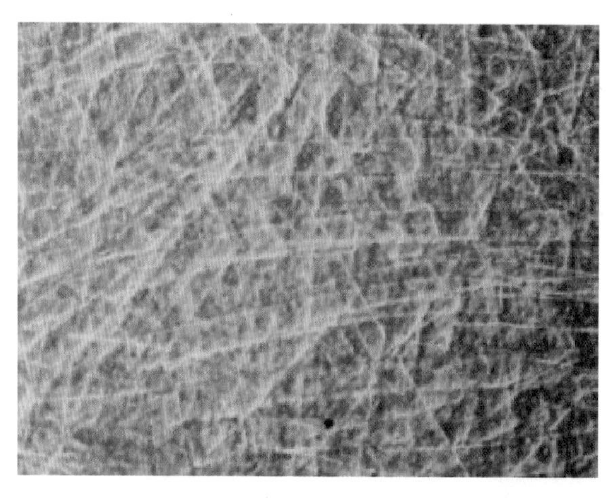

图 7-3　一种纤维强化的海藻酸盐水凝胶的表面结构

7.4　水凝胶医用敷料的结构和性能

水凝胶是一种水溶性高分子通过分子间交联形成的网状结构，由于分子结构的不同，其所含水量有很大区别，但是都不溶解于水。尽管水凝胶的含水量很高，由于结构中亲水基团的存在，其在与水接触后可以结合更多的水。图 7-4 为一种水凝胶体遇水膨胀的效果图。在与水接触后，水凝胶可以在充分膨胀的同时保持其凝胶状结构。

水凝胶在伤口护理中有特殊的应用价值。第一，敷贴在创面上后，它们立即为伤口提供一个湿润的愈合环境，而不像海藻酸盐医用敷料或水胶体医用敷料那样需要吸收伤口渗出液后才能形成湿润的凝胶。第二，它们也具有一定的吸水能

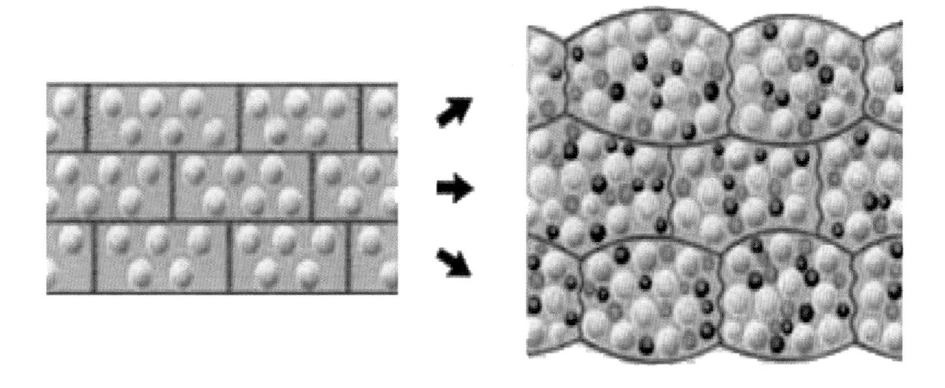

图 7-4　水凝胶遇水膨胀的效果图

力，如果创面上有渗出液，它们可以把液体吸进凝胶结构并保持在其中。吸湿膨胀后，其高分子结构中的空穴可以把细菌、伤口上的碎片以及能产生臭味的分子吸收进水凝胶结构。第三，由于水凝胶的水含量很高，它们与同样具有很高含水量的人体组织有很好的相容性。

片状水凝胶的表面一般有一层固定层材料，通常由聚氨酯薄膜制成。这层薄膜可以阻止环境中细菌侵入伤口，同时由于其对水分的半透气性，使伤口表面的潮湿度维持在一定水平，过多的水分可以通过薄膜向环境挥发。由于水凝胶不会粘连伤口表面，它们可以很方便地从伤口上去除。基于其透明性，护理人员可以很方便地透过水凝胶观察创面的愈合情况。在制备过程中，一些水凝胶敷料的外层薄膜印上直径为 1cm 的方格，通过这些方格可以定量记录伤口的愈合进展。

给干燥的伤口提供水分并且能从潮湿的伤口上吸收水分是水凝胶医用敷料的主要特点。为了区别不同类型的水凝胶，Thomas 等（THOMAS，1995）发明了一种对水凝胶的分类方法。他们把水凝胶与 2%琼胶接触后导致的重量增加作为衡量吸湿性能的指标，而把其与 35%明胶接触后重量的下降作为衡量给湿性能的指标。一般的水凝胶既有一定的吸湿性能，又有一定的给湿性能。在表 7-3 关于水凝胶的分类方法中，不同的产品根据其给湿和吸湿的具体情况可以分成不同的种类。在对 2% 琼胶的吸湿性能中，不同产品根据其吸湿量的大小被分成 5 类；同样，在对 35%明胶的给湿性能中，不同产品根据其给湿量的大小也被分成 5 类。如果一个产品对 2% 琼胶的吸湿性在 0~10%，而对 35%明胶的给湿性在 0~5%，则它属于 1A 类。2D 类产品的吸湿性和给湿性分别为

10%~20%和 15%~20%。

表 7-3 水凝胶的分类方法

对 2% 琼胶的吸湿性能		对 35%明胶的给湿性能	
类别	水凝胶重量的增加/%	类别	水凝胶重量的降低/%
1	0~10	A	0~5
2	10~20	B	5~10
3	20~30	C	10~15
4	30~40	D	15~20
5	40~50	E	20~25

表 7-4 为两种水凝胶产品的吸湿性能。其中 Purilon Gel 在与 2%的琼胶接触 24h 后，水凝胶的重量增加了 21.90%，说明水凝胶从琼胶中吸取了水分，应用在伤口上时这个数据反映出水凝胶可以从伤口上把渗出液吸入自身结构中。当琼胶浓度提高到 8%时，水凝胶重量的增加为 3.66%，与 2%琼胶中得到的数据有较大差别，反映出水凝胶的吸收能力与其接触的底物的潮湿度相关。表 7-4 中的 Competitor C 产品在两种浓度的琼胶中的吸湿性能与 Purilon Gel 相比明显较低，说明不同的水凝胶产品在性能上有很大区别。

表 7-4 两种水凝胶产品的吸湿性能

产品	琼胶浓度/%	水凝胶重量的增加/%
Purilon Gel	2	21.90±0.503
	8	3.66±0.511
Competitor C	2	15.67±0.884
	8	1.90±0.100

表 7-5 为两种水凝胶产品的给湿性能。当与高浓度的明胶接触时，由于明胶中的固体含量比水凝胶中高，水分从水凝胶向明胶转移，使水凝胶本身的重量下降。Purilon Gel 产品在与 20%的明胶接触 24h 后，其重量下降了 4.15%，而在与 35%的明胶接触 24h 后，其重量下降了 11.87%，有明显的给湿性能。两种产品中得到的数据显示，明胶的浓度越高，其给湿量越高，临床上体现出水凝胶使用在干燥的伤口上时，能有效提供水分，使干痂从创面脱落。

表 7-5　两种水凝胶的给湿性能

产品	明胶的浓度/%	水凝胶重量的降低/%
Purilon Gel	20	4. 15±0. 727
	35	11. 87±0. 390
Competitor C	20	0. 07±0. 311
	35	7. 00±0. 702

在一项对两种无定形水凝胶的研究中，Thomas 等（THOMAS，1996）比较了 Aquaform 和 Intrasite 品牌的产品对不同浓度的琼胶和明胶的吸湿和给湿情况，其中 Aquaform 由 3. 5%接枝淀粉、20%丙二醇及 76. 5%的水组成，Intrasite 由 2. 3%的改性 CMC、20%的丙二醇和 77. 7%的水组成。表 7-6 显示在与不同浓度的琼胶接触后两种水凝胶重量的增加。可以看出，对于低浓度的琼胶，也就是临床上高度潮湿的伤口，两种水凝胶都有明显的吸湿作用。

表 7-6　在与不同浓度的琼胶接触后水凝胶重量的增加

琼胶的浓度/%（质量分数）	水凝胶重量的增加/%	
	Aquaform	Intrasite
1	+74. 7	+53. 9
2	+62. 3	+46. 3
4	+42. 5	+26. 1
6	+20. 9	+10. 4
8	+13. 5	+7. 7

表 7-7 为在与不同浓度的明胶接触后，Aquaform 和 Intrasite 水凝胶重量的变化。Aquaform 在明胶浓度为 30%时开始失重，即水分开始从水凝胶向明胶转移，而 Intrasite 在明胶浓度为 25%时即具有给湿作用。临床上，当这两种水凝胶产品使用在有干痂的伤口上时，水凝胶中的水分转移到干痂结构中，在酶的作用下使其分解，起到清洁创面的作用。

表 7-7　在与不同浓度的明胶接触后水凝胶重量的增加

明胶的浓度/%（质量分数）	水凝胶重量的增加/%	
	Aquaform	Intrasite
20	+7. 1	+2. 4
25	+0. 3	-4. 1

续表

明胶的浓度/%（质量分数）	水凝胶重量的增加/%	
	Aquaform	Intrasite
30	-8.8	-12.1
35	-12.8	-15.1

7.5 水凝胶医用敷料的临床应用

与其他种类的功能性医用敷料相比，水凝胶敷料的制作工艺简单、成本低、产品使用方便（LAY-FLURRIE，2004；THOMAS，1987），具有以下优点：

（1）原料来源广、成本低。制备水凝胶的亲水性高分子，如CMC、果胶、海藻酸钠等，在食品行业有广泛的应用，因此其成本相对较低。水凝胶配方中90%左右的成分为水。

（2）生产流程短，工艺简单方便，如无定形水凝胶只需要把亲水性高分子与水和丙二醇混合即可。

（3）使用水凝胶敷料有利于创面上湿润环境的维持，使伤口不易结痂。传统的纱布常与伤口粘在一起，更换时易引起伤口开裂，一方面使病人非常痛苦，另一方面也不利于伤口愈合。

（4）由于水凝胶是透明的，医生护士可以透过凝胶随时观察伤口的变化情况。

（5）必要时，治愈伤口的药物（如吲哚美辛等）可包埋在水凝胶内，药物可缓慢持续释放到病变区，有利于伤口愈合。

（6）水凝胶不与伤口作用，而伤口渗出物可通过水凝胶排出。

（7）水凝胶柔软、弹性好、机械性能好、无毒副作用，并且透气透水。

临床上，无定形水凝胶可用在表皮或深度损伤的伤口上，包括下肢溃疡、压疮等慢性伤口。护理过程中通过向伤口提供水分，水凝胶可以辅助伤口上坏死组织从伤口上脱离，使创面变得干净湿润，从而加快肉芽组织形成（THOMAS，1993）。片状水凝胶适用于有皮肤组织损失的伤口，如植皮、擦伤、烧伤及早期的压疮。在这些伤口上，水凝胶片保护了伤口、避免伤口的脱水干燥。它们也可以用来为伤口表面提供水溶性的局部药物，如抗菌剂、局部麻醉剂、止血剂等。由于水凝胶的声阻抗性很小，它们可以在超声波治疗中用作接触层。

与其他常用的敷料相比，水凝胶不会在伤口上脱落纤维等杂质，伤口愈合后可以很方便地把水凝胶从伤口上冲洗去除。水凝胶的最大优点是能在伤口上形成一个湿润的环境，促使伤口上的坏死组织被酶分解，为创面愈合创造一个良好的湿润环境（THOMAS，1993）。

无定形水凝胶有一定的流变性，其形状在很小的压力下即可随意变化，适用于充填有一定深度、形状不规则的腔隙伤口（HOFMAN，1996）。在如图7-5所示的伤口上，用水凝胶敷料可以很容易使伤口的每个部位填满，而采用其他类型的敷料则容易造成局部伤口存在腔隙，导致渗出液的局部积聚和细菌繁殖，给伤口愈合带来不良影响。

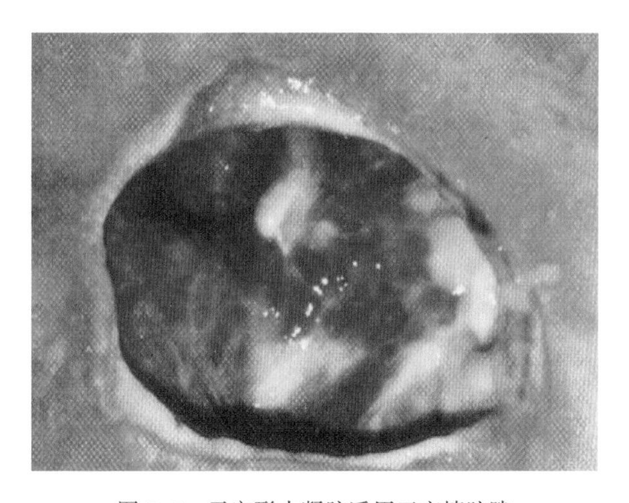

图7-5　无定形水凝胶适用于充填腔隙

临床上，水凝胶医用敷料已经被证明有很好的疗效。Matzen等（MATZEN，1999）比较了一种水凝胶与生理盐水浸渍后的棉纱布对压疮的疗效。他们在32位病人中进行了试验，结果表明，使用水凝胶的病人中，伤口的体积在治疗后缩小为原来的26%，而用生理盐水浸渍的棉纱布处理的伤口在相同时间内缩小为原来的64%，说明水凝胶能更好地促进伤口愈合。

7.6　小结

水凝胶医用敷料具有与人体皮肤组织相似的凝胶结构，具有类似于生命组织的功能，敷贴在创面上可以保护伤口，为创面愈合提供一个湿润的愈合环境。水凝胶敷料可以方便地敷贴在伤口上，也可以无疼痛地从创面上剥离，适用于护理擦伤、划伤、压疮等体表创伤以及深度损伤的慢性溃疡伤口。

参考文献

[1] GILDING D K, QIN Y. Wound treatment composition: US, 6, 258, 995 [P]. 2001.

[2] HOFMAN D. The healing of cavity wounds: Preliminary use of Granugel in pressure sores [J]. Nursing Times, 1996, 92 (29): 64-68.

[3] LAY-FLURRIE K. The properties of hydrogel dressings and their impact on wound healing [J]. Prof Nurse, 2004, 19 (5): 269-273.

[4] MANDY S H. A new primary wound dressing made of polyethylene oxide gel [J]. J Derm Surg Oncol, 1983, 9: 153-155.

[5] MATZEN S, PESCHARDT A, ALSBJORN B. A new amorphous hydrocolloid for the treatment of pressure sores: a randomised controlled study [J]. Scand J Plast Reconstr Surg Hand Surg, 1999, 33 (1): 13-15.

[6] QIN Y, GILDING D K. Dehydrated hydrogels: US, 6, 372, 248 [P]. 2002.

[7] THOMAS S. A new approach to the treatment of extravasation injury in neonates [J]. Pharm. J, 1987, 239: 584-585.

[8] THOMAS S. A comparison of the wound cleansing properties of two hydrogel dressings [J]. J Wound Care, 1993, 2 (5): 272-274.

[9] THOMAS S. Examining the properties and uses of two hydrogel sheet dressings [J]. J Wound Care, 1993, 2 (3): 176-179.

[10] THOMAS S, HAY N P. Fluid handling properties of hydrogel dressings [J]. Ostomy and Wound Management, 1995, 41 (3): 54-59.

[11] THOMAS S, HAY N P. In vitro investigations of a new hydrogel dressing [J]. J Wound Care, 1996, 5 (3): 130-131.

[12] WILLIAMS C. Intrasite Gel: a hydrogel dressing [J]. Br J Nurs, 1994, 3 (16): 843-846.

[13] WULFF T, AGREN S P M, NIELSEN P S. Hydrocolloid wound gel: US, 6, 201, 164, [P]. 2001.

[14] 何贵东，李政，华嘉川，等．水凝胶在医学领域应用研究进展 [J].

化工新型材料，2017，45（5）：223-225.
[15] 刘川生，陆佳俊，凌建群，等 . 湿性抑菌水凝胶敷料的性能与应用[J]. 中华医院感染学杂志，2017，27（23）：5433-5436.
[16] 吴帅，吴俊凤，邝荣康，等 . 水凝胶伤口敷料的制备及性能研究[J]. 科技风，2021（18）：164-166.
[17] 樊梦妮，陈晓蕾，陈俊鹏，等 . 水凝胶医用敷料的研究进展[J]. 生物加工过程，2021，19（3）：294-305.
[18] 唐岚昊，钱晓明，封严，等 . 新型水凝胶医用敷料的研究进展[J]. 棉纺织技术，2021，49（10）：80-84.

第 8 章　胶原蛋白与医用敷料

8.1　引言

胶原蛋白是存在于细胞外基质的一种结构蛋白质，在动物的骨、软骨、皮肤、腱、韧等结缔组织中起支持、保护、结合以及形成界隔等作用。胶原蛋白占哺乳动物体内蛋白质的 1/3 左右，其在许多海洋生物中的含量也非常丰富，一些鱼皮含有高达 80%以上的胶原蛋白。日本鲈鱼的干基鱼皮、鱼骨、鱼鳍中胶原蛋白含量分别为 51.4%、49.8%和 41.6%。

作为人体中含量最丰富的蛋白质，胶原蛋白在伤口愈合的各个阶段都起重要作用，可刺激细胞活性、辅助组织再生（ZHOU，2016）。在医用敷料中负载胶原蛋白可以通过其促进巨噬细胞和成纤维细胞向创面迁移后形成新的细胞外基质，加快难愈性伤口的愈合。除了对创伤特异性细胞的趋化作用，胶原蛋白也是一种高度亲水的材料，以其为原料制备的创面敷料对富含生长因子和基质金属蛋白酶的渗出液有很高的吸收性（MOTZKAU，2011），除了保持创面湿润，还可以结合和保护渗出液中的生长因子，使上调的、对慢性创面愈合有负面影响的基质金属蛋白酶失去活性，从而使新鲜组织免受持续的酶降解。

随着对伤口愈合过程中各种生化因子的更多认识，胶原蛋白在伤口愈合中的作用也变得更加清晰，胶原蛋白敷料也成为慢性伤口护理中的一类重要产品。

8.2　胶原蛋白的性能

图 8-1 显示细胞外基质中胶原蛋白的微观结构，其在生物体中是细胞外基质的主要成分。胶原蛋白通常由 3 条多肽链构成 3 股螺旋结构（triple helix，TH），即 3 条多肽链的每条都左旋形成左手螺旋结构，再以氢键相互咬合形成牢固的右手超螺旋结构，这一区段称为螺旋区段，其最大特征是氨基酸呈现（Gly—

X—Y)$_n$ 周期性排列，其中 Gly 为甘氨酸、X 和 Y 为脯氨酸、丙氨酸、羟脯氨酸等氨基酸。螺旋区段的长度为 300nm、直径为 1.5nm。

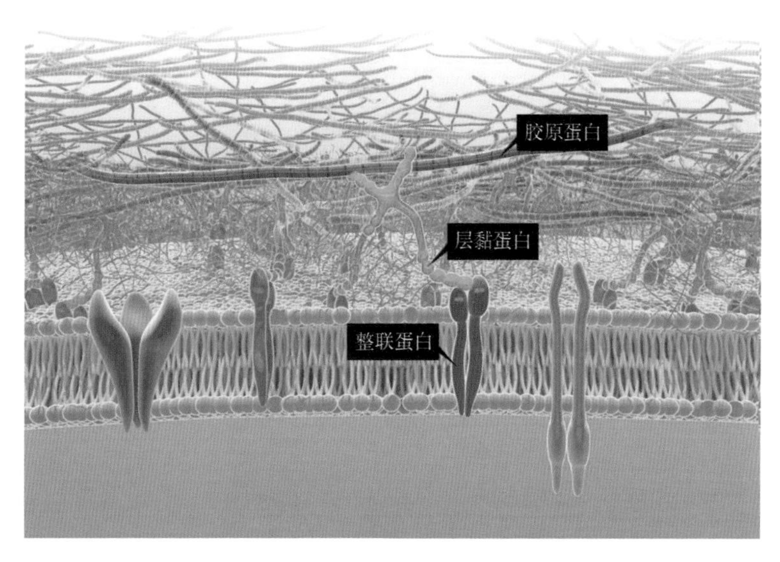

图 8-1　细胞外基质中胶原蛋白的微观结构

胶原蛋白的化学结构由遗传决定，其含量和组成随生物种类有显著不同，目前脊椎动物中发现的胶原蛋白的类型有 28 种。表 8-1 显示哺乳动物皮肤和鱼皮中含有的胶原蛋白中每 1000 个氨基酸残基含有的氨基酸数量。图 8-2 显示几种典型氨基酸的化学结构。

表 8-1　哺乳动物皮肤和鱼皮中胶原蛋白的氨基酸组成

氨基酸	英文名	每 1000 个氨基酸残基中的含量	
		哺乳动物皮肤	鱼皮肤
甘氨酸	Glycine	329	339
脯氨酸	Proline	126	108
丙氨酸	Alanine	109	114
羟脯氨酸	Hydroxyproline	95	67
谷氨酸	Glutamic acid	74	76
精氨酸	Arginine	49	52
天冬氨酸	Aspartic acid	47	47

续表

氨基酸	英文名	每1000个氨基酸残基中的含量	
		哺乳动物皮肤	鱼皮肤
丝氨酸	Serine	36	46
赖氨酸	Lysine	29	26
亮氨酸	Leucine	24	23
缬氨酸	Valine	22	21
苏氨酸	Threonine	19	26
苯丙氨酸	Phenylalanine	13	14
异亮氨酸	Isoleucine	11	11
羟赖氨酸	Hydroxylysine	6	8
甲硫氨酸	Methionine	6	13
组氨酸	Histidine	5	7
酪氨酸	Tyrosine	3	3
半胱氨酸	Cysteine	1	1
色氨酸	Tryptophan	0	0

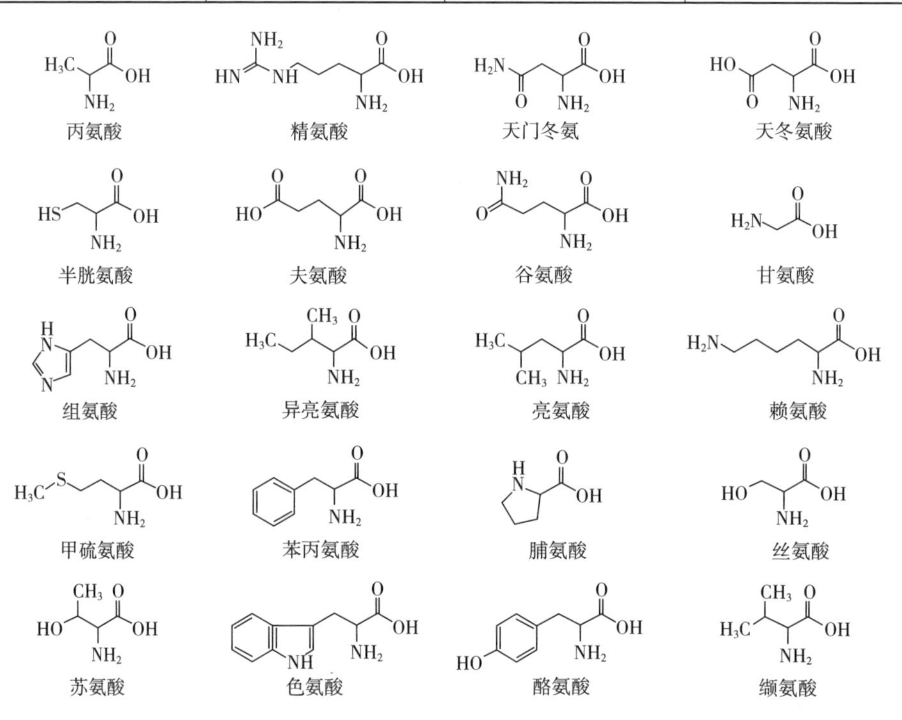

图8-2　氨基酸的化学结构式

胶原蛋白占人体中蛋白质的 1/3、皮肤干重的 2/3。作为哺乳动物中含量最丰富的蛋白质，胶原蛋白在生物体中具有重要作用，在人体的各种组织和器官中起到维持结构稳定的关键作用。胶原蛋白在皮革、食品、化妆品、药品、医疗器械等产品中也起重要作用（CHATTOPADHYAY，2014）。在目前已经确认的 28 种具有独特结构的胶原蛋白中，Ⅰ型存在于皮肤、肌腱、骨中，Ⅱ型存在于软骨中，Ⅲ型存在于皮肤和脉管系统中，其中广泛应用于医用敷料的Ⅰ型胶原蛋白由三个不同的氨基酸组成的三聚体形成二根 α_1（Ⅰ）链和一根 α_2（Ⅰ）链缠绕后形成（NEEL E，2013），其重复单元 Gly—X—Y 中的 X 和 Y 主要为脯氨酸和羟脯氨酸，结构上刚性的羟脯氨酸和体积较小的甘氨酸使分子链呈现螺旋结构，并结合成右旋的三螺旋结构。根据其在人体的部位及扮演的生物功能，三螺旋结构可以组合成原纤维、纤维和束，并通过赖氨酰氧化酶的作用使羟脯氨酸之间形成稳定的交联结构（SIEGEL，1976）。

胶原蛋白独特的结构和性能在医用敷料中有很高的应用价值，尤其是其分子结构中具有能识别整合素的氨基酸序列，使其能控制成纤维细胞和角质细胞的许多功能，包括细胞形态、分化和迁移。I型胶原蛋白在实验和临床试验中被证明可以促进血管生成，在此过程中，内皮细胞 $\alpha_2\beta_1$ 整合素与胶原蛋白上 GFPGER502-507 序列的结合起重要作用（SAN ANTONIO，2009）。胶原蛋白也与多个在慢性伤口愈合过程中上调的细胞因子结合，使其具有生物可降解性。除了促进皮肤细胞向创面迁移，胶原蛋白对影响伤口愈合的酶和溶解物有抑制作用，可以通过改善创面微环境促进慢性伤口愈合。

8.3　胶原蛋白的提取

动物体中的胶原蛋白在热、pH 值、酶等外部因素作用下，其分子结构中的氢键、离子键、范德瓦尔斯力等受到不可逆性的破坏后，螺旋结构开始解聚，胶原蛋白分子溶解后进入提取介质。根据原料的特点，胶原蛋白的提取方法有热水浸提法、酸法、碱法、盐法、酶法五种，其基本原理都是根据胶原蛋白的特性改变蛋白质所在的外界环境，将胶原蛋白与其他蛋白质分离。实际提取过程中，不同的提取方法往往相互结合。例如在热水提取鱼胶原蛋白的过程中，样品匀浆后用乙酸或柠檬酸溶胀，放在 40~42℃ 热水中浸提即可得到胶原蛋白水溶液。

酸法提取可用甲酸、乙酸、苹果酸、柠檬酸、磷酸等处理原料后，匀浆在低温下浸提，离心后即可得到酸溶性胶原蛋白。用不同浓度的氯化钠可以从欧洲无须鳕、鲑鱼的肌肉及鱼皮中提取盐溶性胶原蛋白，用氯化钾可以从鲍鱼中成功提取胶原蛋白。酶法提取时可以采用胃蛋白酶、木瓜蛋白酶、胰蛋白酶等水解后得到不同酶促溶性的胶原蛋白。

胶原蛋白的提取一般是在温和条件下进行的，目的是保护三螺旋结构免受破坏。在温度、pH 值等条件比较剧烈的情况下，三螺旋体解聚后形成的单分子链溶解于水，得到的明胶比胶原蛋白有更好的水溶性。基于其化学结构相似、生物相容性好，胶原蛋白和明胶均可用于制备先进医用敷料，其中明胶的成本更低，因此应用更广泛。由于含有三螺旋结构、分子量更高，胶原蛋白的溶解性比明胶差，但是其制品的力学能优于明胶制品。

Ⅰ型胶原蛋白已经从牛、马、猪的组织中提取并应用于 Promogran、Biopad、Biostep 等国际品牌的先进医用敷料，但是动物源胶原蛋白受宗教限制、潜在的过敏、疯牛病等传染性疾病的影响，因此目前研究人员对合成胶原蛋白开展大量研究（PARAMONOV，2005）。此外也有基因工程技术成功应用于获取无致病性、经济实惠、质量可控的胶原蛋白原材料（YAARI，2016）。鱼（COELHO，2017）和鸡（PENG，2010）中提取的胶原蛋白也被用于医用敷料的研发和生产。这些不同来源的胶原蛋白在提取率、化学组成、临床应用性能方面具有一定的变化（PARENTEAU-BAREIL，2011），其中氨基酸组成的不同影响产品的热、结构、力学、共价交联等性能（MAJUMDAR，2016）。

为了减小非胶原蛋白成分、细胞、交联剂、内毒素等杂质对胶原蛋白制品质量的影响，有必要开发先进可靠的提取工艺（NAKAGAWA，2003）。选择抗原性最小的胶原蛋白原料是制备胶原蛋白敷料的先决条件，可以使临床应用过程中的免疫及不良反应最小化。胶原蛋白分子结构中与宿主的胶原蛋白有不同序列的部分往往会引起免疫反应，因此不同的原料来源与胶原蛋白的抗原性密切相关。鉴于与人类的免疫系统比较接近，医用敷料中比较多用的是牛胶原蛋白，其产生的抗原性最小（LYNN，2004）。

8.4 胶原蛋白的应用

胶原蛋白在生物医用材料、保健品、美容化妆品等行业有重要的应用价值。随着年龄的增长，动物和人的结缔组织会逐渐失去弹性和柔韧性，导致一些与老龄化相关的疾病，如动脉硬化、关节炎、骨质疏松等。含胶原蛋白和明胶的一些产品对关节有益。但是由于胶原蛋白具有独特的三股超螺旋结构，其性质十分稳定，一般的加工温度及短时间加热都不能使其分解，造成消化吸收困难，不易被人体充分利用。将胶原蛋白水解为胶原多肽后在消化吸收、营养、功能特性等方面都得到显著提高，其营养及生理功能包括保护胃黏膜以及抗溃疡、抑制血压上升、促进骨形成、促进皮肤胶原代谢等，还具有抗肿瘤、免疫调节等功效（冯晓亮，2001）。

近年来，人们发现源于海洋动物的胶原蛋白在一些方面明显优于陆生动物的胶原蛋白，如具有低抗原性、低过敏性、低变性温度、高可溶性、易被蛋白酶水解等特性。海洋源胶原蛋白具有保护胃黏膜及抗溃疡、抗氧化、抗过敏、降血压、降胆固醇、抗衰老、促进伤口愈合、增强骨强度和预防骨质疏松、预防关节炎、促进角膜上皮损伤的修复等独特的生理功能（管华诗，2004）。

8.5　胶原蛋白医用敷料

作为一种亲水性高分子，以胶原蛋白为原料制备的膜、海绵、护垫和凝胶可以有效应对创面产生的渗出液，为慢性伤口愈合提供良好的愈合环境。表 8-2 总结了几种有专利技术的胶原蛋白敷料（TRONCI，2019）。

表 8-2　几种有专利技术的胶原蛋白敷料

产品名称	组成	胶原蛋白构象	胶原蛋白含量/%	产品形式
Biopad	100% Ⅰ型马胶原蛋白	三螺旋结构	100	护垫（FURLAN，1993）
Puracol	100%牛胶原蛋白+麦卢卡蜂蜜	三螺旋结构	88	护垫（CHAKRAVARTHY，2015）
Stimulen	主要是Ⅰ型牛胶原蛋白+甘油	水解	52	凝胶（STOUT，2016）
Promogran	Ⅰ～Ⅲ型牛胶原蛋白+氧化再生纤维素	水解	55	护垫（WATT，2003）
ColActive	明胶+海藻酸钠+羧甲基纤维素+EDTA+增塑剂	变性	50-90	网眼（DITIZIO，2014）

随着对慢性伤口愈合环境认识的不断深入，胶原蛋白敷料在提供抗菌、药物缓释、基质金属蛋白酶管控等方面的应用也得到伤口护理领域的重视，并且开发出一系列先进产品。例如 Biopad 品牌的胶原蛋白敷料是一种 100%Ⅰ型胶原蛋白制成的敷料，用于烧伤和慢性创面护理（FURLAN，1993），其亲水性使敷料可以吸收自身重量 15 倍的伤口渗出液。未改性的胶原蛋白具有三螺旋结构，在与渗出液中的生

长因子等细胞因子的结合过程中起重要作用（QIAO，2015；KARR，2011）。

为了进一步提高敷料的生物活性，Puracol 品牌的胶原蛋白敷料在应用非水解的胶原蛋白的基础上，在配方中加入麦卢卡蜂蜜，使产品具有更好的清创功效（CHAKRAVARTHY，2015）。伤口护理过程中一般需要通过手术等方法去除创面上的坏死组织，这个过程既消耗护理时间也给患者带来疼痛。将胶原蛋白与蜂蜜混合后制备的敷料一方面保留了胶原蛋白促进伤口愈合的功效，同时也具有蜂蜜对坏死组织清创的功效，并且蜂蜜还通过以下三个作用机理促进伤口愈合：

（1）其酸性可以使基质金属蛋白酶失活，后者是创面慢性化的一个原因。

（2）蜂蜜的渗透压促使伤口渗出液离开创面，产生液体的外流，有助于溶解坏死组织，起到清创作用（MOLAN，2015）。

（3）由于含有甲基乙二醛，麦卢卡蜂蜜具有广谱抗菌性能（BULMAN，2017）。

在慢性难愈性伤口上进行的试验表明，使用胶原蛋白和蜂蜜共混敷料 3 周内，伤口深度、肉芽组织、创面大小等指标的改善均显示伤口从慢性向修复状态转变（WAHAB，2015）。

非水解 Ⅰ 型马胶原蛋白与透明质酸钠结合后也可以制备医用敷料（SRIVASTAVA，1990）。除了具有吸湿、保湿性能，这种共混敷料能促进细胞迁移、增殖、分化以及血管生成（CAMPOCCIA，1998）。为了避免胶原蛋白和透明质酸钠失活，制备过程不使用化学交联剂，而是把含有一定比例胶原蛋白和透明质酸钠的水溶液通过冷冻干燥形成多孔海绵（KANG，1999）。尽管没有化学交联，通过透明质酸钠中的羧酸钠基团与胶原蛋白中的氨基的结合可以形成稳定的物理结构。图 8-3 显示冷冻干燥海绵的多孔结构。

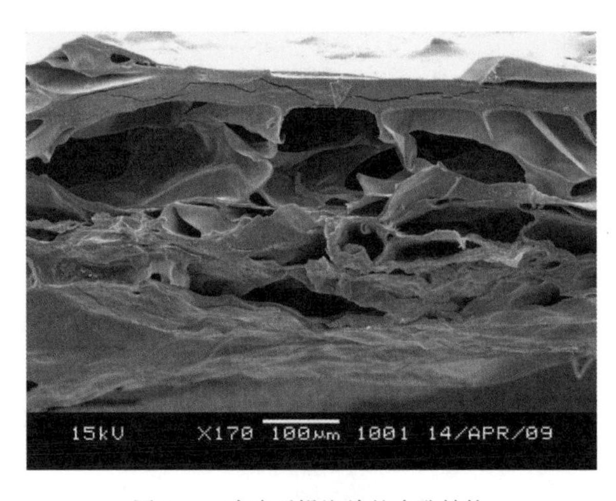

图 8-3　冷冻干燥海绵的多孔结构

8.6 水解胶原蛋白医用敷料

从动物质中提取的胶原蛋白可以保留其三螺旋结构，但是水解之前的溶解性差，影响其可加工性。对胶原蛋白进行水解可获取水溶性更好的水解胶原蛋白，或者变性后获得明胶，两者都可以在改善溶解性能的同时有效提高可加工性。与原生态胶原蛋白不同，这些改性产物主要含有直链多肽，在一定条件下也可以重新形成三螺旋结构（TRONCI，2010）。

Stimulen 品牌的敷料是一种水解牛胶原蛋白与水和甘油组成的凝胶产品，应用于缺血性伤口的护理（STOUT，2016）。临床前研究显示水解胶原蛋白可以改善中性粒细胞和炎症相关细胞因子释放到伤口部位（ELGHARABLY，2013）。尽管没有原始胶原蛋白的三螺旋结构，在创面上原位应用水解胶原蛋白可以有效加强创面巨噬细胞浓度、促进炎症反应，从而促进伤口愈合（EMING，2007）。

Promogran 品牌的敷料利用水解胶原蛋白的特性，将其与氧化再生纤维素共混，产品结合了氧化再生纤维素的高吸湿性和胶原蛋白调节伤口愈合的生理活性（WATT，2003）。制备过程中水解牛胶原蛋白与氧化再生纤维素溶解于水后通过冷冻干燥成型，得到的敷料具有较高的强度，可以切割成适合创面的各种尺寸。在糖尿病足溃疡上的应用证实这类敷料能成功结合并使慢性伤口蛋白酶快速失活（CULLEN，2002），降低炎症反应对创面新鲜组织的破坏，有效促进伤口愈合。水解胶原蛋白是酶的底物，对新生皮肤组织中的胶原蛋白有保护作用，而氧化再生纤维素通过其阴离子特性与基质金属蛋白酶产生静电络合后使其失活，进一步加强了产品的生物活性。

除了水解胶原蛋白，猪明胶与聚乙二醇、羧甲基纤维素钠、海藻酸钠、EDTA 等共混后也可以制备医用敷料（DITIZIO，2014）。制备过程中明胶与其他成分溶解于水形成的混合溶液通过冷冻干燥制成海绵，配方中加入的海藻酸钠、羧甲基纤维素钠等成分可以增加产品的吸湿性。这种产品用碳化二亚胺交联，在与胶原酶保温培养 24h 后，其质量损失达到 20%，说明其对酶具有活性。该产品中加入的 EDTA 可以通过对上调的基质金属蛋白酶中锌离子的螯合作用使其失去活性，从而降低对创面新鲜组织的损伤。

8.7 多功能胶原蛋白医用敷料

为了更有效应对慢性伤口愈合中的各种挑战，胶原蛋白敷料的研发过程中可以采用以下方法实现敷料的多功能化。

（1）细胞疗法：把细胞包埋在敷料中促进组织修复（KIM，2016）。

（2）负载能抑制感染、促进愈合的药物（ALMQUIST，2015）。

（3）通过敷料自身独特的化学结构和物理特性起到促进伤口愈合的作用（LI，2017）。

目前已经有商业化产品在胶原蛋白海绵中加入 EDTA 等水溶性螯合剂，通过加强对基质金属蛋白酶的抑制作用，促进慢性伤口愈合。

交联剂的应用可以有效改善胶原蛋白海绵的稳定性。目前应用于胶原蛋白交联的有戊二醛（OLDE DAMINK，1995）、京尼平（QIU，2013）、碳二亚胺（OLDE DAMINK，1996）等。

I 型牛胶原蛋白用单宁酸交联后可以赋予敷料抗菌和抗炎活性（NATARAJAN，2013），产品与含胶原蛋白酶的介质接触 42h 后的失重为 10%，而不含单宁酸的胶原蛋白的失重为 60%。小鼠伤口上的试验表明，应用单宁酸交联的胶原蛋白敷料 12 天可实现创面上皮化。这些研究结果表明，单宁酸与胶原蛋白中的功能基团结合后可以起到稳定敷料的作用，其羧酸基团也可以通过螯合金属离子起到抑制基质金属蛋白酶的作用（NINAN，2016）。Francesko 等（FRANCESKO，2013）把植物源多酚负载在胶原蛋白海绵中制备了具有酶活性的医用敷料。硬皮豆和小麦也被作为抗炎和抗菌植物提取物加入胶原蛋白敷料以及山羊肌腱胶原气凝胶中（MUTHUKUMAR，2013；GOVINDARAJAN，2017）。这类复合胶原蛋白敷料在与酶介质接触 24h 后的失重达到 40%，可以有效促进伤口愈合（MUTHUKUMAR，2014）。

Yu 等（YU，2013）报道了一种以胶原蛋白和透明质酸钠为载体添加表皮生长因子的敷料，可以在烧伤创面护理过程中刺激细胞增殖，其释放的生长因子在小鼠和患有糖尿病的小鼠伤口上均具有促进血管生成、加快上皮化的功效（KONDO，2012）。在胶原蛋白敷料中加入光敏化合物也可以促进伤口愈合（TRONCI，2013）。

把多功能胶原蛋白混合物通过纺丝技术制成纤维材料可以获取多孔、高吸湿的医用敷料，其中一个主要的工艺要求是在生产过程中保留胶原蛋白的结构和生物活性。湿法纺丝的条件温和，可以满足这样的要求（ARAFAT，2015）。

Zeugolis 等（ZEUGOLIS，2008）成功研制了湿法纺丝制备的胶原蛋白纤维，并通过后整理提高纤维的拉升强度，其中在磷酸盐缓冲液和纯水中处理后得到的纤维弹性模量分别为 16MPa 和 4MPa，说明在磷酸盐缓冲液中胶原蛋白可能形成三螺旋结构。乙二醇二缩水甘油醚、六甲基二异氰酸酯等交联剂均可以改善胶原蛋白纤维的力学性能。其他研究对纺丝过程中的参数进行了优化（CAVES，2010；TRONCI，2016）。

除了湿法纺丝，静电纺丝技术也应用于胶原蛋白敷料的制备，可以直接形成由直径为 5~500nm 的纳米纤维组成的膜（AGARWAL，2009）。但是静电和有机溶剂的应用都可以导致三螺旋结构的破坏，获取的膜的主要成分是明胶而不是胶原蛋白（BURCK，2013）。把胶原蛋白与其他高分子材料共混后进行静电纺丝可以保护其三螺旋结构及生物活性（SINGARAVELU，2016）。对纤维进行化学交联可以提高其稳定性和使用性能（KO，2010；ZHANG，2006）。

静电纺丝制备的共混膜模仿了细胞外基质的结构，在与生长因子结合后可以有效促进伤口愈合，其中的多糖成分可以隔离内源性血小板源生长因子（PDGF），而明胶在酶作用下降解后可以将隔离的 PDGF 释放，从而改善伤口愈合。为了克服戊二醛等化学交联剂的毒性，Dhand 等（DHAND，2016）把天然儿茶酚胺加入纺丝溶液，起到交联作用。为了进一步改善产品的多孔性，Zhang 等（ZHANG，2017）把静电纺丝与湿法纺丝技术相结合，喷嘴中挤出的丝条喷入液体后可以使纤维与纤维分离，获得的纤维网的孔隙率为 90%，而常规静电纺丝得到的样品的孔隙率为 60%~80%。胶原蛋白还可以通过涂层复合到聚丙烯网眼织物或非织造材料上，也可以通过对聚丙烯的等离子体处理改善其与胶原蛋白的结合（CHEN，2008；WANG，2011）。

8.8 小结

胶原蛋白具有良好的生物相容性以及促进伤口愈合的性能，在功能性医用敷料的生产中有很高的应用价值。以胶原蛋白为原料可以制备海绵、薄膜、凝胶、纤维、非织造布等材料后应用于伤口护理，产品可以调节创面微环境，为患者减轻疼痛、减少创面感染、缩短护理时间。胶原蛋白与其他高分子材料的共混为进一步开发其在伤口护理中的应用提供了新途径，尤其是静电纺丝等技术的应用可以实现其在伤口护理领域更高的应用价值。

参考文献

[1] AGARWAL S, WENDORFF J H, GREINER A. Progress in the field of electrospinning for tissue engineering applications [J]. Adv Mater, 2009, 21: 3343-3351.

[2] ALMQUIST B D, CASTLEBERRY S A, SUN J B, et al. Combination growth factor therapy via electrostatically assembled wound dressings improves diabetic ulcer healing in vivo [J]. Adv Healthe Mater, 2015, 4: 2090-2099.

[3] ARAFAT M T, TRONCI G, YIN J, et al. Biomimetic wet-stable fibers via wet spinning and diacid-based crosslinking of collagen triple helices [J]. Polymer, 2015, 77: 102-112.

[4] BULMAN S E L, TRONCI G, GOSWAMI P, et al. Antibacterial properties of nonwoven wound dressings coated with Manuka honey or methylglyoxal [J]. Materials, 2017, 10: 954.

[5] BURCK J, HEISSLER S, GECKLE U, et al. Resemblance of electrospun collagen nanofibers to their native structure [J]. Langmuir, 2013, 29: 1562-1572.

[6] CAMPOCCIA D, DOHERTY P, RADICE M, et al. Semisynthetic resorbable materials from hyaluronan esterification [J]. Biomaterials, 1998, 19: 2101-2127.

[7] CAVES J M, KUMAR V A, WEN J, et al. Fibrillogenesis in continuously spun synthetic collagen fiber [J]. J Biomed Mater Res B Appl Biomater, 2010, 93B: 24-38.

[8] CHATTOPADHYAY S, RAINES R T. Collagen-based biomaterials for wound healing [J]. Biopolymers, 2014, 101: 821-833.

[9] CHAKRAVARTHY D, FORD A J. Wound dressing containing polysaccharide and collagen: US, US14/031, 716, [P]. 2015.

[10] CHEN J P, LEE W L. Collagen-grafted temperature-responsive nonwoven fabric for wound dressing [J]. Appl Surf Sci, 2008, 255: 412-415.

[11] COELHO R C G, MARQUES A L P, OLIVEIRA S M, et al. Extraction and characterization of collagen from antarctic and sub-antarctic squid and its potential application in hybrid scaffolds for tissue engineering [J]. Mater Sci Eng, 2017, C78: 787-795.

[12] CULLEN B, WATT P W, LUNDQVIST C, et al. The role of oxidized regenerated cellulose/collagen in chronic wound repair and its potential mechanism of action [J]. Int J Biochem Cell Biol, 2002, 34: 1544-1556.

[13] DHAND C, BARATHI V A, ONG S T, et al. Latent oxidative polymerization of catecholamines as potential cross-linkers for biocompatible and multifunctional biopolymer scaffolds [J]. ACS Appl Mater Interfaces, 2016, 8: 32266-32281.

[14] DITIZIO V, DICOSMO F, XIAO Y. Non-adhesive elastic gelatin matrices [P]. US Patent, 8, 628, 800 B2, 2014.

[15] ELGHARABLY H, ROY S, KHANNA S, et al. A modified collagen gel enhances healing outcome in a preclinical swine model of excisional wounds [J]. Wound Repair Regen, 2013, 21: 473-481.

[16] EMING S A, KRIEG T, DAVIDSON J M. Inflammation in wound repair: molecular and cellular mechanisms [J]. J Investig Dermatol, 2007, 27: 514-525.

[17] FRANCESKO A, SOARES DA COSTA D, REIS R L, et al. Functional biopolymer-based matrices for modulation of chronic wound enzyme activities [J]. Acta Biomater, 2013, 9: 5216-5225.

[18] FURLAN D, BONFANTI G, SCAPPATICCI G. Non-porous collagen sheet for therapeutic use, and the method and apparatus for preparing it: US, 5785983 [P]. 1993.

[19] GOVINDARAJAN D, DURAIPANDY N, SRIVATSAN K V, et al. Fabrication of hybrid collagen aerogels reinforced with wheat grass bioactives as instructive scaffolds for collagen turnover and angiogenesis for wound healing applications [J]. ACS Appl Mater Interfaces, 2017, 9: 16939-16950.

[20] KANG H W, TABATA Y, IKADA Y. Fabrication of porous gelatin scaffolds for tissue engineering [J]. Biomaterials, 1999, 20: 1339-1344.

[21] KARR J C, TADDEI A R, PICCHIETTI S, et al. A morphological and biochemical analysis comparative study of the collagen products biopad, promogram, puracol, and colactive [J]. Adv Skin Wound Care, 2011, 24: 208-216.

[22] KIM E J, CHOI J S, KIM J S, et al. Injectable and thermosensitive soluble extracellular matrix and methylcellulose hydrogels for stem cell delivery in skin wounds [J]. Biomacromolecules, 2016, 17: 4-11.

[23] KO J H, YIN H Y, AN J, et al. Characterization of cross-linked gelatin nanofibers through electrospinning [J]. Macromol Res, 2010, 18: 137-143.

[24] KONDO S, KUROYANAGI Y. Development of a wound dressing composed of hyaluronic acid and collagen sponge with epidermal growth factor [J]. J Biomater Sci, 2012, 23: 629-643.

[25] LI Q, NIU Y, DIAO H, et al. In situ sequestration of endogenous PDGF-BB with an ECM-mimetic sponge for accelerated wound healing [J]. Biomaterials, 2017, 148: 54-68.

[26] LYNN A K, YANNAS I V, BONFIELD W. Antigenicity and immunogenicity of collagen [J]. J Biomed Mater Res B Appl Biomater, 2004, 71B: 343-354.

[27] MAJUMDAR S, GUO Q, GARZA-MADRID M, et al. Influence of collagen source on fibrillar architecture and properties of vitrified collagen membranes [J]. J Biomed Mater Res B Appl Biomater, 2016, 104B: 300-307.

[28] MOLAN P, RHODES T. Honey: a biologic wound dressing [J]. Wounds, 2015, 27: 141-151.

[29] MOTZKAU M, TAUTENHAHN J, LEHNERT H, et al. Expression of matrix-metallo-proteases in the fluid of chronic diabetic foot wounds treated with a protease absorbent dressing [J]. Exp Clin Endocrinol Diabetes, 2011, 119: 286-290.

[30] MUTHUKUMAR T, SENTHIL R, SASTRY T P. Synthesis and characterization of biosheet impregnated with Macrotyloma uniflorum extract for burn/wound dressings [J]. Coll Surf B Biointerfaces, 2013, 102: 694-699.

[31] MUTHUKUMAR T, ANBARASU K, PRAKASH D, et al. Effect of growth factors and pro-inflammatory cytokines by the collagen biocomposite dressing material containing macrotyloma uniflorum plant extract-in vivo wound healing [J]. Coll Surf B Biointerfaces, 2014, 121: 178-188.

[32] NAKAGAWA Y, MURAI T, HASEGAWA C, et al. Endotoxin contamination in wound dressings made of natural biomaterials [J]. J Biomed Mater Res B Appl Biomater, 2003, 66B: 347-355.

[33] NATARAJAN V, KRITHICA N, MADHAN B, et al. Preparation and properties of tannic acid cross-linked collagen scaffold and its application in wound healing [J]. J Biomed Mater Res B Appl Biomater, 2013, 101B: 560-567.

[34] NEELE A A, BOZEC L, KNOWLES J C, et al. Collagen-emerging collagen based therapies hit the patient [J]. Adv Drug Deliv Rev, 2013, 65: 429-456.

[35] NINAN N, FORGET A, SHASTRI V P, et al. Antibacterial and anti-inflammatory pH-responsive tannic acid-carboxylated agarose composite hydrogels for wound healing [J]. ACS Appl Mater Interfaces, 2016, 8: 28511-28521.

[36] OLDE DAMINK L H H, DIJKSTRA P J, VAN LUYN J A, et al. Glutaraldehyde as a crosslinking agent for collagen-based biomaterials [J]. J Mater Sci Mater Med, 1995, 69: 460-472.

[37] OLDE DAMINK L H H, DIJKSTRA P J, VAN LUYN M J, et al. Cross-linking of dermal sheep collagen using a water-soluble carbodiimide [J]. Biomaterials, 1996, 17: 765-773.

[38] PARAMONOV S E, GAUBA V, HARTGERINK J D. Synthesis of collagen-like peptide polymers by native chemical ligation [J]. Macromolecules, 2005, 38: 7555-7561.

[39] PARENTEAU-BAREIL R, GAUVIN R, CLICHE S, et al. Comparative study of bovine, porcine and avian collagens for the production of a tissue engineered dermis [J]. Acta Biomater, 2011, 7: 3757-3765.

[40] PENG Y Y, GLATTAUER V, RAMSHAW J A M, et al. Evaluation of the immune-genicity and cell compatibility of avian collagen for biomedical applications [J]. J Biomed Mater Res, 2010, 93A: 1235-1244.

[41] QIAO X, RUSSELL S J, YANG X, et al. Compositional and in vitro evaluation of nonwoven type I collagen/poly-dl-lactic acid scaffolds for bone regeneration [J]. J Funct Biomater, 2015, 6: 667-686.

[42] QIU J, LI J, WANG G, et al. In vitro investigation on the biodegradability and biocompatibility of genipin cross-linked porcine acellular dermal matrix with intrinsic fluorescence [J]. ACS Appl Mater Interfaces, 2013, 5: 344-350.

[43] SAN ANTONIO J D, ZOELLER J J, HABURSKY K, et al. A key role for the integrin α2β1 in experimental and developmental angiogenesis [J]. Am J Pathol, 2009, 175: 1338-1347.

[44] SIEGEL R C. Collagen crosslinking [J]. J Biol Chem, 1976, 251: 5786-5792.

[45] SINGARAVELU S, RAMANATHAN G, MUTHUKUMAR T, et al. Durable keratin-based bilayered electrospun mats for wound closure [J]. J Mater

Chem, 2016, B4: 3982-3997.

[46] SRIVASTAVA S, GORHAM S D, FRENCH D A, et al. In vivo evaluation and comparison of collagen, acetylated collagen and collagen glycosaminoglycan composite films and sponges as candidate biomaterials [J]. Biomaterials, 1990, 11: 155-161.

[47] STOUT E I, SEN C. Composition and methods for treating ischemic wounds and inflammatory conditions: International Patent Application, WO2016109722 A1, [P]. 2016.

[48] TRONCI G. The application of collagen in advanced wound dressings. In RAJENDRAN S, Ed: Advanced Textiles for Wound Care 2nd Edition [M]. Cambridge: Woodhead Publishing, 2019.

[49] TRONCI G, NEFFE A T, PIERCE B F, et al. An entropy-elastic gelatin-based hydrogel system [J]. J Mater Chem, 2010, 20: 8875-8884.

[50] TRONCI G, RUSSELL S J, WOOD D J. Photoactive collagen systems with controlled triple helix architecture [J]. J Mater Chem, 2013, B1: 3705-3715.

[51] TRONCI G, RUSSELL S J, WOOD D J. Improvements in and relating to collagen based materials: US, 14, 778, 656, [P]. 2016.

[52] WAHAB N, ROMAN M, CHAKRAVARTHY D, et al. The use of a pure native collagen dressing for wound bed preparation prior to use of a living Bi-layered skin substitute [J]. J Am Coll Clin Wound Spec, 2015, 6: 2-8.

[53] WANG C C, WU W Y, CHEN C C. Antibacterial and swelling properties of N-isopropyl acrylamide grafted and collagen/chitosan-immobilized polypropylene nonwoven fabrics [J]. J Biomed Mater Res B Appl Biomater, 2011, 96B: 16-24.

[54] WATT P W, HARVEY W, WISEMAN D, et al. Wound dressing materials comprising collagen and oxidized cellulose: EP, 1325754B1, [P]. 2003.

[55] YAARI A, SCHILT Y, TAMBURU C, et al. Wet spinning and drawing of human recombinant collagen [J]. ACS Biomater Sci Eng, 2016, 2: 349-360.

[56] YU A, NIIYAMA H, KONDO S, et al. Wound dressing composed of hyaluronic acid and collagen containing EGF or bFGF: comparative culture study [J]. J Biomater Sci Polym Ed, 2013, 24: 1015-1026.

[57] ZEUGOLIS D I, PAUL R G, ATTENBURROW G. Post-self-assembly experimentation on extruded collagen fibers for tissue engineering applications

[J]. Acta Biomater, 2008, 4: 1646-1656.

[58] ZHANG Y Z, VENUGOPAL J, HUANG Z M, et al. Crosslinking of the electrospun gelatin nanofibers [J]. Polymer, 2006, 47: 2911-2917.

[59] ZHANG M, LIN H, WANG Y, et al. Fabrication and durable antibacterial properties of 3D porous wet electrospun RCSC/PCL nanofibrous scaffold with silver nanoparticles [J]. Appl Surf Sci, 2017, 414: 52-62.

[60] ZHOU T, WANG N, XUE Y, et al. Electrospun tilapia collagen nanofibers accelerating wound healing via inducing keratinocytes proliferation and differentiation [J]. Coll Surf B Biointerfaces, 2016, 143: 415-422.

[61] 冯晓亮，宣晓君. 水解胶原蛋白的研制及应用 [J]. 浙江化工，2001，52（1）：55-54.

[62] 管华诗，韩玉谦，冯晓梅. 海洋活性多肽的研究进展 [J]. 中国海洋大学学报，2004，54（5）：761-766.

[63] 刘宏业，郭书萍，白莉. 医用重组人源胶原蛋白功能敷料对二氧化碳激光术后创面修复的临床观察 [J]. 中国药物与临床，2015，15（10）：1458-1460.

[64] 吴钢. 水产动物源胶原蛋白在医用敷料方向应用的研究进展 [J]. 渔业研究，2021，43（4）：436-442.

[65] 王娟娟，刘勋，周学. 胶原蛋白的研究进展及其应用 [J]. 中国皮革，2022，51（7）：1-7.

[66] 孙亚茹，蒋慧兰，江燕，等. 胶原基医用敷料的生物学性能及应用现状 [J]. 中国医药工业杂志，2022，53（5）：658-664.

第 9 章　活性炭纤维与医用敷料

9.1　活性炭

活性炭是含碳材料制成的外观黑色、内部孔隙结构发达、比表面积大、吸附能力强的微晶质碳素材料。按原料来源活性炭可分为木质活性炭、兽骨/血活性炭、矿物原料活性炭、合成树脂活性炭、橡胶/塑料活性炭、再生活性炭等。按外观形态可分为粉状、颗粒状、不规则颗粒状、圆柱形、球形、纤维状活性炭等。

活性炭的应用极其广泛，其用途涉及国民经济的各个部门和人们日常生活，如水质和空气净化、黄金提取、糖液脱色、药品针剂提炼、血液净化、人体安全防护等。基于其高度发达的孔隙构造，活性炭的比表面积大，具有优良的吸附性能，可用于净化处理含有苯、甲苯、二甲苯等以及酚类、酯类、醇类、醛类等物质、恶臭味气体、微量重金属离子的各类液体和气体（曾汉民，1994）。

9.2　活性炭纤维的制备方法

活性炭纤维（activated carbon fiber，ACF）是指碳纤维或可碳化纤维经过物理活化、化学活化或两者兼有的活化反应后制得的具有丰富和发达孔隙结构的功能型碳纤维，可用作吸附材料、催化剂载体、电极材料等。

活性炭纤维有别于作为增强体的碳纤维，其力学性能并不高，不能用作结构材料。但是由于活性炭纤维比一般活性炭具有更为优越的孔隙结构和形态，其在环境、化工等领域应用广泛。

工业上普通活性炭纤维以沥青碳纤维为原料，采用水蒸气活化，制得产品的比表面积为 1200~1500m^2/g。这类制品可替代常用的活性炭，用于水质净化、有机溶剂回收等领域，也可用于双层电容器的电极材料。在一些特殊的加工条件下可以制备比表面积为 3000～4000m^2/g 的超级活性炭纤维（岳中仁，1995；沈曾民，2000；张引枝，1998）。

活性炭纤维也可以进行功能化改性处理。采用沥青碳纤维为原料，通过活化和功能化处理可以开发具有抗菌性能的活性炭纤维。这种纤维既可以吸收细菌产生的臭味，也可以杀死细菌。负载银的活性炭纤维对大肠杆菌和金黄色葡萄球菌的杀菌率达 99%以上。

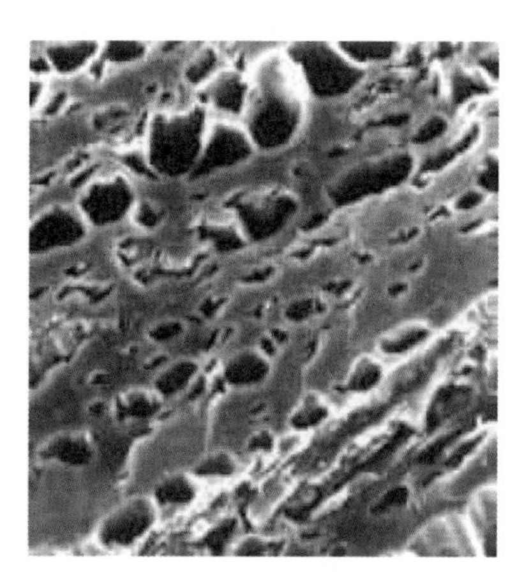

图 9-1　活性炭纤维的多孔结构

图 9-1 显示分布在活性炭纤维内部的多孔结构，这些微孔的直径可以通过控制加工工艺进行控制。一般来说，微孔活性炭纤维对小分子气体物质有良好的吸附特性，当吸附质为聚合物、染料分子等大分子物质时，中孔 ACF 表现出更大的优越性。

医用活性炭纤维一般以黏胶纤维为原料，将其用 $NiSO_4$、$(NH_4)_2HPO_4$ 等溶液浸泡后取出晾干，在 N_2 保护下加热炭化后制成（欧阳洁瑜，2003）。表 9-1 显示在不同活化温度和活化时间下得到活性炭纤维的产率。

表 9-1　以黏胶纤维为原料在不同条件下制备活性炭纤维的产率

$NiSO_4$ 浓度/（mol/L）	活化温度/℃	活化时间/min	得率/%
0.01	650	20	16.9
	750	40	20.7
0.05	650	60	28.2
	850	60	25.0
0.1	750	40	30.2
	850	20	27.5

图 9-2 显示在两种不同活化温度下制备的剑麻基活性炭纤维的氮（77K）吸附等温线。在低相对压力（p/p_0）下，吸附量随相对压力的增加而急剧上升，随后增速放缓，并出现吸附平台，显示这种活性炭纤维以微孔为主的孔结构特征。两种样品的吸附等温线的形状有所不同，主要原因是样品的孔径分布不同，其中 700℃下制得的样品很快达到吸附平衡，870℃下制得的样品的等温线呈Ⅱ型吸附

等温特征，表明含有一定量的中孔，即该样品的中孔含量比前一种样品丰富。

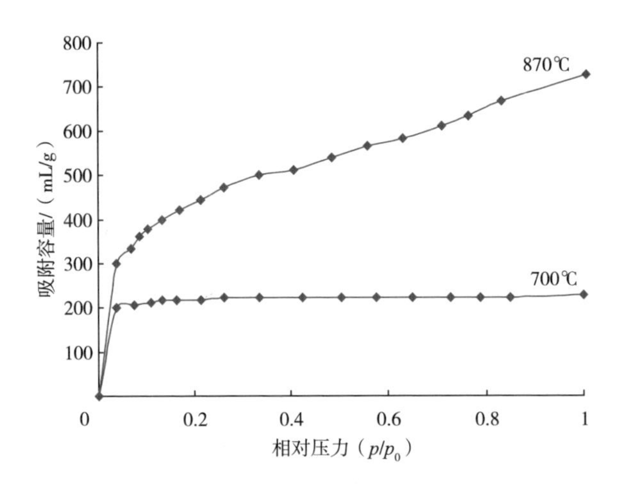

图 9-2　活化温度为 700℃和 870℃时制备的两种剑麻基活性炭纤维的 77K 氮吸附等温线

从以上数据可以看出，碳化时采用低温条件可以得到孔径较小的微孔活性炭纤维，活化温度较高时可能得到一定中孔含量的活性炭纤维。活性炭纤维的比表面积随活化温度升高而不断增大。由于碳纤维与水蒸气的作用是吸热反应，高温可以提高碳的氧化反应转化率、加快反应速度，使纤维的比表面积增大。活化温度较低时，得到活性炭的比表面积较小，孔径也相对较小。

9.3　活性炭医用敷料

由于皮肤组织腐烂、细菌感染等原因，所有伤口在不同程度上会产生一定的臭味。长期以来，伤口产生的臭味对患者和护理人员造成很大不便，一些患者由于伤口上的恶臭很难进行正常的工作和生活。大多数情况下，临床上臭味的产生是伤口受感染造成的，因此解决伤口产生臭味的一个主要方法是控制伤口上的细菌、抑制细菌繁殖，从源头消除臭味。

臭味较严重的伤口包括下肢溃疡伤口和肿瘤切除后的伤口。这些伤口上的臭味是由于厌氧细菌产生的一些高挥发性低分子量有机酸，如 *n*-丁酸、*n*-戊酸、*n*-己酸、*n*-辛酸等（MOSS，1974）。同时，在蛋白水解细菌的作用下，伤口上也产生一些胺和二胺类化合物，如 1，5-戊二胺和 1，4-丁二胺。从恶臭伤口上分离出来的厌氧细菌包括类杆菌和梭状芽孢杆菌属以及一些好氧细菌，如变形杆菌、克雷白杆菌和假单胞菌属。有研究证明，伤口产生臭味的性质与伤口上存在的细菌的种类密切相关（PARRY，1995）。

如前所示，控制伤口上臭味的最有效方法是阻止或消除伤口的感染，通过这个方法可以消除臭味的来源。细菌感染可以通过许多方法控制，如给患者进行抗生素处理。但是由于伤口上渗出液及坏死组织的存在，给患者注射抗生素很难在伤口上达到有效浓度。临床上使用的局部消毒材料的作用往往有限，而且很多对伤口愈合有不良影响（BRENNAN，1985；BRENNAN，1986）。对一些产生臭味的伤口，含 0.8%（质量体积分数）甲硝唑的药膏可用于抑制伤口上的细菌、控制伤口产生的臭味。尽管甲硝唑药是针对厌氧细菌的，有研究证明其对许多细菌都有效（THOMAS，1991）。

在不能阻止臭味产生的情况下，另一个控制伤口上臭味的有效办法是用吸附材料把臭味吸收。1976 年，Butcher 等（BUTCHER，1976）报道了用活性炭织物护理伤口的方法，他们把活性炭织物结合到手术纱布中，并且在复合纱布的上面覆盖一层防水面料。这样的敷料覆盖在有恶臭的伤口上时，臭味几乎完全被敷料中的活性炭吸收。

图 9-3 显示活性炭织物的表面结构。在制备活性炭医用敷料的过程中，可以通过将黏胶纤维织物进行碳化后直接制得活性炭织物。覆盖在伤口上时，活性炭的多孔结构能把小分子量分子吸入孔状结构中，通过静电作用固定化。伤口产生的臭味尽管很难闻，其涉及的有机分子数量有限，在敷料中加入少量活性炭即可在长时间内起到除臭作用。

图 9-3　活性炭织物的表面结构

1976 年后，世界各地开发出了多种含活性炭的医用敷料。Johnson & Johnson

公司生产的以 Actisorb 为品牌的敷料是第一个采用活性炭技术的产品。研究表明，当 Actisorb 活性炭医用敷料与含细菌的溶液接触并在一起振荡后，溶液中的细菌被牢牢吸附到敷料表面。在后续开发的产品中，Johnson & Johnson 公司在活性炭中加入 0.15%银，使吸附到敷料表面的细菌被银杀死，从而彻底消除伤口上臭味的来源。

由于产生臭味的伤口一般也产生大量渗出液，其他一些含活性炭医用敷料在护理渗出液方面做了改进。这些产品与具有高吸湿性的非织造布材料相结合，起到既吸收伤口上的臭味，又吸收渗出液的作用。

9.4 典型的活性炭医用敷料

Johnson & Johnson 公司的 Actisorb Silver 220 是一种广泛应用的含银活性炭医用敷料，由含银活性炭织物与熔喷法制成的聚酰胺纤维非织造布结合制成，其中活性炭织物由黏胶纤维织物碳化制成，含碳量为 95%~98%。如图 9-4 所示，活性炭织物被包在聚酰胺非织造布中间，四周在热压后形成一个类似口袋的结构把活性炭织物包住，避免颗粒和松散的纤维进入伤口（MULLIGAN，1986）。与伤口接触时，活性炭把渗出液中的毒素、有机酸、有机胺等吸入其微孔结构，渗出液中的细菌也被吸附到活性炭表面并且被银离子杀死。

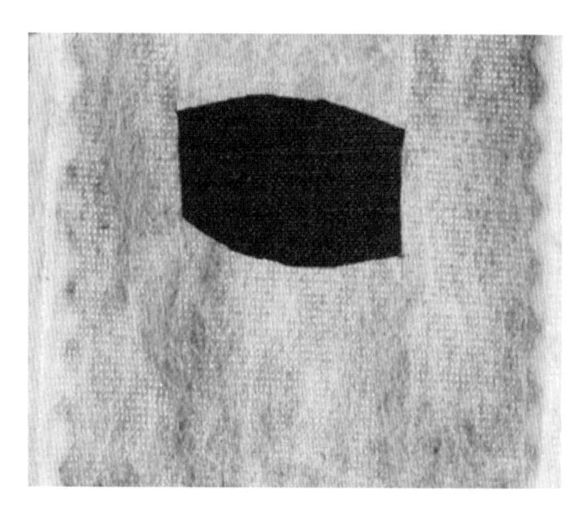

图 9-4　Johnson & Johnson 公司生产的 Actisorb Plus 产品

ConvaTec 公司生产的 CarboFlex 品牌的产品由多层材料复合后制成，如图 9-5 所示，其创面接触层是海藻酸盐纤维和羧甲基纤维素纤维混合后加工制成的非织造布，这层非织造布后面是一层多孔塑料膜，其作用是使液体只能在一个方向上流动。塑料膜的后面是一层活性炭织物和一层起吸湿作用的非织造布，敷料的最外层是一层多孔塑料膜。CarboFlex 可以直接使用在创面上，用胶带或绷带固定（WILLIAMS，2001）。

Smith & Nephew 公司生产的 Carbonet 品牌的产品（图 9-6）同样由多种材料复合制成，其创面接触层是黏胶长丝纤维的针织物，起到降低黏性作用。这层材料的后面是一层高吸湿非织造布，再后面是一层被夹在聚乙烯网之间的活性炭织物，最外层是聚酯纤维加工成的非织造布。Carbonet 与 CarboFlex 一样，也可以直接使用在创面上，用胶带或绷带固定。

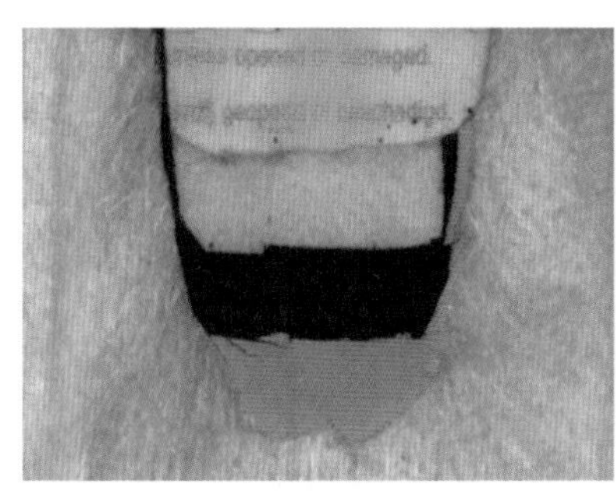

图 9-5　ConvaTec 公司生产的 CarboFlex 产品

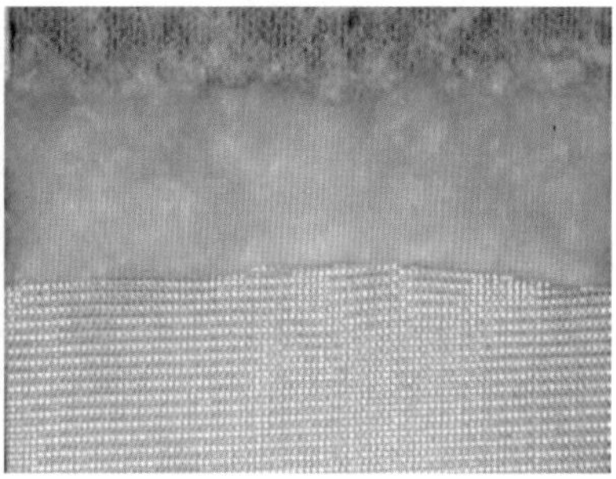

图 9-6　Smith & Nephew 公司生产的 Carbonet 产品

Seton Healthcare 公司生产的 Lyofoam C 品牌的产品结合了活性炭的除臭性能和聚氨酯泡绵的高吸湿性。如图 9-7 所示，该产品在两层聚氨酯泡绵中间夹一片活性炭织物。Lyofoam C 可以直接使用在创面上，用胶带或绷带固定。

9.5　活性炭医用敷料的性能

活性炭医用敷料的主要性能是对发臭有机分子的吸附作用，其吸附作用的来源是活性炭的多孔结构。活性炭纤维的多孔结构可以用微孔分析仪定量测定。以高纯氮气为吸附质，在液氮温度（77K）下可以测定不同压力下 N_2 的吸附体积。测试的相对压力（p/p_0）范围为 10^{-6}~0.995。测试前，活性炭纤维样品在 300℃ 下进行充分脱气处理。活性炭纤维的总孔体积以 $p/p_0=0.95$ 时的吸附量换算成液

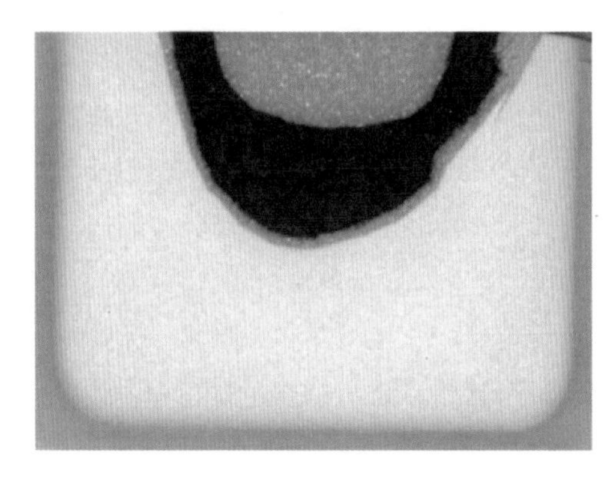

图 9-7　Seton Healthcare 公司生产的 Lyofoam C 产品示意图

氮体积求算。

活性炭纤维的吸附性能也可以用亚甲基蓝的静态吸附实验来测定。亚甲基蓝的分子式为 $C_{16}H_{18}N_3SCl \cdot 3H_2O$，相对分子量 373.9，几何尺寸 1.44nm×0.60nm×0.18nm，与常见发臭有机分子基本相同。实验时配制 500mg/L 的亚甲基蓝溶液，以该溶液体积：活性炭纤维质量 = 50mL：50mg 的比例进行吸附实验。吸附 24h 后测定溶液的吸光度变化，计算出活性炭纤维的吸附量。

表 9-2 显示几种不同的活性炭纤维对亚甲基蓝的吸附量，其中剑麻基活性炭纤维的吸附量最大。在原料相同的情况下，活化温度越高、活化时间越长，产品的吸附量越大，说明高温下适当延长活化时间有利于中孔活性炭纤维的形成。

表 9-2　活性炭纤维对亚甲基蓝的吸附量

原料	活化温度/℃	活化时间/min	吸附量/（mg/g）
剑麻基纤维	850	50	136.1
离子交换树脂	750	50	70.8
	850	50	85.3
黏胶纤维	850	25	83.4
	850	50	90.8

为了测定不同活性炭医用敷料的除臭性能，Thomas 等（THOMAS，1998）设计了一个模拟伤口，采用含 2%二乙基胺的溶液作为带臭味的模拟伤口渗出液，以 30mL/h 的速度打入覆盖了敷料的测试装置后，用气相色谱测定环境中二乙基胺的浓度。产品的吸臭性能以二乙基胺浓度达到 15mg/kg 所需的伤口渗出液为指标。图 9-8 显示几种不同产品的吸臭性能。

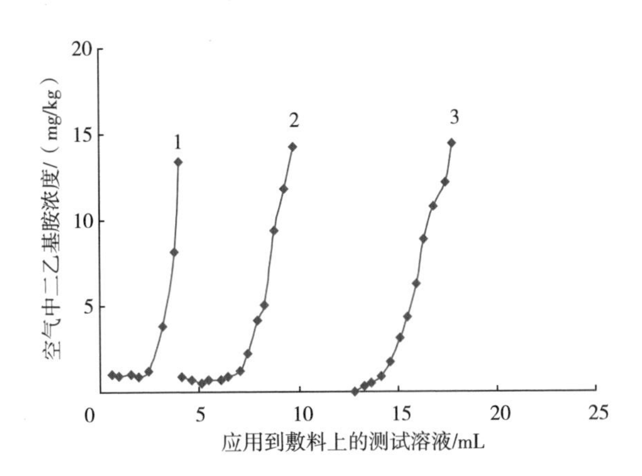

图9-8　二乙基胺浓度随模拟伤口渗出液用量的变化

1—不含活性炭的高吸湿敷料　2—含银活性炭敷料　3—含活性炭的高吸湿敷料

测试过程中记录下二乙基胺浓度达到15mg/kg所需的时间后，根据泵的流速可以计算出这个过程中消耗的模拟伤口渗出液量。这个数据对预测临床中每个敷料的使用周期有实际意义（THOMAS，1996）。

应该指出的是，以上试验中不含活性炭的高吸湿材料也具有一定的延缓臭味进入环境的能力，但是与更薄的吸湿性更差的含活性炭产品相比，其除臭能力小很多。这说明医用敷料的除臭性能取决于两个因素，即物理吸附性能和活性炭的化学吸附作用。如果产品有一定厚度并且含有活性炭，其除臭性能是最好的。

9.6　活性炭医用敷料的临床应用

临床上活性炭医用敷料可用于护理各种类型的慢性伤口，特别是带有恶臭的和感染的伤口。一般来说，渗出液多的伤口往往带有难闻的臭味，因此结合了高吸湿材料的活性炭敷料也适用于这类伤口。

活性炭医用敷料可用作直接接触伤口的敷料，用胶带或绷带固定在伤口上。也可用作间接接触伤口的材料，主要起吸收伤口散发出的臭味的作用。

Holloway等（HOLLOWAY，2002）在46位带恶臭伤口的病人上使用了活性炭敷料。结果表明，91%的患者认为活性炭敷料可以控制伤口产生的臭味，82%的患者认为该敷料可以控制伤口产生的渗出液，86%的患者认为他们的舒适性在使用活性炭敷料后得到改善。

Verdu Soriano等（VERDU SORIANO，2004）研究了含银活性炭敷料的抗菌

作用。结果表明，使用含银活性炭敷料后，85.1%的病人伤口上的细菌感染得到有效控制，而在对照组中，只有62.1%的伤口的细菌污染有所下降，说明含银活性炭敷料有很好的抗菌作用。对一些带真菌的溃烂伤口，活性炭敷料可帮助患者消除伤口上产生的恶臭（DRAPER，2005）。

9.7 小结

活性炭是一种具有多孔结构的功能材料，对伤口产生的臭味有良好的吸附性能。含活性炭的医用敷料可以有效吸收伤口产生的臭味，适用于护理由于感染或伤口溃烂而带有臭味的伤口。

参考文献

[1] BRENNAN S S，LEAPER D J. The effect of antiseptics on the healing wound：a study using the rabbit ear chamber [J]. Br J Surg，1985，72：780-782.

[2] BRENNAN S S，FOSTER M E，LEAPER D J. Antiseptic toxicity in wounds healing by secondary intention [J]. J Hosp Infect，1986，8：263-267.

[3] BUTCHER G，BUTCHER J A，MAGGS F A P. The treatment of malodorous wounds [J]. Nursing Mirror，1976，142：76.

[4] DRAPER C. The management of malodour and exudate in fungating wounds [J]. Br J Nurs，2005，14（11）：S4-S12.

[5] HOLLOWAY S，BALE S，HARDING K，et al. Evaluating the effectiveness of a dressing for use in malodorous，exuding wounds [J]. Ostomy Wound Manage，2002，48（5）：22-28.

[6] MOSS C W，DEES S B，GUERRANT G O. Gas chromatography of bacterial fatty acids with a fused silica capillary column [J]. J Clin Microbiol，1974，28：80-85.

[7] MULLIGAN C M，BRAGG A J D，O' TOOLE O B. A controlled comparative trial of Actisorb activated charcoal cloth dressings in the community [J]. British Journal of Clinical Practice，1986，9（1）：145-148.

[8] PARRY A D，CHADWICK P R，SIMON D，et al. Leg ulcer odour detection identifies beta-haemolytic streptoccal infection [J]. Journal of Wound Care，

1995, 4: 404-405.

[9] THOMAS S, HAY N P. The antimicrobial properties of two metronidazole medicated dressings used to treat malodorous wounds [J]. Pharm J, 1991, 246: 264-266.

[10] THOMAS S, FEAR M, HUMPHREYS J, et al. The effect of dressings on the production of exudate from venous leg ulcers [J]. Wounds, 1996, 8 (5): 145-149.

[11] THOMAS S, FISHER B, FRAM P J, et al. Odour-absorbing dressings [J]. J Wound Care, 1998, 7 (5): 246-250.

[12] VERDU SORIANO J, RUEDA LOPEZ J, MARTINEZ CUERVO F, et al. Effects of an activated charcoal silver dressing on chronic wounds with no clinical signs of infection [J]. J Wound Care, 2004, 13 (10): 421-423.

[13] WILLIAMS C. Role of CarboFlex in the nursing management of wound odour [J]. Br J Nurs, 2001, 10 (2): 122-125.

[14] 欧阳洁瑜，陈水挟. 中孔活性炭纤维的制备及其在医药方面的应用 [Z]. 中山大学化学与化工学院第四届创新化学实验与研究基金项目，2003: 92-97.

[15] 曾汉民. 环境意识材料: 功能纤维材料及其在分离、纯化、环保的应用 [J]. 材料科学与工程，1994，12 (4): 1-10.

[16] 岳中仁，陆耘，曾汉民. 活性炭纤维的碳化-活化机理 [J]. 合成纤维工业，1995，18 (4): 31-36.

[17] 沈曾民，张学军. 沥青氧化纤维制备活性炭纤维过程中孔隙结构的变化 [J]. 北京化工大学学报，2000，27 (1): 29-32.

[18] 张引枝，贺福，王茂章，等. 含碳黑 PAN 纤维制备活性炭纤维过程中中孔的形成 [J]. 新型炭材料，1998，13 (1): 19-27.

[19] 沈香君，吴兴婷. 医用活性炭功能敷料治疗浅Ⅱ°烧伤创面的疗效观察 [J]. 哈尔滨医药，2014，34 (6): 380.

[20] 赵世怀，杨紫博，赵晓明，等. 活性炭纤维在防护领域的应用进展 [J]. 化工新型材料，2019，47 (2): 15-17.

[21] 曹昊，唐悦，唐艳萍，等. 碱化椰壳活性炭对水中氨氮的吸附性能研究 [J]. 江西科学，2022，40 (4): 670-673.

[22] 张崇军. 不同组合工艺制备活性炭的对比 [J]. 现代工业经济和信息化，2022，12 (7): 80-81.

第 10 章　聚氨酯与医用敷料

10.1　聚氨酯

聚氨酯是多元醇与多异氰酸酯反应后生成的聚氨基甲酸酯，简称聚氨酯，其中涉及的化学反应如下：

$$n\mathrm{OCN{-}R{-}NCO}+n\mathrm{HO{-}R_1{-}OH} \longrightarrow [\mathrm{CONH{-}R{-}NHCO{-}OR_1{-}O}]_n$$

多异氰酸酯也可以与多胺加成后生成脲，还可以发生自聚，或与水反应后放出二氧化碳，生成脲。从化学的角度看，以脲为结合基的多聚体应该归入聚脲（polyurea）。但是习惯上，凡以异氰酸酯为原料合成的高聚物称为聚氨酯（polyurethane）（李绍雄，2002）。根据结构和性能的不同，聚氨酯类高分子有热塑性聚氨酯（或称溶剂型、热融型）、热固性聚氨酯（或称自交联型）、水性聚氨酯、水性自交联型聚氨酯等。

1937 年，德国 Otto Bayer 教授首先发现多异氰酸酯与多元醇化合物之间发生加聚反应后可以制备聚氨酯，并开始工业化应用。英国、美国等在 1945～1947 年从德国获得聚氨酯树脂的制造技术，并于 1950 年相继开始工业化生产。日本在 1955 年从德国 Bayer 公司及美国 DuPont 公司引进聚氨酯工业化生产技术。我国的聚氨酯工业在 20 世纪 50 年代末开始起步。

聚氨酯是一种有广泛应用的高分子材料。2018 年我国聚氨酯制品的产量达到 1130 万吨，其中软泡、硬泡制品总量达到 440 万吨，树脂及其他行业的制品产量为 690 万吨，其应用领域包括涂料、浆料、胶黏剂、弹性体、鞋底原液、氨纶等。

聚氨酯具有优异的耐磨性、柔韧性、耐化学品等特性，且手感丰满、滑爽，特别适用于涂料。早在 20 世纪 50 年代，PU 涂层织物就出现在市场上。1964 年，美国杜邦公司开发出了一种用作鞋帮的 PU 合成革。经过几十年来的不断研究开发，PU 合成革无论在产品质量、品种还是产量上都得到快速增长，其性能越来越接近天然皮革，一些性能甚至超过天然皮革，达到与天然皮革真假难分的程度，在日常生活中占据十分重要的地位（朱吕民，2002）。

聚氨酯有优良的屈挠疲劳寿命和力学性能以及优良的血液相容性和生理惰性，是一种性能优良的医用材料。1967 年，美国 Ethicon 公司发明了医用聚醚型聚氨酯弹性体，同年 Arco 公司推出聚醚型聚氨酯和聚二甲基硅氧烷的嵌段共聚物 Arcothane 51。这两种聚氨酯产品均在抗凝血要求很高的人工心脏血泵和隔膜、辅助心脏、人造血管、医疗器械涂层等方面得到应用。

近年来，新型医用聚氨酯热塑性弹性体以其优良的生物相容性、可黏合性和抗血栓性以及优异的力学性能，在生物医用材料中扮演极为重要的角色。医用聚氨酯热塑性弹性体已应用于一系列医用制品，包括人工心脏瓣膜、人工肺、医用黏合剂、介入治疗导管、计划生育用品、人造皮肤、伤口敷料等。

10.2　聚氨酯的制备方法

聚氨酯分子由软段和硬段组成，其中软段是长链多元醇，硬段由异氰酸酯和扩链剂构成。生产过程中，异氰酸酯和多元醇反应后生成预聚体，然后与扩链剂反应后得到聚氨酯。有时使用“一步法”合成聚氨酯以降低成本、加快反应速度，其中“一步法”工艺将多元醇、异氰酸酯和扩链剂混合后一步反应生成聚氨酯。

10.2.1　聚氨酯生产过程涉及的原料和中间体

10.2.1.1　低聚物

低聚物是聚酯或聚醚化合物，分子量为 600~6000（一般是 1000~4000）。低聚物是二官能团的，分子两端或者全部是羟基、氨基，或者一端是羟基，另一端是氨基。

10.2.1.2　异氰酸酯化合物

异氰酸酯化合物是具有两个或两个以上异氰酸酯基化合物，异氰酸酯基团与各类含活泼氢的基团发生加成或缩合反应。

10.2.1.3　预聚体

1 克当量低聚物与 2 克当量异氰酸酯化合物反应，生成两端都是异氰酸酯基团的化合物，称为预聚体。

10.2.1.4　扩链剂

扩链剂又称链延长剂，有两个或两个以上含活泼氢基团的化合物，包括羟基、氨基、水。预聚体在扩链剂的作用下，分子量成倍增长，得到分子量为10000~200000的聚氨酯。

10.2.1.5 封闭剂

乙醇、苯酚、亚硫酸氢钠等能与异氰酸酯基反应生成较稳定复合基团的化合物，前述封闭剂的解离温度依次为155℃、130℃和60℃。

10.2.1.6 亲水性扩链剂

除了2个或2个以上含活泼氢基团还兼有1~2个亲水性基团，例如二羟甲基丙酸、二羟基丁二酸（酒石酸）等含羧酸的扩链剂以及乙二胺基乙磺酸钠、2-磺酸钠丁二醇等含磺酸盐的扩链剂。

10.2.1.7 成盐剂

用氢氧化钠、氨水、三乙胺使羧基成盐，其中三乙胺成盐可得到最好的分散度和乳液稳定性。

10.2.2 聚氨酯生产中的“硬段”

在聚氨酯的生产过程中，异氰酸酯是最主要的原料。它是异氰酸HNCO的衍生物，其分子结构由烃基、芳基或其他取代基直接与—NCO基团中的氮原子相连后构成。最常用的二异氰酸酯为4，4′-二苯基甲烷二异氰酸酯（MDI）和甲苯二异氰酸酯（TDI）。

异氰酸酯官能团具有高度的反应活性，是接受H原子的亲核反应受体，其亲核反应通过官能团中C═N双键的亲核加成反应实现。芳香族异氰酸酯的反应活性比脂肪族高，这是由于芳香族异氰酸酯的取代基芳香环有共轭效应或吸电子效应，导致反应活性增强，而脂肪族取代基的斥电子效应使异氰酸酯官能团的反应活性降低。异氰酸酯的反应可以由Bronsted和Lewis酸或碱催化。

在一般反应条件下，不同活泼氢对异氰酸酯的反应活性不同。各种活泼氢原子在无催化剂的条件下与异氰酸酯的反应活性按照由高到低的次序依次是：脂肪胺>芳香胺>伯羟基>水>仲羟基>叔羟基>酚羟基>羧基和取代脲（R—NH—CO—NH—R′）N上的氢原子>酰胺N上的氢原子（R—CO—NH—R′）>氨基甲酸酯N上的氢原子。

异氰酸酯是聚氨酯生产过程中的主要原料，涉及以下化学反应：

（1）与羟基的反应。它是聚氨酯化学中常见的一种反应。

（2）与水的反应。该反应中异氰酸酯先与水结合生成伯胺，然后发生氨基与异氰酸酯的反应。根据这种机理可以开发湿气固化的聚氨酯产品。

（3）与氨基的反应。该反应与异氰酸酯和羟基的反应一样常见于聚氨酯的生产中。

（4）与氨基甲酸酯的反应。该反应是形成聚氨酯网状交联结构，导致反应体系官能度增加、产生交联，乃至凝胶的重要原因之一。

（5）与脲基的反应。该反应的意义与氨基甲酸酯的反应相似。

（6）异氰酸酯形成异氰脲酸酯的三聚反应。通过这种反应可以形成耐热性能比较好的异氰脲酸酯基团，可用于聚氨酯弹性体或热固性聚氨酯的改性。

（7）异氰酸酯形成脲二酮的二元自聚反应。该反应一般在二异氰酸酯的储存过程中作为副反应发生，导致异氰酸酯纯度下降、液体异氰酸酯中产生沉淀等，是需要采用低温等方法加以防范的不利反应。

（8）异氰酸酯形成碳二亚胺的二元自聚反应。该反应可用于 MDI 的液化和改性，生成的碳二亚胺基团不但可以抑制聚酯型热塑性聚氨酯的水解，还可以提高热稳定性等物理和化学性能。

（9）异氰酸酯与酚、酰胺、β-二羰基化合物、酮肟类化合物、咪唑、亚硫酸氢盐等的封闭反应。这类反应主要用于封闭型单组分聚氨酯涂料、黏合剂等的生产。

（10）异氰酸酯与羧酸、环氧化合物、酸酐等的反应。在这类反应中，异氰酸酯与酸酐的反应可以生成酰亚胺基团，用于聚酰亚胺高性能工程塑料的合成。与环氧化合物在一定条件下生成噁唑烷酮杂环的反应可用在环氧树脂或聚氨酯等大分子内引入热稳定性好、玻璃化温度和软化点高、力学性能好的基团，实现传统树脂的改性。

10.2.3　聚氨酯生产中的“软段”

在聚氨酯的生产过程中，含异氰酸酯的链段成为所谓的“硬段”，为产品提供强度和刚性，而“软段”一般由分子两端都有羟基的低聚物组成，通常称为多元醇，包括聚醚多元醇和聚酯多元醇两大类。

10.2.3.1　聚醚多元醇

聚醚多元醇是端羟基的均聚物，主链上的烃基由醚键连接。这类聚合物多元醇通常是某种分子结构简单的小分子起始剂（又称引发剂）和多元醇或环状醚反应的产物，其中多元醇包括乙二醇、丙二醇、甘油、季戊四醇、三羟甲基丙烷、蔗糖、山梨醇等。聚醚多元醇一般用于高质量的聚氨酯软泡、硬泡以及弹性体的生产。比较重要的聚醚多元醇有聚丁二醇醚多元醇（PBD）、聚四氢呋喃多元醇（PTMEG）、聚环氧丙烷多元醇（PPO）、聚环氧丁烷多元醇

(PBO) 等。

10.2.3.2 聚酯多元醇

聚酯多元醇主要有三种类型：

(1) 由多元羧酸和低分子量多元醇或其混合物通过脱水缩聚而成，通常用过量的二元醇，得到端基为羟基的聚酯多元醇。

(2) 聚 ε-己内酯多元醇，是由 ε-己内酯在起始剂（或引发剂）的存在下，通过开环聚合得到端羟基聚酯多元醇。

(3) 聚碳酸酯二元醇通常由 1，6-己二醇等低分子量多元醇和二苯基碳酸酯等二烷基碳酸酯，在惰性气氛中、加热和高真空脱小分子的条件下发生酯交换反应制得。

聚氨酯生产过程中使用的扩链剂是含羟基或伯/仲氨基的低分子多官能度化合物，在与异氰酸酯共同使用时起交联和扩链作用，其分子质量一般在 40~300 之间。官能度为 2 的称为扩链剂，官能度大于或等于 3 的则称为交联剂，按照分子中反应性基团的类型可分为端氨基和端羟基两种类型。扩链剂影响聚氨酯硬段和软段的关系，直接影响聚氨酯产品的性能，是聚氨酯配方的一个关键组分。

10.3 聚氨酯薄膜

基于其分子中存在独特的软硬段微相结构，聚氨酯的宏观物理性能非常突出。20 世纪 50 年代以来，聚氨酯弹性体开始应用于医用材料，显示出优异的韧性、耐磨性、软触感以及耐湿气、耐多种化学品性能，具有很好的生物相容性和血液相容性。作为一种医用材料，聚氨酯非常耐微生物，易于加工，能采用多种方法灭菌，甚至暴露在 γ 射线下性能无变化。聚氨酯适用于各种医疗环境，尤其是植入人体的各种医疗器械。

把聚氨酯溶液涂层后，通过溶剂挥发可以加工成薄膜。聚氨酯薄膜有良好的弹性，可以制成医用手术薄膜，利用其良好的防水透湿性、贴肤性可将其制成外科用敷料。

按照其化学结构，聚氨酯薄膜可分为聚酯型和聚醚型；按用途可分为高弹型、半透湿型和高透湿型，其中半透湿型产品的透气量>1000g/（m^2·24h）、高透气性产品的透气量>4000g/（m^2·24h）。世界上生产聚氨酯薄膜的企业主要有英国 Smith & Nephew 公司、美国 3M 公司等。中国纺织科学研究院研究开发中心在多年研究的基础上，开发了聚氨酯薄膜底基材料，解决了国内医用聚氨酯薄膜材料需要进口的问题（庄小雄，2003）。

聚氨酯薄膜医用敷料以医用聚氨酯薄膜为底基，在其表面涂覆一层医用压敏胶黏剂制成。医疗领域中以前使用的压敏胶为橡胶类产品，由于产品组成中添加了多种助剂，敷贴在伤口上往往被人体表面和人体内部分泌出的脂肪成分溶解，造成向体内渗透的不良现象。合成聚丙烯酸酯类压敏胶无须添加抗氧化剂和增黏剂成分，对皮肤的刺激性小，此外还能透气，可避免体内存在的湿气对皮肤的浸渍，满足与皮肤共呼吸的需求。聚丙烯酸酯类压敏胶已取代橡胶类压敏胶用于聚氨酯薄膜制品的生产（庄小雄，2003）。

在聚氨酯薄膜医用敷料的生产中，可以采用的压敏胶包括热熔型压敏胶黏剂、溶剂型丙烯酸酯压敏胶和水乳型丙烯酸酯压敏胶。热熔压敏胶黏剂是一种以热塑性塑料为基体的多成分混合物，以熔体形式应用到基材的表面进行黏合。由于不含溶剂、不用加热固化、无烘干过程，其生产效率高，适合连续化生产。溶剂型丙烯酸酯压敏胶和水乳型丙烯酸酯压敏胶通常采用刮刀涂布器，以转移涂布法涂布。表10-1显示这三种方法生产的产品的各项性能（庄小雄，2003）。

表10-1 用不同胶黏剂加工的医用聚氨酯手术薄膜的性能比较

胶黏剂种类	剥离力/（N/25mm）	持黏性/min	初黏性（钢球号）
溶剂型丙烯酸酯压敏胶	5.0	>30	20
水乳型丙烯酸酯压敏胶	4.9	>30	19
热熔型压敏胶黏剂	5.1	>30	18

聚氨酯薄膜医用敷料可以在25kGy高剂量钴60辐射下灭菌消毒。该产品粘贴力强、封闭性好、无菌、无毒、无过敏、透明度好、使用方便，在长时间手术过程中能保持伤口边缘周围皮肤的良好粘贴、防止细菌的侧向转移、减少感染机会，手术后容易剥离、无残留物，已经广泛应用于临床。它不仅能覆盖创面，还能辅助伤口愈合、防止细菌侵袭、减少伤口区域的超高代谢和营养不良，减轻伤口疼痛、加快伤口愈合。

聚氨酯薄膜具有优良的透气舒适性，可在手术过程中用于保护手术切口周围的皮肤。图10-1显示手术前用聚氨酯薄膜覆盖创面的效果图。

图 10-1　手术前用聚氨酯薄膜覆盖创面的效果图

10.4　聚氨酯泡绵

聚氨酯薄膜具有防水透气的特性，是一种覆盖创面的良好材料。但是薄膜材料缺少吸水和持水的结构，临床上只能用于干燥的伤口，或用于覆盖和固定其他类型的医用敷料。为了提高产品的吸湿性能，聚氨酯被加工成具有多孔结构的泡绵材料。目前国际医疗卫生市场上已经广泛使用聚氨酯泡绵敷料，该产品是功能性医用敷料的一种主要产品。

聚氨酯泡绵（又称泡沫、海绵）有三个基本的制造方法，即预聚体法（又称两步法）、半预聚体法和一步法（方禹声，1994）。预聚体法通常是将泡沫塑料的制造分两步进行。首先将聚合多元醇和二异氰酸酯反应生成末端带有异氰酸酯基团的低分子聚合物（预聚体），随后将水在高速搅拌下加入预聚体内，反应后生成脲基，进行链缝合形成高聚物。由于反应中生成二氧化碳，因此可在形成链增长的同时进行发泡反应，最终制成泡沫塑料。反应过程中还可加入催化剂和表面活性剂调节反应速度和泡沫孔径。

半预聚体法是将一部分聚合多元醇和过量的二异氰酸酯反应，使之生成一定黏度的低分子量低聚物，然后将配方中余下的多元醇和水加入预聚体，在催化剂和表面活性剂的存在下，采用高速搅拌混合后进行发泡。

一步法是将配方中聚合多元醇、二异氰酸酯及其他组分一次加入，在高速搅拌下进行发泡。一步法工艺具有流程简单，原料可不经加工直接使用，制品性能较优良的特点，在软质泡沫塑料的工业生产中占主要地位。

聚氨酯泡沫的生产过程中也采用液态二氧化碳发泡技术。这种技术早期由意大利康隆集团公司开发，称为 CarDio 技术。德国拜耳集团公司的亨内基机械公司也相继开发成功，称为 NovaFlex 技术。CarDio 法泡沫有较柔软的手感、高度的开孔结构及良好的回弹性。表 10-2 显示生产不同密度的泡沫所用的水和液态 CO_2 用量之间的关系。

表 10-2 生产不同密度的泡沫所用的水和液态 CO_2 用量之间的关系

泡沫密度/（kg/m^3）	水（质量份）	CO_2（质量份）
13.3	4.8	6.5
15.2	4.5	5.0
16.0	4.5	4.0
17.3	3.9	4.3
27.7	2.5	2.0

在医用敷料的生产中，一般的聚氨酯泡绵敷料具有双层结构，其内层为聚氨酯基软质泡沫体，外层为聚氨酯弹性体薄膜，其中的软泡体采用具有优良血液和组织相容性的医用聚氨酯为基材，在分子链上引入亲水性基团以提高材料的亲水性和柔软性。将其作为敷料的内层，可吸收创面渗出液，避免积液形成，减少细菌感染。其柔软性可使其很好地敷贴创面，减少伤口不适和疼痛。敷料外层是聚氨酯弹性薄膜，具有透气、透湿和隔菌防水功能，使创面保持一定的温度和湿度，得到一种有利于伤口愈合的“创面小气候”。同时，薄膜良好的柔软弹性和耐撕裂性可使敷料随皮肤一起运动而不受到破坏。

10.5 聚氨酯医用敷料

聚氨酯可以被加工成薄膜和泡绵后制备用于伤口护理的医用敷料。3M 公司生产的以 Tegaderm 为品牌的聚氨酯薄膜是一种应用广泛的半透气薄膜敷料。为了克服薄膜容易粘连的缺点，Tegaderm 采用特殊的设计使产品可以方便敷地贴到创面。聚氨酯薄膜被夹在两层纸之间，涂胶的一面是一层剥离纸，另一面是一层较硬的薄纸板。使用时剥去薄纸板的中间部分，使聚氨酯薄膜悬挂在薄纸板形成的框架上。这样可以很方便地把敷料贴在创面的合适部位，不受薄膜起皱的影响。敷贴之后把纸框剥离，使聚氨酯薄膜充分覆盖在伤口上。

表 10-3 显示两种聚氨酯薄膜在 25℃下浸入水中 24h 后的质量变化（HONEYCUTT，1990）。由于结构紧密，缺少吸水基团，聚氨酯薄膜的吸水性相比其他材料低，因此它们适用于干燥的伤口上，起到保护创面的作用。

表 10-3　两种聚氨酯薄膜的吸水性能

样品	尺寸/平方英寸❶	干重/g	湿重/g	吸水量/g	吸水率/（g/g）
Opsite	21.3	0.7	1.1	0.4	0.57
Tegaderm	21.3	1.4	1.9	0.5	0.36

如图 10-2 所示，聚氨酯泡绵具有多孔结构，因此比薄膜有更好的吸水性能。临床使用时，伤口渗出液被吸入微孔结构中，通过毛细管张力向外层扩散，最后挥发进入环境。这种吸湿机理扩大了单位面积敷料从创面上排除液体的能力，延长了产品的使用周期。

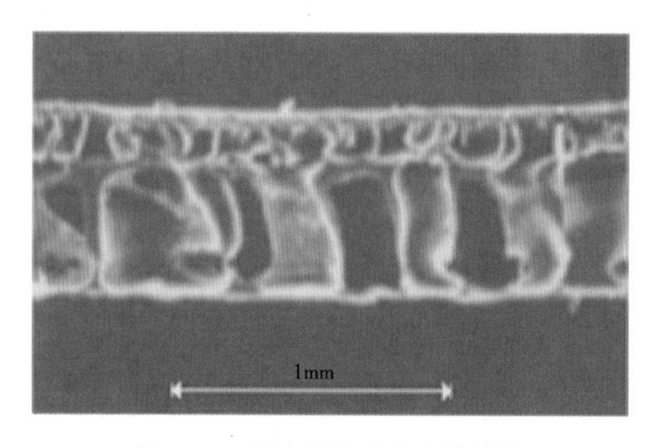

图 10-2　聚氨酯泡绵的多孔结构

Smith & Nephew 公司生产的 Allevyn 品牌的产品是一种广泛使用的聚氨酯医用敷料。它有多种型号，其中 Allevyn Adhesive 由一层约 4mm 厚的亲水性聚氨酯泡绵、一层半透气的聚氨酯薄膜和一层多孔塑料薄膜组成。内层涂了特殊的聚丙烯酸压敏胶，在与水接触后可以分解，避免敷料与创面粘连。此产品内层的多孔塑料薄膜起到低黏性作用，中间的聚氨酯泡绵起到吸湿作用，外层的聚氨酯薄膜阻止液体的进出，并且保护伤口使其免受环境中细菌的感染。用于潮湿伤口上时，敷料可以吸收伤口上的渗出液。当伤口逐渐干燥后，由于半透气膜的存在，创面上还可以维持合适的湿润度，为伤口愈合持续提供良好的愈合环境。图 10-3 显示

❶ 1 英寸（in）= 2.54 厘米（cm）。

Allevyn Adhesive 产品的效果图。

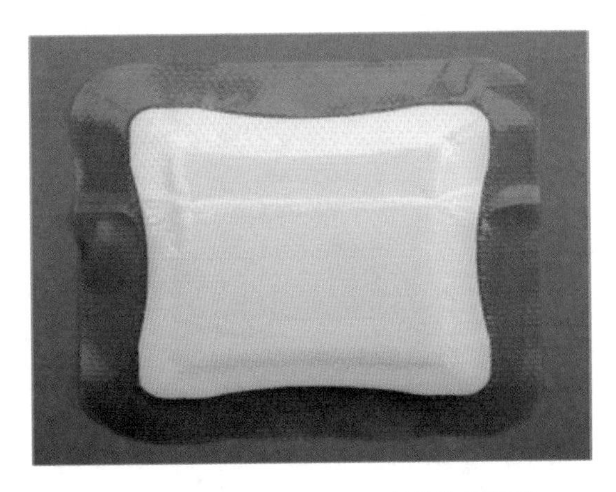

图 10-3　Allevyn Adhesive 产品的效果图

Johnson & Johnson 公司生产的 Tielle 品牌的产品是另一种主要的聚氨酯医用敷料。Tielle 由一层亲水性聚氨酯泡绵和一层涂了聚丙烯酸压敏胶的聚氨酯薄膜复合后制成。在聚氨酯泡绵和聚氨酯薄膜之间加入一层非织造布以充分吸收伤口产生的渗出液，并将其均匀分散到整个敷料结构中。随着非织造布的吸湿膨胀，与创面接触的聚氨酯泡绵受压后与创面充分结合，保证创面被敷料充分覆盖。与其他产品一样，外层的聚氨酯薄膜阻止了液体的进出，并且保护伤口，使其免受环境中细菌的感染。

Beiersdorf 公司生产的 Cutinova Hydro 品牌的产品采用聚氨酯泡绵为基材，加入具有很强吸水性能的聚丙烯酸颗粒。这层泡绵与半透气性的聚氨酯薄膜复合后形成既具有很强的吸水性，又有密闭性能的医用敷料。在与伤口渗出液接触后，敷料中的聚丙烯酸颗粒把液体吸入泡绵结构，去除敷料时不会在伤口上遗留杂质。由于聚丙烯酸颗粒有选择性地吸收伤口渗出液中的水分，使创面上残留液体中的酶、生长因子和其他一些蛋白质成分的浓度升高，有利于伤口愈合。

SSL International 公司生产的 Lyofoam 品牌的产品是由两层聚氨酯泡绵复合而成的。与创面直接接触的一层在制造过程中用热处理后使泡绵表面的空洞破裂，使其更快通过毛细管效应吸收液体。Lyofoam 产品比其他产品厚，约为 8mm，但是由于产品中的多孔结构，它能使气体和水汽有效透过，同时能阻止环境中的水进入创面。

图 10-4 显示 Lyofoam 聚氨酯泡绵敷料的吸水性能（ANDREWS，1999）。液体与泡绵接触后，通过毛细管效应慢慢进入泡绵的多孔结构，因此其吸湿速度较

慢。这种吸湿性能与另一种具有高吸湿性的海藻酸盐医用敷料有所不同，后者的非织造布结构可以很快把液体吸入其结构中，而聚氨酯泡绵中的多孔结构是不连续的，因此达到最大吸湿性的时间相对较长。

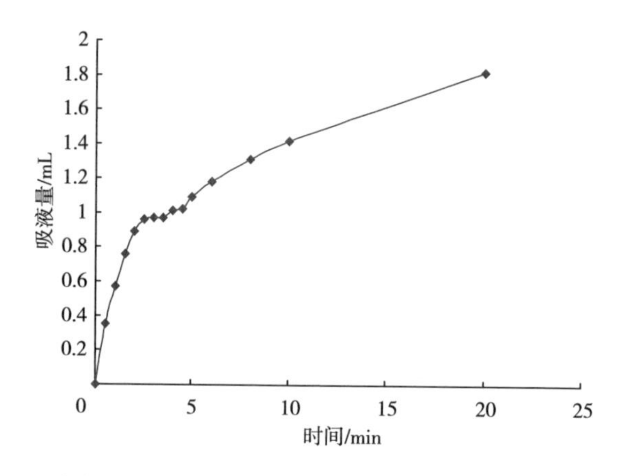

图 10-4　Lyofoam 聚氨酯泡绵敷料的吸水性能

Thomas（THOMAS，1993）对几种聚氨酯泡绵敷料的性能作了研究。从表 10-4 和表 10-5 可以看出，不同的聚氨酯泡绵敷料在性能上有很大区别，一些产品的透气性好，其排除伤口渗出液的能力主要依靠水汽透过敷料的挥发；另一些产品的吸湿性比较好，可以把大量伤口渗出液保持在多孔结构中。

表 10-4　几种聚氨酯泡绵敷料的单位面积质量

产品	单位面积质量/（g/m^2）
Biatain Non-Adhesive	677.06±18.993
Biatain Adhesive	705.82±14.800
Competitor C Adhesive dressing	549.30±12.310
Competitor C Non-adhesive	765.52±35.780

表 10-5　几种聚氨酯泡绵敷料的吸湿性能

产品名称	透过的水汽量/（$g/10cm^2$）	吸收的液体量/（$g/10cm^2$）	总吸附容量/（$g/10cm^2$）
Biatain Non-Adhesive	9.27±1.233	4.06±0.429	13.33±1.328
Biatain Adhesive	1.48±0.146	11.97±0.162	13.44±0.274
Competitor C Adhesive dressing	0.98±0.051	3.03±0.406	4.01±0.404
Competitor C Non-adhesive	1.80±0.059	4.70±0.276	6.51±0.304

10.6　聚氨酯医用敷料的临床应用

聚氨酯薄膜敷料可用在轻度烧伤、溃疡、植皮伤口、手术伤口以及擦伤等其他一些轻度皮肤损伤。它们也可用于覆盖皮肤，避免摩擦损伤。聚氨酯薄膜敷料有优良的透气性和柔顺性，敷贴在健康的皮肤上不会产生不舒适性。除了护理伤口，也用于固定导管、针头等病人身上的各种器材。作为一种间接的医用敷料，聚氨酯薄膜可覆盖在海藻酸钙、水凝胶等敷料上，起到保护膜的作用。图 10-5 显示聚氨酯薄膜敷料的使用效果图。

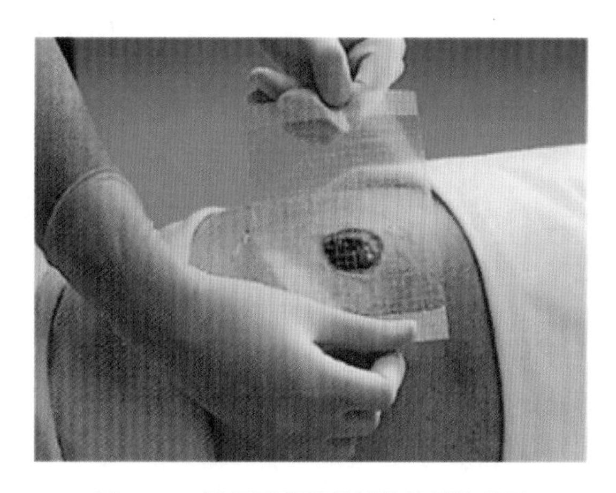

图 10-5　聚氨酯薄膜敷料的使用效果图

聚氨酯泡绵敷料适用于各种有渗出液的创面。基于其很好的渗出液处理能力，它们能减少换药次数、缩短伤口愈合时间，同时减轻患者伤口疼痛。聚氨酯泡绵敷料可用在浅Ⅱ度、深Ⅱ度、Ⅲ度烧烫伤创面、烧伤整形植皮区、供皮区创面、各种类型的溃疡创面、压疮、窦道及各种难愈合慢性创面、各种外科术后切口（如剖宫产手术、阑尾手术及术后插管等）以及各种浅表外伤和整形美容伤口（FLETCHER，2003；WILLIAMS，1996）。聚氨酯泡绵有一定的弹性，可以敷贴在一些人体上难以覆盖的部位。图 10-6 显示一种专门为臀部受伤患者设计的聚氨酯泡绵敷料。

聚氨酯敷料是一类性能优良的医用材料，临床上已经取得良好的疗效。Lohmann 等（LOHMANN，2004）在下肢溃疡伤口上使用一种聚氨酯泡绵敷料。护理 6 周后，37 位患者中的 35 位病人完成了整个试验过程，伤口平均面积由开

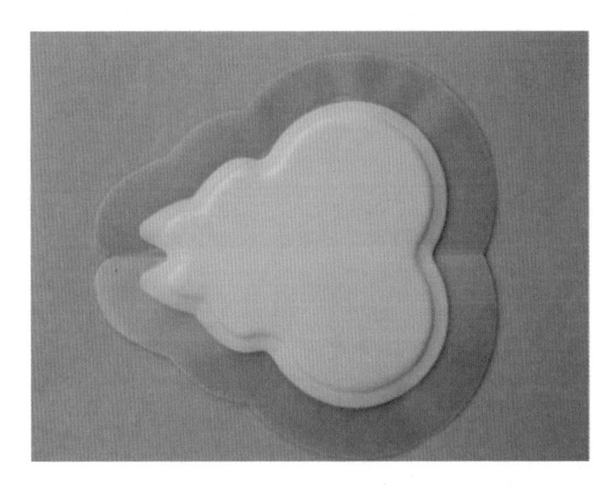

图 10-6 专门为臀部受伤患者设计的聚氨酯泡绵敷料

始的 5.4cm^2 降到 2.5cm^2。随着愈合过程的进行，患者对敷料的舒适性越来越满意。Akita 等（AKITA，2006）比较了聚氨酯泡绵敷料和水凝胶敷料在 35 个植皮伤口病人上的应用情况。他们比较了两种敷料的愈合时间、换药频率、疼痛程度以及处理伤口渗出液的能力。聚氨酯泡绵敷料在缩短愈合时间、减少敷料的换药次数以及吸收伤口渗出液等方面优于水凝胶。Vaingankar 等（VAINGANKAR，2001）比较了一种聚氨酯泡绵敷料（Smith & Nephew 公司的 Allevyn）和海藻酸盐敷料（ConvaTec 公司的 Kaltostat）在植皮伤口上的应用情况。他们把伤口分成两半，一边使用聚氨酯泡绵敷料，另一边使用海藻酸盐敷料。在 20 位病人中得到的结果显示，聚氨酯泡绵敷料有更好的舒适性，其护理成本也相对低。Thomas 等（THOMAS，1997）比较了一种聚氨酯泡绵敷料（Johnson & Johnson 公司的 Tielle）和一种水胶体敷料（ConvaTec 公司的 Granuflex）的性能。结果显示，就吸收伤口渗出液和控制伤口上产生的臭味而言，聚氨酯泡绵敷料明显优于水胶体敷料，两种敷料对伤口愈合情况没有明显区别。

聚氨酯材料有良好的物理性能，可以对伤口起很好的保护作用。Thomas 等（THOMAS，1999）比较了聚氨酯泡绵和薄膜敷料在护理老龄患者皮肤擦伤中的疗效。他们在 37 位平均年龄为 85.1 岁的老人中进行了试验。结果显示，使用泡绵敷料的患者中，94%的伤口完全愈合。使用薄膜敷料的患者中，65%的伤口能完全愈合。这说明聚氨酯材料可以有效保护皮肤擦伤，其中聚氨酯泡绵比薄膜敷料有更好的疗效。泡绵材料的高弹性使其有良好的受压性能，对伤口及伤口周边的皮肤有很好的保护作用。对于受伤患者，使用聚氨酯泡绵敷料覆盖伤口可以使他们的生活尽可能正常化（ASHFORD，2001）。

10.7　小结

聚氨酯类医用敷料包括薄膜、多孔膜、泡绵等具有不同结构和性能的产品。聚氨酯材料具有高弹性等良好的力学性能，对伤口及伤口周边皮肤有很好的保护作用，其中聚氨酯泡绵的多孔结构使其具有很高的吸湿性。大量临床应用证明聚氨酯薄膜、多孔膜、泡绵敷料在伤口护理中有很高的应用价值。

参考文献

[1] AKITA S, AKINO K, IMAIZUMI T, et al. A polyurethane dressing is beneficial for split-thickness skin-graft donor wound healing [J]. Burns, 2006, 32 (4): 447-451.

[2] ANDREWS T J, COLLYER G J. Wound dressing: US, 5, 914, 125 [P]. 1999.

[3] FLETCHER J. The application of foam dressings [J]. Nurs Times, 2003, 99 (31): 59.

[4] ASHFORD R L, FREEAR N D, SHIPPEN J M, et al. An in-vitro study of the pressure-relieving properties of four wound dressings for foot ulcers [J]. J Wound Care, 2001, 10 (2): 34-38.

[5] HONEYCUTT T W. Polyurethane foam dressing: US, 4, 960, 594 [P]. 1990.

[6] LOHMANN M, THOMSEN J K, EDMONDS M E, et al. Safety and performance of a new non-adhesive foam dressing for the treatment of diabetic foot ulcers [J]. J Wound Care, 2004, 13 (3): 118-120.

[7] THOMAS S. Foam Dressings: A guide to the properties and uses of the main foam dressings available in the UK [J]. J Wound Care, 1993, 2 (3): 153-156.

[8] THOMAS S, BANKS S, BALE S, et al. A comparison of two dressings in the management of chronic wounds [J]. J Wound Care, 1997, 6 (8): 383-386.

[9] THOMAS D R, GOODE P S, LAMASTER K, et al. A comparison of an opaque foam dressing versus a transparent film dressing in the management of skin tears in institutionalized subjects [J]. Ostomy Wound Manage, 1999, 45

(6)：22-24.

[10] VAINGANKAR N V, SYLAIDIS P, EAGLING V, et al. Comparison of hydrocellular foam and calcium alginate in the healing and comfort of split-thickness skin-graft donor sites [J]. J Wound Care, 2001, 10 (7): 289-291.

[11] WILLIAMS C, YOUNG T. Allevyn adhesive [J]. British Journal of Nursing, 1996, 5: 691-693.

[12] 李绍雄，刘益军. 聚氨酯树脂及其应用 [M]. 北京：化学工业出版社，2002.

[13] 朱吕民. 聚氨酯合成材料 [M]. 南京：江苏科学技术出版社，2002.

[14] 庄小雄，韩朝阳，罗欣. 医用聚氨酯手术薄膜 [J]. 中国胶粘剂，2003，13 (2)：33-35.

[15] 方禹声，朱启民. 聚氨酯泡沫塑料 [M]. 北京：化学工业出版社，1994.

[16] 唐文力，黄瑜，谢曦. 医用聚氨酯泡沫敷料的研究及配方优化 [J]. 海南大学学报（自然科学版），2016，34 (1)：19-24.

[17] 张鹏，孙复钱，舒泉水，等. 医用聚氨酯亲水泡沫的制备工艺研究 [J]. 应用化工，2019，48 (7)：1608-1610.

第 11 章　含银医用敷料

11.1　医用敷料的抗菌作用

伤口表面有一个适合细菌增长繁殖的湿润环境，使其成为病区交叉感染的一个重要来源。随着全球气候变暖以及城市化、全球化带来的人口流动增加，各种类型的感染越来越频发，抑制细菌、病毒等有害微生物的增长和繁殖变得越来越重要。临床上，为了控制伤口上细菌感染、防止其扩散，许多种类的医用敷料中加入了抗菌材料。但是，一方面由于抗菌材料的作用有限、细菌的种类繁多，含抗菌材料的敷料的作用有限；另一方面细菌很快对抗菌材料产生耐药性，使医药行业疲于开发更多的抗菌材料。

银离子是一种对人体毒性很小的重金属离子，同时也是一种具有广谱抗菌性能的无机抗菌材料。在医疗领域，$AgNO_3$ 是一种常用的消毒药，其浓溶液可以腐蚀过度增长的肉芽组织、稀溶液可用于预防新生儿脓漏眼。银离子对几乎所有的细菌都有抑制作用，并且不会产生细菌耐药性，在与医用敷料结合后可以制备具有优良护理功效的含银医用敷料（秦益民，2022）。

11.2　银作为抗菌材料的发展历史

银对人类社会的作用一直以来就超出了它优良的装饰性能，很久以前就用于护理烧伤和慢性伤口。古罗马人用银制容器储藏食品，草原上的牧民用银制容器储藏马奶，均通过银的抗菌性能达到保鲜目的。1893 年，Naegeli 报道银离子浓度在 10^{-7} 时即能杀死清水中的藻类生物，浓度在 6×10^{-5} 时能阻止黑曲霉菌发芽（ELLIS，1994）。尽管如此，新型抗生素在 19 世纪的出现，在一定程度上抑制了银在医疗卫生领域中的应用。此后随着细菌对抗生素的耐药性变得越来越普遍，银在伤口护理中的作用得到新的认识。20 世纪 60 年代，美国华盛顿大学 Moyer

博士（图 11-1）详细探讨了银在烧伤病人护理中的应用。他注意到在接受抗生素治疗的烧伤病人中，伤口感染仍然是一个主要问题。Moyer 博士在伤口上使用了硝酸银溶液、磺胺嘧啶银乳液以及用元素银或离子银浸泡过的棉纱布，发现含银医用敷料对治疗伤口细菌感染十分有效。

图 11-1 Carl A Moyer 博士（1908—1970）

Moyer 博士的工作开创了现代含银医用敷料在伤口护理中的应用。在随后的研究中，Deitch 等（DEITCH，1987）发现镀银的尼龙纤维对金黄色葡萄球菌、绿脓杆菌、白色念珠菌等伤口上常见的细菌有良好的杀菌作用。Ersek 等（ERSEK，1988）报道了用银浸泡过的皮肤可促进长期受感染的慢性伤口愈合。银离子被证明对细菌、真菌、病毒等有活性，可加入乳液、纤维、薄膜等材料后加工成含银医用敷料。

Johnson & Johnson 公司的 Actisorb Plus 产品是第一个成功应用银离子的医用敷料，该产品主要由含银离子的活性炭组成。Furr 等（FURR，1994）把含银产品和不含银产品比较后发现，含银的 Actisorb Plus 能有效阻止细菌繁殖，在用氢巯基乙酸钠抑制银的活性后证实 Actisorb Plus 的抗菌性能主要源于敷料释放出的银离子。

1998 年，Tredget 等（TREDGET，1998）报道了一种镀银的高密度聚乙烯薄膜。这种称为 Acticoat 的产品应用在 30 个病人的伤口上，每个伤口的尺寸大小、深度及在人体上的部位基本相同。在一组病人伤口上应用 Acticoat 敷料，另一组用 0.5%硝酸银浸泡过的棉纱布。结果表明，用 Acticoat 治疗的伤口上脓毒症发生率比棉纱布少，其发生率分别为 5%和 16%。

经过很多年的发展，各种类型的银化合物已经广泛应用于医用敷料，涉及的载体材料包括水凝胶、海藻酸盐纤维、聚氨酯泡绵等，制成的含银医用敷料应用在烧伤、植皮伤口、手术伤口、糖尿病足溃疡伤口、下肢溃疡等伤口上可以有效抑制伤口上的细菌繁殖（秦益民，2006；秦益民，2007；秦益民，2020）。

11.3　银的抗菌机理

从化学的角度来看，金属银是一种惰性金属。但是在与皮肤上的水分以及伤口上的渗出液接触后，从含银医用敷料中释放出的银离子可以与细菌酶蛋白上的活性巯基（—SH）、氨基（$—NH_2$）等发生反应，使酶蛋白沉淀后失去活性、病原细菌的呼吸代谢被迫终止，细菌的生长和繁殖得到抑制（OVINGTON，2001）。银离子也可以通过与细菌 DNA 和 RNA 的结合，阻止其复制（MODAK，1973）。有研究证明，银离子可以通过与蛋白质中的半胱氨酸结合使 6-磷酸甘露糖异构酶失去活性（WELLS，1995）。由于 6-磷酸甘露糖异构酶在细菌细胞壁的合成过程中起重要作用，它的破坏使细胞内磷酸盐、谷氨酰胺以及其他一些重要氧份流失，因此可以抑制细菌繁殖。因为银可以与细菌细胞中的很多部位结合，它对几乎所有的细菌都有很强的抗菌性能，并且不会产生耐药性。

作为一种生物质，细菌可以从溶液中吸附银离子后使其生物体内的银离子浓度上升后导致其失活，因此在很低的浓度下，银离子就可以通过这种微动力杀菌作用（oligodynamic microbicidal action）对细菌有抗菌性能（CHARLEY，1979）。被银离子杀死的细菌细胞内含有约 10^5 ~ 10^7 个 Ag^+，与其含有的酶蛋白分子数量基本相同。图 11-2 显示银的抗菌机理。

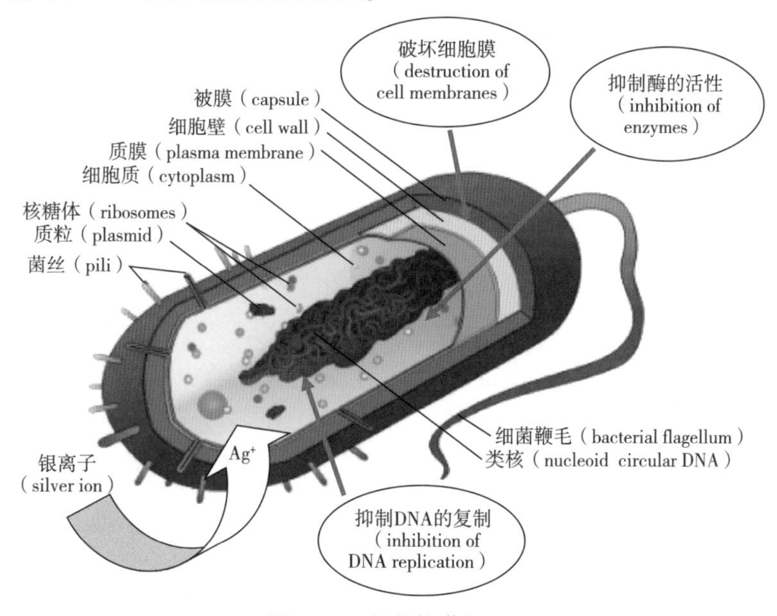

图 11-2　银的抗菌机理

11.4 银离子促进伤口愈合的功能

在伤口的愈合过程中，基质金属蛋白酶（matrix-metalloproteinases，MMP）起重要作用。MMP 在伤口愈合的第一阶段把伤口上坏死的组织降解，在随后的第二阶段，生长因子刺激成纤维细胞大量繁殖后形成新生的皮肤组织。使用含银医用敷料时，敷料中释放出的银离子吸收进入细胞后，可以影响细胞内的电解质浓度，并且由于其与钙调蛋白、金属硫蛋白等一些可与金属结合的蛋白质的结合影响微量元素的新陈代谢（LANSDOWN，1997），使伤口局部的锌、铜和钙离子含量增加。由于锌离子在几乎所有的金属蛋白酶中存在，其含量的增加使金属蛋白酶合成加快，从而加快了伤口愈合。伤口表面钙离子含量的增加可加快其上皮化过程。

Kirsner 等（KIRSNER，2001）的研究显示，在伤口上使用含银的 Acticoat 敷料可通过影响基质金属蛋白酶的活性影响伤口愈合速度。敷料上释放出的银离子通过发炎细胞活素（IL-1 和 TNF-α）抑制中性白粒细胞的大量进入，增加了伤口上的锌离子含量。这个作用缩短了伤口愈合过程中的炎症期，因此也缩短了整个愈合周期。

11.5 在伤口上使用含银产品后产生的副作用

银质沉着病（Argyria）是使用含银产品时常见的副作用。伤口上使用含银医用敷料后，随着银离子从敷料上释放进入伤口，光照下可以在创面形成黑色的硫化银沉淀（BLEEHAN，1981）。这类硫化银颗粒（直径约为 30~100μm）容易聚集在汗腺和毛囊周围以及甲床等人体部位（BUCKLEY，1965）。图 11-3 显示使用三种含银敷料后皮肤颜色的变化。可以看出，使用 Acticoat 7 和硝酸银后皮肤颜色均变黑，而含银低的 SilvaSorb 基本没有变化。

尽管银质沉着病产生的黑色影响了病人的美观，停止使用含银敷料后皮肤一般能恢复原来的色泽。目前还没有证据显示这种颜色变化给病人的健康带来任何危害。

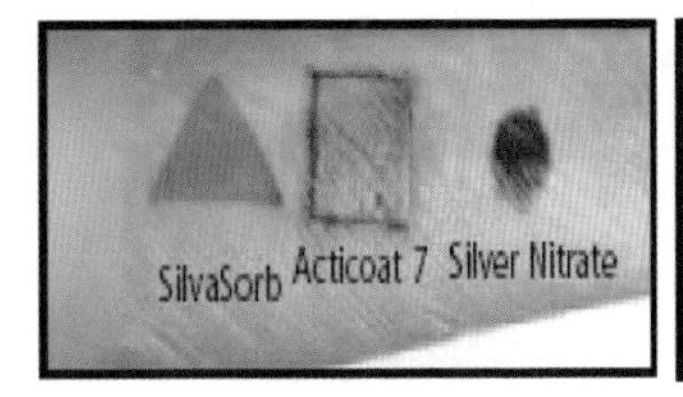

（a）敷料覆盖在伤口上

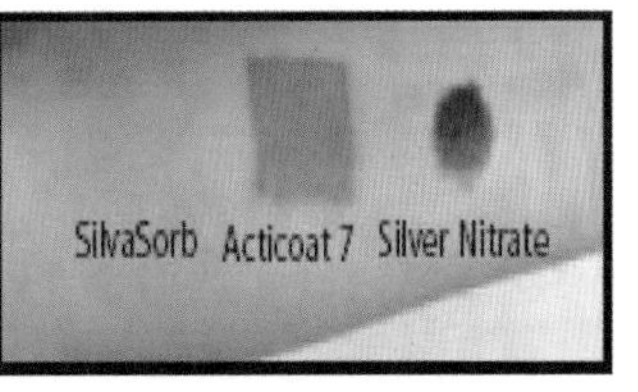

（b）敷料从伤口上去除

图 11-3　使用 SilvaSorb、Acticoat 7 含银敷料和硝酸银后皮肤的颜色变化

11.6　银离子对人体产生的局部和系统毒性

在伤口上使用含银敷料后，从敷料上释放出的银离子一部分以硫化银或氯化银的形式沉淀出来，另一部分与渗出液中的蛋白质结合，形成稳定的复合物。研究表明在人体的所有部位，健康的皮肤对银离子的吸收是很少的（HOSTYNEK，1993）。使用浓度为 0.5%~2%的硝酸银水溶液时，24~48h 内只有 4%的银被人体吸收。

在受伤的皮肤上，银被人体吸收的量高于健康的皮肤。人体吸收银的量与伤口的深度和宽度、敷料的使用方法和换药频率、敷料中银的含量、伤口上渗出液的多少等因素相关。使用硝酸银时，由于离子化的速度快，在伤口上使用后银离子很快就与人体中的半胱氨酸反应后形成硫化银沉淀，因此银的吸收率较低。使用磺胺嘧啶银时，10%的银可以被人体吸收，高度血管化的伤口上的吸收会更高（BAXTER，1971）。

陈炯等（陈炯，2004）对纳米银用于烧伤患者创面后银的代谢进行了研究。结果显示，正常人血清中的银含量和 24h 尿银量分别为（1.54±1.04）μg/L 和（1.00±0.71）μg/L。使用纳米银敷料后，患者的血清银和尿银都有明显提高，5 天后分别达到（3.88±4.42）μg/L 和（3.68±4.99）μg/L。在停用后的第 9 天，银含量能恢复到正常人的水平。在一个 30%面积烧伤患者上使用 Acticoat 后，血液中和尿液中的银含量分别提高到 107μg/L 和 28μg/L。在停止使用 Acticoat 的 90 天后，血液中和尿液中的银含量恢复正常。

Coombs 等（COOMBS，1992）在一个有 22 位烧伤患者参与的临床试验中发现，使用磺胺嘧啶银 6h 后，血液中银的含量已经达到 50μg/L，最高可达 310μg/L。患者每天从尿液中排出的银为 100~400μg/天，而正常人的排出量在 1μg 左右。从伤口上吸收进入人体的银通过血液进入人体的循环并分布到肝、肾、大脑、眼睛以及其他器官。Coombs 等发现在使用磺胺嘧啶银后，22 个病人中有 15 个的肝细胞酶升高。测试数据表明患者在使用磺胺嘧啶银 8 天后肝中的银含量达到 14μg/g。

银本身不是人体需要的微量金属元素，但是正常的人体内含有一定量的银离子。正常人体的血液中银的浓度一般小于 2.3μg/L，在职业性暴露在银的工人的血液中，银的含量可以高达 11μg/L（DI VINCENZO，1985），说明人体有吸收银的功能。尽管如此，文献资料显示药物或职业性接触银对人体产生的健康危害是很小的（HOLLINGER，1996）。银离子对孤独的哺乳类动物细胞有毒性，但是由于受到金属硫蛋白的保护作用，银离子对人体的毒性很小。

总体来说，银是一种性能优良的广谱抗菌材料。在伤口上使用含银医用敷料一方面可以控制伤口上的细菌，避免伤口感染和病区内交叉感染；另一方面银离子也可以促进慢性伤口和烧伤的愈合。尽管在伤口上使用含银医用敷料后，病人体内的银含量有所升高，大量研究结果证明银对人体的毒性很低。

11.7 用于医用敷料的含银化合物

在元素周期表中，银是 Ib 组的金属元素。银有两种同位素，即 107Ag 和 109Ag，两者以相同比例存在。溶液中银以三种氧化态形式存在，即 Ag^{+}、Ag^{++} 和 Ag^{+++}，每一种都可以与有机和无机化合物形成复合物。含有 Ag^{++} 或 Ag^{+++} 的化合物在水中是不稳定的，医用敷料中涉及的银一般为 Ag^{+}。

在含银医用敷料中，银离子起主要的抗菌作用。银离子的氧化性能很强，与有机载体材料结合后容易使载体材料氧化变黑。为了更好控制含银医用敷料的性能，国际市场上采用许多种类的银化合物作为抗菌剂，加入不同种类的载体材料中。

医用敷料中采用的银化合物可分为以下三类：

（1）元素银，如纳米银颗粒、银箔等。

（2）无机化合物或复合物，如硝酸银、氧化银、磷酸银、氯化银、银锆化合物等。

（3）有机复合物，如磺胺嘧啶银、胶状银、银锌尿囊素、蛋白质银等。

1960 年以前使用的银基本上是以胶状银的形式使用的。在胶状银中，纯银颗粒在静电作用下互相排斥，以 3~5mg/L 的浓度悬浮在溶液中。这种材料的抗菌性能很强，并且没有细菌耐药性。但是由于暴露在阳光下的稳定性很差，其实用价值不高。当银与小分子量蛋白质结合后，在溶液中变得更稳定，但是抗菌性能比纯银差。

20 世纪 60 年代有许多银的无机盐被开发利用。AgCl、$AgNO_3$、Ag_2SO_4 等银盐中的银离子变得更为稳定，其中 $AgNO_3$ 是使用最多的银盐，但是浓度超过 2%后有一定毒性。0.5%$AgNO_3$ 水溶液一度是治疗烧伤病人的标准溶液，但是硝酸基团对伤口和人体细胞有毒性，能降低伤口愈合速度，因此硝酸银的应用价值有限。

磺胺嘧啶银在 70 年代开始应用于烧伤病人的治疗。在含 1%磺胺嘧啶银的乳液中，银离子与丙二醇、硬脂醇、异丙基十四烷酯等结合。使用在伤口上后，银离子缓慢释放出来，起到抗菌作用。

许多研究证明银离子的抗菌性能比金属银及银的复合物强，并且能在一定程度上促进伤口愈合。正因为如此，目前使用的含银医用敷料中的银化合物都能在伤口上持续释放银离子。例如美国 Milliken 公司开发的 Alphasan 系列含银磷酸锆钠化合物在与体液或伤口渗出液中的钠离子接触后能持续释放银离子。该产品中的银离子被包埋在磷酸锆钠化合物中，能避免载体材料氧化变黑，保持含银敷料的外观稳定。Alphasan 系列产品在欧洲、美国、日本已经得到广泛应用，并且已经得到美国 FDA 许可，可以使用在与人体直接接触的产品中。

表 11-1 总结了各类商业用含银医用敷料中使用的银化合物。

表 11-1　含银医用敷料中使用的银化合物

生产厂家	产品名称	银化合物
Argentum	Silverlon	金属银
Smith & Nephew	Acticoat	金属银
Medline	SilvaSorb	氯化银
ConvaTec	Aquacel Ag	氯化银
Medline	Arglaes	磷酸钙银
Coloplast	Contreet	银氨化合物
Johnson & Johnson	ActiSorb	活性炭银
SSL International	Avance	磷酸锆钠银
Johnson & Johnson	Silvercel	镀银聚酰胺纤维
Laboratoires Urgo	Urgotul SSD	磺胺嘧啶银

11.8　医用敷料中加入银的方法

国际市场上的各种含银医用敷料不但选用很多种类的银化合物，在载体材料和加入银的方法上也有很大变化。医用敷料中加入银的方法如下：

(1) 混合。含银的颗粒可以与载体材料在熔融或溶液状态下混合。

(2) 基材的化学处理。用含银离子的溶液处理基材，通过离子交换在材料上加入银离子。

(3) 基材的物理处理。用电镀或涂层的方法在基材表面负载金属银。

(4) 共混。把含银纤维或其他形式的材料与不含银的材料共混。例如在 Silvercel 产品的生产中，高吸湿的海藻酸盐纤维与镀银的 X-Static 纤维混合后加工制成含银高吸湿敷料。

11.9 商业用含银医用敷料的生产方法及产品性能

11.9.1 Smith & Nephew 公司的 Acticoat

Acticoat 由两层镀银的高密度聚乙烯网中间夹一层黏胶纤维和聚酯纤维组成的非织造布复合后制成，三层材料通过超声波焊合，其中采用气相沉积方法将银镀在聚乙烯网上，在网的表面形成金属银的细小结晶体。Acticoat 7 是采用相同方法制备的，但是这个产品中有三层镀银聚乙烯网分别夹两层非织造布。与水分接触后，银离子释放出来，在敷料内部和表面起到杀菌作用。图 11-4 显示 Acticoat 7 的结构示意图。

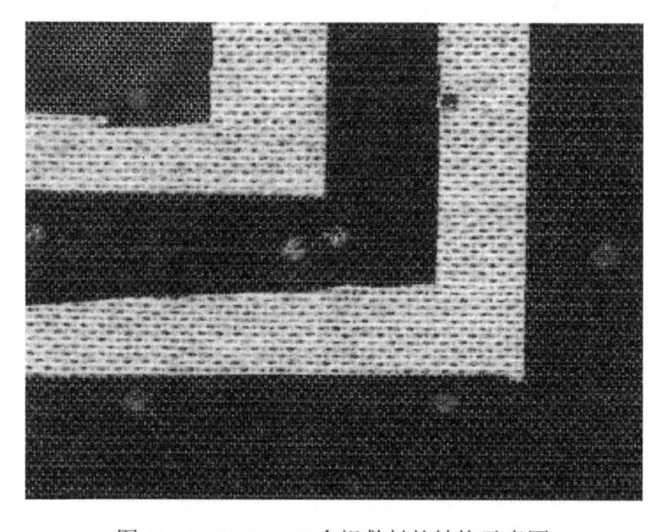

图 11-4 Acticoat 7 含银敷料的结构示意图

11.9.2　Johnson & Johnson 公司的 Actisorb Silver 220

Actisorb Silver 220 是一个在国际市场上取得商业化成功的含银医用敷料，主要由银浸渍过的活性炭织物组成。制造过程中，用银浸渍过的黏胶织物在高温下碳化，形成含银的活性炭织物。这层织物被包在用熔喷法制备的聚酰胺非织造布形成的口袋中，四边热压封闭，以方便产品使用及减少活性炭颗粒和纤维的脱落。使用在伤口上后，这种敷料能吸收伤口产生的毒素和伤口腐烂过程中的产物，以及伤口产生的挥发性胺类物质和脂肪酸，伤口上的细菌也被吸附到敷料表面后被银离子杀死。

11.9.3　Johnson & Johnson 公司的 Silvercel

Silvercel 结合了银的广谱抗菌性能和海藻酸盐纤维的高吸湿性，其中采用的美国诺贝尔纤维科技公司开发的 X-Static 含银纤维是表面负载纯银的尼龙纤维，具有抗菌、防臭、调节温度等功能。敷料中的海藻酸盐纤维在与渗出液接触后形成凝胶，为伤口提供良好的愈合环境。

11.9.4　Unomedical 和 Medline 公司的 Arglaes

Arglaes 由海藻酸盐粉末和含银无机高分子的混合物组成。与水接触后，海藻酸盐吸收水分形成凝胶，银化合物分解后释放出银离子。在另一种 Arglaes 品牌的产品中，含银无机高分子粉末与聚氨酯溶液混合后制成薄膜，得到含银高透气性医用薄膜敷料。

11.9.5　ConvaTec 公司的 Aquacel Ag

Aquacel Ag 是一种由含 1.2%离子银的羧甲基纤维素纤维制成的针刺非织造布敷料。与伤口渗出液接触后，羧甲基纤维素纤维吸收大量水分后形成纤维状凝胶，银离子释放出来后起抗菌作用。由于银离子有一定的氧化性能，Aquacel Ag 含银产品与不含银的产品相比呈灰色，一定程度上这种灰色可以帮助护理人员识别含银产品。

11.9.6　Coloplast 公司的 Contreet Foam

Contreet Foam 由含银的亲水性聚氨酯泡绵材料制成。由于聚氨酯泡绵材料有很高的吸湿性、银离子有很强的抗菌性，这种敷料可用于护理细菌多、渗出液高的伤口。

11.9.7 Coloplast 公司的 Contreet Hydrocolloid

Contreet Hydrocolloid 是在传统水胶体敷料中加入含银化合物，在与水分接触后释放出银离子。这种敷料在吸收渗出液的同时能释放出具有抗菌性能的银离子。

11.9.8 Argentum Medical 公司的 Silverlon

Silverlon 是在针织物上用还原—氧化法镀上一层金属银，由于敷料中所有纤维表面已镀上银，临床应用时银与渗出液的接触面大，可以加快银离子的释放。

11.9.9 Medline 公司的 SilvaSorb

SilvaSorb 是一种水凝胶敷料，可为干燥的伤口提供湿润的愈合环境，并通过释放银离子起到抗菌作用。

11.9.10 Laboratoires Urgo 公司的 Urgotul SSD

Urgotul SSD 由羧甲基纤维素钠、凡士林和磺胺嘧啶银（3.75%）混合液浸渍过的聚酯网组成，其中磺胺嘧啶有抑菌作用，银有杀菌作用，两种材料的联合作用使产品具有良好的抗菌性能（MEAUME，2002）。

11.9.11 Lendell Manufacturing 公司的 Microbisan

Microbisan 是一种具有高吸湿性的聚氨酯泡绵材料，其在合成过程中即加入具有抗菌作用的 Alphasan 含银化合物，使含银颗粒均匀分布在聚氨酯泡绵材料中。

11.10 含银医用敷料的结构和性能

含银医用敷料在银化合物的种类和添加量、载体材料的性质以及银的负载方式等方面有很大区别，最终产品的性能也有很大变化。下面分析介绍不同含银敷料的结构和性能。

11.10.1 银化合物的种类

含银医用敷料中使用很多种类的银化合物。为了使伤口持续抵抗细菌感染，理想的含银医用敷料应该在其使用周期内在伤口上保持一定量的银离子。从这一点看，0.5%硝酸银溶液在与伤口接触后很快离子化，并且在与体液中的氯化钠和蛋白质接触后形成氯化银或硫化银沉淀而失去活性。使用过程中一方面需要重新添加更多的硝酸银，另一方面也容易在伤口上产生黑色的银质沉淀。

磺胺嘧啶银是一种烧伤病人中广泛应用的银剂。含 1%磺胺嘧啶银的霜剂在与伤口渗出液接触后能缓慢释放出银离子。但是，磺胺嘧啶银中释放出的磺胺嘧啶对人体有一定毒性，并且临床上已观察到对磺胺嘧啶银的耐药性（HOFFMANN，1984）。

金属银在水和其他液体中的溶解度很小，在与水分接触后只有小量的银在氧化后进入溶液。使用金属银做银库时，由于释放速度很慢，产品中的银必须与伤口渗出液有一个较大的接触面。正因为如此，金属银一般使用在载体材料的表面，一定程度上局限了其应用范围。

目前使用较多的含银化合物比金属银更能释放出具有抗菌作用的银离子。以 Alphasan 为例，含银颗粒可以很均匀地分散到敷料中，在与伤口渗出液接触后，溶液中的钠离子与 Alphasan 中的银离子发生离子交换后释放银离子，一方面在生产过程中避免载体材料氧化变黑，另一方面起到持续释放银离子的作用。

除了银化合物的种类有很大区别，不同的含银医用敷料在银含量上也很不相同。表 11-2 总结了几种含银医用敷料中银的含量（THOMAS，2003；LANSDOWN，2004），其中含量最高的 Silverlon 产品的含银量达到 $546mg/100cm^2$，最低的只有 $2.7mg/100cm^2$。

表 11-2 几种含银医用敷料中银的含量

产品名称	银含量
Silverlon	$546mg/100cm^2$
Acticoat	$105mg/100cm^2$
Contreet Foam	$85mg/100cm^2$
Contreet Hydrocolloid	$32mg/100cm^2$
Aquacel Ag	$8.3mg/100cm^2$
SilvaSorb	$5.3mg/100cm^2$
Actisorb Silver 220	$2.7mg/100cm^2$
Arglaes powder	6.87mg/g

11.10.2 银的接触面积

含银医用敷料中的银只有在与伤口渗出液接触后才能释放。如果银化合物包含在材料内部，则银的释放速度慢、总释放量也小。相反，如果银负载在材料表面，则其释放速度快，并且更容易与细菌接触后起到抗菌作用。

Silverlon 和 Acticoat 都是在材料表面负载金属银的产品，其中 Silverlon 在整个针织物表面镀银，由于纤维材料直径小、比表面积大，这个产品中的银很容易释放。Acticoat 在塑料膜表面镀银，其总接触面比 Silverlon 产品小。

11.10.3 银的释放速度

由于加工工艺的不同，一些含银产品释放出的银是 100%离子状态的银，另一些产品释放出的包括离子银和金属纳米银颗粒。Silverlon 和 Acticoat 敷料的表面镀上金属银，其释放银离子的速度比较慢。Aquacel 产品的银含量比这两个产品低很多，但是其含有的是离子银，在与伤口渗出液接触后能很快释放。

11.10.4 产品的吸湿性

图 11-5 显示几种含银医用敷料的吸湿性能（THOMAS，2003）。由于载体材料的不同，这几种产品的吸湿性有很大不同。Acticoat 采用吸湿性较低的塑料膜作为载体，产品的吸湿性比较低。Contreet Foam 采用亲水性聚氨酯泡绵作为载体，由于材料本身的亲水性好并且有多孔泡沫结构，其吸湿性大幅高于其他产品。

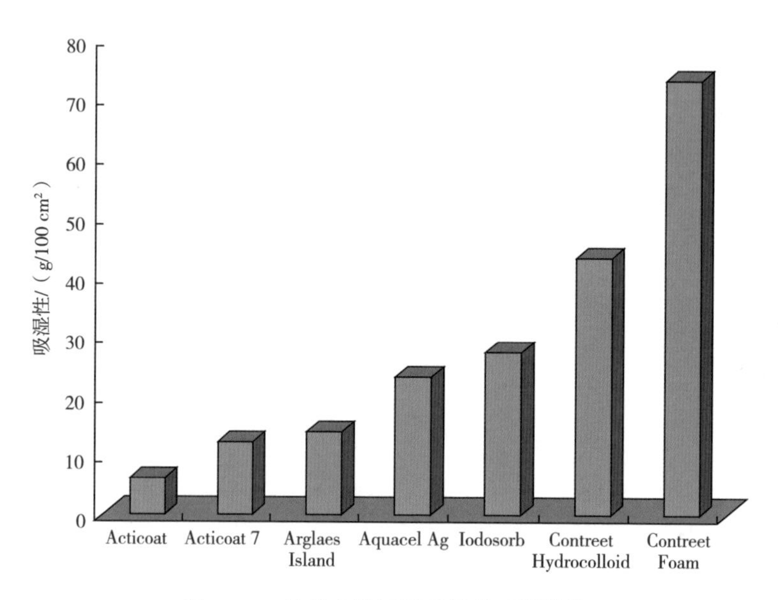

图 11-5　几种含银医用敷料的吸湿性能

11.11　含银医用敷料释放银离子的性能

可持续释放银离子的含银医用敷料已经成功应用于慢性伤口和烧伤的护理并且取得很好的疗效（LANSDOWN，2002）。这些产品在银的总含量、银离子的释放速度以及它们对伤口愈合所起的作用上有很大区别（LANSDOWN，2004）。临床上，含银医用敷料的主要功能是在伤口上释放出银离子，为创面提供抗菌性能。除此之外，一些含银产品能吸收伤口产生的带细菌的渗出液，当渗出液进入敷料后能进一步促进银离子的释放，起到持续抗菌作用。

在不同的含银医用敷料中，银离子的释放有三种主要类型：

（1）产品含银量高并且释放速度快，适用于渗出液多、细菌感染严重的伤口。

（2）银离子释放速度慢，但是可以持续释放。这类产品的主要功能体现在载体材料上，如聚氨酯泡绵能控制伤口产生的渗出液、水凝胶能辅助伤口清创等。

（3）含银量低的产品，可用在低感染的伤口上，隔离外来细菌的侵入。

Wright 等（WRIGHT，1998）的研究表明，银离子的释放与敷料中银的含量以及敷料从伤口吸收的渗出液量有关。Coloplast 公司的 Contreet Foam 应用在渗出液很高的伤口上后的 7 天中可释放出 70%的银，而 Contreet Hydrocolloid 应用在低渗出液伤口上的 7 天中只释放出 33%的银（LANSDOWN，2003）。由于含银量很高，Smith & Nephew 公司的 Acticoat 产品可以在 48h 中把伤口上银的浓度维持在 50～100mg/L（TREDGET，1998）。

图 11-6 显示不同的含银医用敷料在与液体接触后的不同时间内，溶液中银离子的含量（THOMAS，2003）。可以看出，含银量高的 Silverlon 和 Acticoat 释放出的银离子比其他产品高出很多。由于所含的金属银与溶液的反应慢，这两种产品接触液中的银离子浓度随时间增长而增长。与此相反，由于 Aquacel Ag 产品中的银为离子银，在与液体接触后很快释放，溶液中银的浓度在短时间内达到平衡。

Lansdown 等（LANSDOWN，2005）用原子吸收光谱分析了从伤口上采集的样品中的银含量。结果显示，所有从敷料上释放出的银被伤口渗出液或伤口上的碎片吸收。伤口渗出液吸收银离子的能力与其黏度成正比，敷料释放银的量与其吸收的水分有密切关系。吸收进创面的银离子在停止使用含银敷料的几

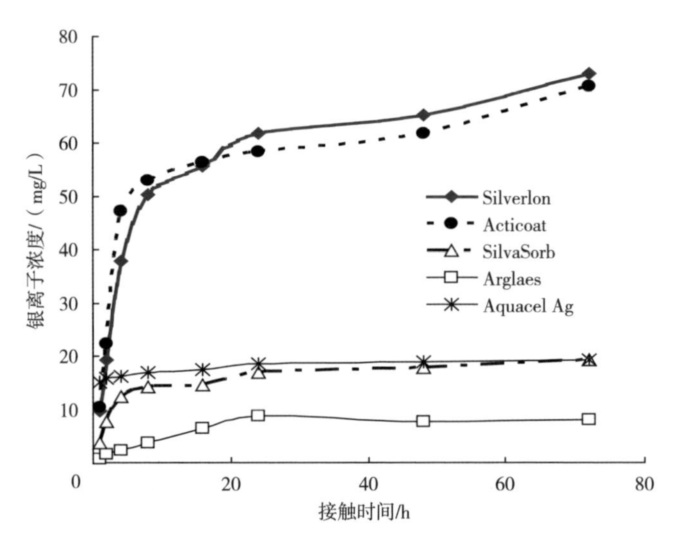

图 11-6 不同含银医用敷料释放银离子的性能

个星期后消失。在把含银高的 Acticoat 7 应用于有黏稠渗出液的伤口后，银的释放量是最高的，而在使用含银低的 Actisorb Silver 或 Aquacel Ag 时伤口上的银含量很低。

11.12 实验和临床观察到的抗菌性能

国际市场上含银医用敷料的银含量在 1.6~109mg/100cm^2 范围内，由于银含量变化很大，不同产品的抗菌性能也有很大变化。一般来说，含银量越高，产品的抗菌性能越强。这一点可以从含银很高的 Acticoat 和含银相对低的 Actisorb Silver 220 的抗菌性能中看出。在一项对含银医用敷料的详细研究中，Thomas 等（THOMAS，2003）发现，对金黄色葡萄球菌而言，Acticoat 在 2h 内就有明显的杀菌作用，而 Actisorb Silver 220 在 4h 后才能阻止细菌繁殖。在测试大肠杆菌时，Acticoat 接触 2h 后溶液中已经没有细菌存在，而 Actisorb Silver 220 在 24h 后都可以发现细菌。

除了银的总含量，其他一些因素对抗菌性能也有一定影响，例如银在敷料中的分布、银的化学形态、敷料对水的亲和力等。镀在材料表面的银比“锁”在材料内部的银能起到更好的抗菌作用，离子状态的银比金属银的抗菌作用更强。尽管 Aquacel Ag 的含银量比较低，由于吸湿性好、银离子容易释放，产品具有很好的抗菌性能。与 Aquacel Ag 相似，SilvaSorb 的含银量也比较低，但是作为一种水凝胶体，其含有的银可以很容易释放出来，起到很好的杀菌作用。图 11-7 显示 SilvaSorb 对大肠杆菌和金黄色葡萄球菌的抗菌作用，在 4h 内能完全杀死大肠杆菌，3h 内完全杀死金黄色葡萄球菌。

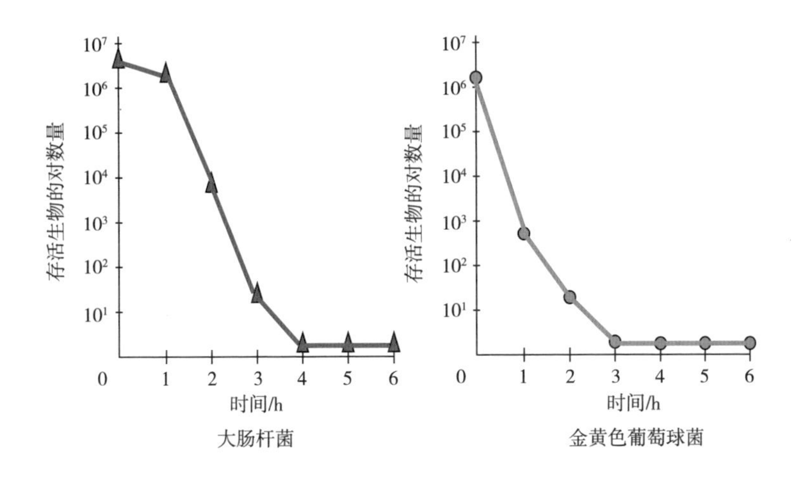

图 11-7　SilvaSorb 对大肠杆菌和金黄色葡萄球菌的抗菌作用

林爱红等（林爱红，2003）对含纳米银的抗菌医用敷料的性能进行了研究。结果显示，这种材料在 10min 内对金黄色葡萄球菌和白色念珠菌的杀灭率分别为 95.39%和 93.28%。Yin 等（YIN，1999）比较了 Acticoat、硝酸银、磺胺嘧啶银和醋酸甲磺灭脓的抗菌性能，测定了它们的最低抑菌浓度（MIC）和最低杀菌浓度（MBC）。结果显示，醋酸甲磺灭脓的 MBC 高于 MIC，说明其作用主要是抑制细菌增长，而含银产品的 MIC 和 MBC 基本相同，说明它们的抗菌作用主要是杀菌作用。

Wright 等（WRIGHT，1998）在一项研究中比较了 Acticoat、硝酸银水溶液、磺胺嘧啶银霜剂对 11 种具有抗生素抵抗性的细菌的抗菌作用。他们的结果显示 Acticoat 的杀菌效果最好。在另一项研究中发现，Acticoat 对烧伤伤口上的霉菌也有很快的抑制作用（WRIGHT，1999）。

11.13　含银医用敷料的疗效

实验和临床结果显示，银离子可以在减少感染的同时强化伤口的上皮化过程，并且通过基质金属蛋白酶的作用起到消炎作用（AGREN，2001）。临床上使用硝酸银和磺胺嘧啶银后都可以看到促进伤口上皮化的现象（LANSDOWN，1997）。银可以引发伤口周边的上皮细胞和真皮中的胶原细胞中金属硫蛋白（MT-1 和 MT-2）的活性（LANSDOWN，1999）。金属硫蛋白中的半胱氨酸含量高、分子量低，有促进有丝分裂的作用。它们也可以辅助皮肤组织抵抗镉、汞等金属的毒性（BREMNER，1990）。

在老鼠试验中发现，使用含银敷料后皮肤中的锌含量有所提高，锌金属酶的含量也有所提高，这使上皮细胞的数量增加，因而改善了皮肤的上皮化。在用 0.01%~1.0%的硝酸银处理皮肤后发现，皮肤中的钙离子含量有所提高，也在一定程度上促进了伤口的上皮化（LANSDOWN，1999）。

Olson 等（OLSON，2000）在猪的伤口上比较了 Acticoat 和石蜡纱布的性能。结果显示，试验中采用 Acticoat 的伤口完全愈合的时间是石蜡纱布的 70%。

不同伤口对银离子的释放量有不同的要求。烧伤病人的伤口特别容易受感染，因此在烧伤病人上使用的含银医用敷料释放的银离子量高，在伤口上可以维持较高浓度的银。在高吸湿性的医用敷料中，细菌和伤口渗出液一起吸进敷料，从敷料上释放出少量的银离子即可达到抗菌目的。临床试验结果表明，含银医用敷料可以安全用于慢性伤口和烧伤皮肤创面，可有效控制细菌繁殖、促进伤口愈合。

11.14 含银海藻酸盐纤维与医用敷料

海藻酸盐纤维和医用敷料是一种重要的功能性医用材料，具有很高的吸湿性，适用于渗出液多的伤口。在海藻酸盐纤维和医用敷料中加入银离子可以使产品在具有高吸湿性的同时有很好的抗菌性能。生产过程中银离子可以通过以下几种方法加入海藻酸盐纤维。

11.14.1 化学反应法

海藻酸是一种高分子羧酸，可与银离子结合成盐。但是由于银离子是一价金属离子，当海藻酸钠水溶液通过喷丝孔挤入硝酸银水溶液后，海藻酸钠并不像在挤入氯化钙水溶液时那样形成纤维。为了使纤维凝固成形，纺丝过程中的凝固浴中应同时含有钙离子和银离子。表 11-3 显示在使用氯化钙和硝酸银混合水溶液作为凝固液时得到的海藻酸盐纤维中钙和银离子的含量（LE，1997）。

表 11-3　海藻酸钙银纤维的制备条件及性能

样品序号	1	2
纺丝液中海藻酸钠浓度/%	6	6
凝固时间/s	30	600
纤维中银离子含量/%	5. 12	7. 3
纤维中钙离子含量/%	4. 98	6. 18
纤维强度/（cN/dtex）	1. 09	1. 15
断裂伸长/%	10. 5	8. 9

把海藻酸钙纤维与硝酸银水溶液反应后通过离子交换可以使溶液中的银离子替代纤维中的钙离子，得到的海藻酸钙银纤维有很强的抗菌性能。但是由于银离子有很强的氧化性，这种纤维遇光后很容易变黑，影响产品的美观。

在海藻酸盐纤维中加入不溶于水的银化合物颗粒可以避免纤维氧化变黑。Le 等（LE，1997）开发出了在海藻酸盐纤维中加入磺胺嘧啶银的方法。他们在纺丝溶液中加入水溶性磺胺嘧啶钠后通过喷丝孔挤入含硝酸银的 2%氯化钙水溶液。在纤维的成型过程中，海藻酸钠与钙离子反应后形成丝条，磺胺嘧啶钠与硝酸银反应后在纤维内形成磺胺嘧啶银颗粒。在另一个方法中，他们把磺胺嘧啶钠和海藻酸钠一起溶解后加入硝酸银，使纺丝液中含有磺胺嘧啶银颗粒，通过喷丝孔挤出后形成的丝条内含有磺胺嘧啶银颗粒。

11. 14. 2　混合法

就如前面已经指出的，银有很强的抗菌性能，同时也具有很强的氧化性能。在与有机物接触时，银离子很容易使载体材料氧化变黑。为了保持含银产品白色的外观，市场上出现负载银离子的无机盐纳米材料。这些载银颗粒与海藻酸钠水溶液混合后制备的纤维在含有银离子的同时拥有白色的外观。美国 Milliken 公司生产的 AlphaSan RC5000 是一种含银的磷酸锆钠盐。这是一种无机高分子材料，其银含量约为 3. 8%。AlphaSan RC5000 的颗粒很细，与海藻酸钠水溶液在高剪切下混合时，这些细小的颗粒可以均匀分散在黏稠的纺丝溶液中，通过湿法纺丝得到的纤维中均匀分布着含银颗粒，这种纤维在用 γ 射线灭菌后也能保持其白色的外观。图 11-8 显示含银磷酸锆钠颗粒在海藻酸盐纤维中的分布。

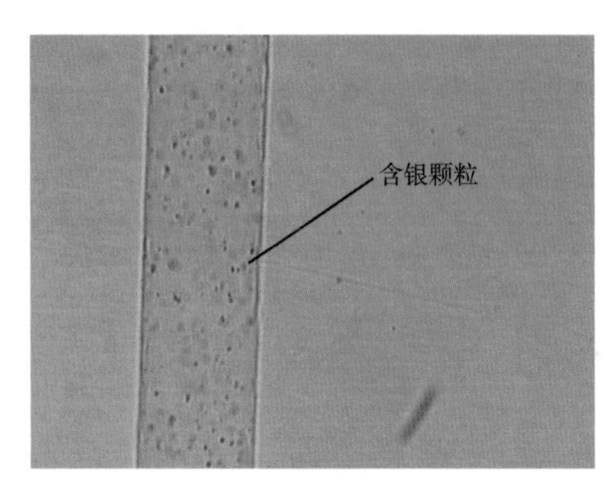

图 11-8　含银磷酸锆钠颗粒在海藻酸盐纤维中的分布

11.15　银离子的释放

含 AlphaSan RC5000 颗粒的海藻酸盐纤维与伤口渗出液接触时，银离子可以通过三种途径进入渗出液。第一，纤维中的银离子与溶液中的钠和钙离子发生离子交换；第二，渗出液中的蛋白质分子螯合纤维中的银离子，加快银离子的释放；第三，纤维表面的含银颗粒直接进入伤口渗出液。

表 11-4 和表 11-5 显示含 1%AlphaSan RC5000 颗粒的海藻酸盐纤维与生理盐水和血清接触时银离子的释放性能（QIN，2002）。溶液中银离子的浓度随时间的延长而增加，说明银离子从纤维中缓慢释放出来。血清中银离子含量比生理盐水中更高，说明血清中的蛋白质对银离子释放有促进作用。

表 11-4　1g 含银海藻酸盐纤维与 40mL 生理盐水接触后的银离子浓度

接触时间	接触液中银离子浓度/（mg/L）
30min	0.5
48h	0.4
7d	1.32

表 11-5　1g 含银海藻酸盐纤维与 40mL 血清接触后的银离子浓度

接触时间	接触液中银离子浓度/（mg/L）
30min	2.18
48h	2.74
7d	3.74

11.16　含银海藻酸盐纤维的抗菌性能

普通海藻酸钙纤维与伤口渗出液接触后，纤维中的钙离子与渗出液中的钠离子发生离子交换，使不溶于水的海藻酸钙转化成水溶性的海藻酸钠。这个过程的结果是海藻酸钙纤维在与伤口渗出液接触后高度膨胀（秦益民，2003），使敷料中的毛细空间堵塞，伤口渗出液中的细菌因为纤维的膨胀被固定化后失去活性。正因为如此，海藻酸钙医用敷料有一定的抑菌性能。在海藻酸盐纤维中加入银化合物可以进一步提高海藻酸盐医用敷料的抗菌性能。含银海藻酸盐医用敷料用于伤口时，伤口渗出液吸进敷料后海藻酸盐纤维与渗出液发生离子交换，纤维的高度膨胀使随渗出液进入敷料的细菌失去活性，起到抑制细菌迁移的作用。随后从纤维上释放出的银离子可以杀死伤口渗出液中的细菌，阻止细菌繁殖和可能产生的交叉感染。图 11-9 显示含银海藻酸盐医用敷料的抗菌机理。

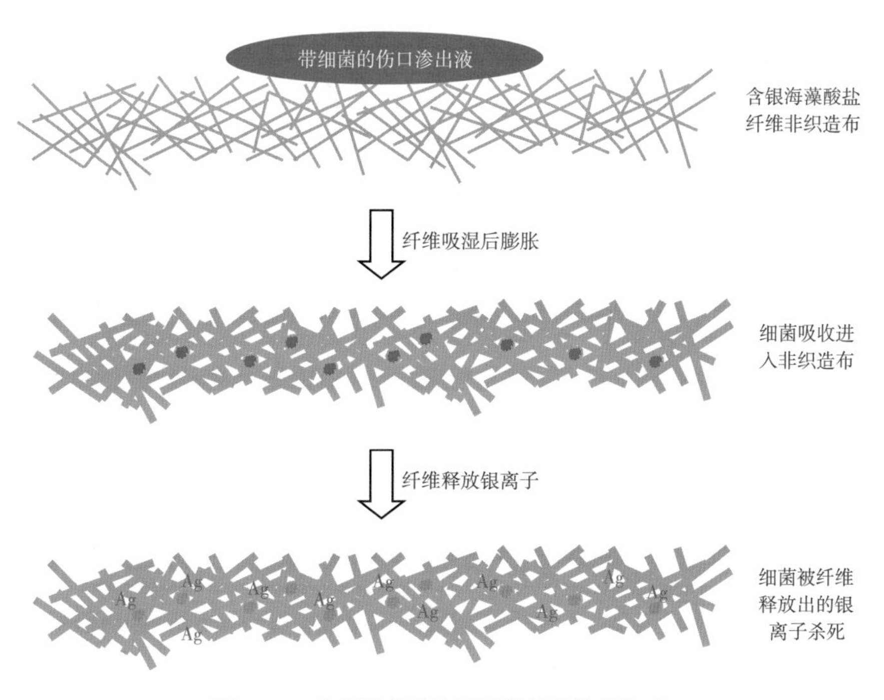

图 11-9　含银海藻酸盐医用敷料的抗菌机理

11.17 小结

含银医用敷料是一种性能优良的广谱抗菌材料。在伤口上使用含银医用敷料，一方面，可以控制伤口上细菌的增长繁殖，避免伤口的感染和病区内的交叉感染；另一方面，银离子也可以促进慢性伤口和烧伤皮肤创面的愈合。临床试验结果表明，含银医用敷料可以安全使用在慢性伤口和烧伤创面上，有效控制细菌繁殖，促进伤口愈合。

参考文献

[1] AGREN M S. MIRASTSCHIJSKI U, KARLSMARK T, et al. Topical synthetic inhibitor of matrix metalloproteinases delays epidermal regeneration in human wounds [J]. Exp Dermatol, 2001, 10: 337-348.

[2] BAXTER C R. Topical use of 1% silver sulphadiazine. In: POLK H C, STONE H H (eds) . Contemporary Burn Management [M]. London: Little Brown, 1971.

[3] BLEEHAN S S, GOULD D J, HARRINGTON C I, et al. Occupational argyria; light and electron microscopic studies and x-ray microanalysis [J]. Br J Dermatol, 1981, 104: 19-26.

[4] BREMNER I, BEATTIE J H. Metallothionein and the trace metals [J]. Ann Rev Nutr, 1990, 205: 25-35.

[5] BUCKLEY W R, OSTER C F, FASSETT D W. Localised argyria II. Chemical nature of the silver containing particles [J]. Arch Dermatol, 1965, 92: 697-704.

[6] CHARLEY R C, BULL A T. Bioaccumulation of silver by a multispecies population of bacteria [J]. Arch Microbiol, 1979, 123: 239-244.

[7] COOMBS C J, WAN A T, MASTERTON J P, et al. Do burns patients have a silver lining [J]. Burns, 1992, 18 (3): 179-184.

[8] DEITCH E A, MARINO A A, MALAKANOK V, et al. Silver nylon cloth: in vitro and in vivo evaluation of antimicrobial activity [J]. J Trauma, 1987, 27 (3): 301-304.

[9] DI VINCENZO G D, GIORDIANO C J, SCHREIVER L S. Biologic monitoring of

workers exposed to silver [J]. Int Arch Occup Environ Health, 1985, 56 (3): 207-215.

[10] ELLIS G P, LUSCOMBE D K. Progress in Medicinal Chemistry [M]. London: Elsevier Science, 1994.

[11] ERSEK R A, DENTON D R. Cross-linked silver-impregnated skin for burn wound management [J]. J Burn Care Rehabil, 1988, 9 (5): 476-481.

[12] FURR J R, RUSSELL A D, TURNER T D, et al. Antibacterial activity of Actisorb Plus, Actisorb and silver nitrate [J]. J Hospital Infection, 1994, 27 (3): 201-208.

[13] HOFFMANN S. Silver sulfadiazine: an antibacterial agent for topical use in burns. A review of the literature [J]. Scand J Plast Reconstr Surg, 1984, 18: 119-126.

[14] HOLLINGER M A. Toxicological aspects of silver pharmaceuticals [J]. Crit Rev Toxicol, 1996, 26: 255-260.

[15] HOSTYNEK J J, HINZ R S, LORENCE C, et al. Metals and the skin [J]. Crit Rev Toxicol, 1993, 23 (2): 171-235.

[16] KIRSNER R S, ORSTED H, WRIGHT J B. Matrix metalloproteinases in normal and impaired wound healing: a potential role of nanocrystalline silver [J]. Wounds, 2001, 13 (2): 4-12.

[17] LANSDOWN A B G, SAMPSON B, LAUPATTARAKASEM P, et al. Silver aids healing in the sterile wound: experimental studies in the laboratory rat [J]. Brit J Dermatol, 1997, 137: 728-735.

[18] LANSDOWN A B, WILLIAMS A. How safe is silver in wound care [J]. J Wound Care, 2004, 13 (4): 131-36.

[19] LANSDOWN A B G. Silver 1: its antimicrobial properties and mechanism of action [J]. J Wound Care, 2002, 11: 125-131.

[20] LANSDOWN A B G. A review of silver in wound care: facts and fallacies [J]. Br J Nurs, 2004, 13: Suppl, 6-19.

[21] LANSDOWN A B G, JENSEN K, JENSEN M Q. Contreet Hydrocolloid and Contreet Foam: an insight into new silver-containing dressings [J]. J Wound Care, 2003, 12 (6): 205-210.

[22] LANSDOWN A B G, WILLIAMS A, CHANDLER S, et al. Silver absorption and antibacterial efficacy of silver dressings [J]. J Wound Care, 2005, 14

(4): 205-210.

[23] LANSDOWN A B G, SAMPSON B, ROWE A. Sequential changes in trace metal, metallothionein and calmodulin concentrations in healing wounds [J]. J Anat, 1999, 195: 375-386.

[24] LE Y, ANAND S C, HORROCKS A R. Medical Textiles' 96 [M]. Cambridge: Woodhead Publishing Ltd, 1997.

[25] MEAUME S, SENET P, DUMAS R, et al. Urgotul: a novel non-adherent lipido-colloid dressing [J]. Br J Nurs, 2002, 11 (16): 42-50.

[26] MODAK S M, FOX C L. Binding of silver sulfadiazine to the cellular components of Pseudomonas aeruginosa [J]. Biochemical Pharmacology, 1973, 22 (19): 2391-2404.

[27] OLSON M E, WRIGHT J B, LAM K, et al. Healing of porcine donor sites covered with silver-coated dressings [J]. Eur J Surg, 2000, 166 (6): 486-489.

[28] OVINGTON L G. Nanocrystalline silver: where the old and familiar meets a new frontier [J]. Wounds, 2001, 13 (suppl B): 5-10.

[29] QIN Y, GROOCOCK M R. Polysaccharide fibres [P]. PCT, WO/02/36866A1, 2002.

[30] THOMAS S, MCCUBBIN P. A comparison of the antimicrobial effects of four silver-containing dressings on three organisms [J]. J Wound Care, 2003, 12 (3): 101-107.

[31] THOMAS S, MCCUBBIN P. An in vitro analysis of the antimicrobial properties of 10 silver-containing dressings [J]. J Wound Care, 2003, 12 (8): 305-308.

[32] TREDGET E E, SHANKOWSKY H A, GROENEVELD A , et al. A matched-pair, randomized study evaluating the efficacy and safety of Acticoat silver-coated dressing for the treatment of burn wounds [J]. J Burn Care Rehabil, 1998, 19 (6): 531-537.

[33] WELLS T N, SCULLY P, PARAVICINI G, et al. Mechanisms of irreversible inactivation of phosphomannose isomerases by silver ions and flamazine [J]. Biochemistry, 1995, 34: 7896-7903.

[34] WRIGHT J B, HANSEN D L, BURRELL R E. The comparative efficacy of two antimicrobial barrier dressings: in vitro examination of two controlled

release silver dressings [J]. Wounds, 1998, 10 (6): 179-188.

[35] WRIGHT J B, LAM K, BURRELL R E. Wound management in an era of increasing bacterial antibiotic resistance: a role for topical silver treatment [J]. Am J Infect Control, 1998, 26 (6): 572-577.

[36] WRIGHT J B, LAM K, HANSEN D, et al. Efficacy of topical silver against fungal burn wound pathogens [J]. Am J Infect Control, 1999, 27 (4): 344-350.

[37] YIN H Q, LANGFORD R, BURRELL R E. Comparative evaluation of the antimicrobial activity of ACTICOAT antimicrobial barrier dressing [J]. J Burn Care Rehabil, 1999, 20 (3): 195-200.

[38] 陈炯，韩春茂，余朝恒. 纳米银用于烧伤患者创面后银代谢的变化[J]. 中华烧伤杂志，2004，20 (3)：161-163.

[39] 林爱红，秦彦珉，黄惠英，等. 纳米抗菌剂抑菌杀菌性能研究 [J]. 实用预防医学，2003，10 (2)：168-170.

[40] 秦益民. 海藻酸纤维的成胶性能 [J]. 产业用纺织品，2003，4：17-20.

[41] 秦益民. 含银医用敷料的抗菌性能及生物活性 [J]. 纺织学报，2006，27 (11)：113-116.

[42] 秦益民. 在医用敷料中添加银离子的方法 [J]. 纺织学报，2006，27 (12)：109-112.

[43] 秦益民. 银离子的释放及敷料的抗菌性能 [J]. 纺织学报，2007，28 (1)：120-123.

[44] 秦益民. 含银海藻酸纤维的制备方法和性能 [J]. 纺织学报，2007，28 (2)：126-128.

[45] 秦益民. 含银海藻酸盐医用敷料的临床应用 [J]. 纺织学报，2020，41 (9)：183-190.

[46] 秦益民. 含银功能性医用敷料 [M]. 北京：中国纺织出版社，2022.

第 12 章　含锌与含铜医用敷料

12.1　人体中的锌和铜

锌和铜是生命必需的微量元素，这两种金属离子参与人体中多种酶的构成，具有极其广泛的生理作用（吴茂江，2006；姜小丽，2007；BERGER，1992）。锌离子在伤口愈合中起重要作用，严重烧伤引起人体的锌缺乏，影响伤口正常愈合，通过敷料为创面局部补锌可以起到促进伤口愈合的作用（TENAUD，1999；郭振荣，1997）。铜离子具有优良的抗菌性能和生物活性，在医用敷料中加入铜离子可以起到抗菌、促愈等多种优良功效（秦益民，2009）。

12.2　含锌医用敷料

正常人体内含 1.4~2.4g 锌，主要分布在骨骼、肌肉、血浆和头发中，在人体的微量元素中其丰度仅次于铁位居第二。锌对人体健康有十分重要的调控作用，被称为人体的宝矿、生命之花。锌参与 200 多种酶的构成，具有极其广泛的生理作用，能维护皮肤健康、提高免疫功能、维持维生素 A 及维生素 C 的正常代谢、维持正常的嗅觉与味觉、促进生长发育、促进性成熟等（AGREN，1990；SCHWARTZ，2005）。

12.2.1　锌参与多种酶的合成

人体中的生命物质都含有锌。锌是 DNA 和 RNA 聚合酶、胸腺嘧啶苷激酶、碱性磷酸酶、乳酸脱氢酶、碳酸酐酶、羧肽酶等 200 多种酶的组成部分或激活因子，直接参与核酸、蛋白质等物质的合成及组织代谢。当各种含锌酶的活性降低时，胱氨酸、赖氨酸等的代谢会发生紊乱，谷氨酸的合成会减少，肠黏液蛋白质和结缔组织蛋白的合成过程受阻（BRANDAO-NETO，1995；郭振荣，2000）。

12.2.2　锌是细胞膜的重要成分

锌对维持细胞结构和细胞的正常生理功能起重要作用，在生物体内担当活性因子，在许多化学反应中起酶催化反应作用。酶在生物体细胞内代谢及信息传递中起关键作用，脑细胞中锌水平的高低直接影响脑细胞膜功能的发挥，影响人体智力的发育（BALDWIN，2001）。

12.2.3　锌是组织器官的重要成分

锌元素是多种蛋白质必需的组分，而蛋白质是人体中各组织器官的基础，因此锌元素是各种器官的重要成分。锌在肝脏组织中的含量最多，并通过肠胃的吸收和胆汁的排泄维持其在人体内的平衡（吴茂江，2006）。

12.2.4　锌能增强创伤组织的再生能力

锌对核酸和蛋白质的合成、免疫过程、细胞的呼吸、分裂和繁殖及新陈代谢都有直接作用。锌在创伤愈合过程中发挥较为突出的作用，能影响细胞分裂和再生，直接影响创伤的愈合速度（WILLIAMS，1979；李烽，2000）。临床研究表明，锌能加速创伤、烧伤、手术伤口、下肢溃疡、皮肤炎症、瘘管等的愈合（郭振荣，2001；LANSDOWN，1996；LANSDOWN，2007）。锌可以刺激表皮细胞增生，通过调节皮肤的炎症反应过程，加快上皮化（李利根，2006；李利根，1998）。含有氧化锌的药膏是治疗人体和动物伤口的常用药物。临床研究证明，伤口上使用含氧化锌的敷料可以缩短愈合时间（徐瑛，2003；AGREN，1985；AGREN，1993）。

12.2.5　锌的抗菌作用

锌在完善人体防御机能上起到别的营养物不能替代的作用。缺锌导致人体免疫功能和病菌抵抗能力的下降，白细胞杀菌趋向性降低，同时降低人体中 T 细胞的功能，出现伤口不能愈合、身体瘦弱、食欲不好、易患感冒等症状（SODERBERG，1990）。

12.2.6　烧伤后人体中锌的丢失

正常生理条件下，肠道是人体排出锌的主要途径，每天排出量为 5~6mg，约占排出总量的 90%。通过尿及汗液排出的锌分别为 0.5~0.8mg 和 0.5~0.6mg。李烽等（李烽，2000）的研究显示，烧伤后粪锌排出量基本没有变化，而尿锌和经皮肤渗出的锌量明显增多，是烧伤后锌大量丧失的主要途径。Davis 等（DAVIES，1974）报道了烧伤面积 10%～33%的病人平均每日尿锌排出量是正常人的 2 倍，烧伤面积 34%～77%的病人尿锌排出量是正常人的 5 倍。经皮肤渗出而丢失的锌则更加惊人，Berger 等（BERGER，1992）测定烧伤面积 23%～43%的病人伤后 7 天经皮肤累计失锌量为 190mg，是正常值的 50 多倍。

伤口愈合过程中，基于修复创面的需要，大量锌由血管向创面转移。郭振荣等（郭振荣，1997；郭振荣，2000）报道了 57 例大面积烧伤患者伤后第一天水疱液含锌量远高于血清含锌量。机体通过不同途径丧失大量锌的结果导致血清中锌含量下降。大面积烧伤患者伤后第 1 至第 3 周，血清锌明显低于小面积烧伤组，直到伤后第 4 周才逐渐恢复。

陈国贤等（陈国贤，1998）研究了 10 例烧伤病人从伤后到第 6 周创面基本愈合时血清中锌、铜、铁、硒浓度的动态变化。如图 12-1 所示，正常人血清中锌的平均浓度为（1.03±0.21）mg/L，伤后第 3 天锌浓度下降到（0.76±0.17）mg/L。随着愈合过程的进行，21 天后恢复至正常水平。图 12-2 显示 10 例烧伤病人从伤后到第 6 周创面基本愈合时 24h 尿微量元素的动态变化。正常人的尿锌排出为（626±270）μg/24h，烧伤后尿锌排出有很大增加，伤后 14～28 天达到高峰时的排出量为（3292±1375）μg/24h。

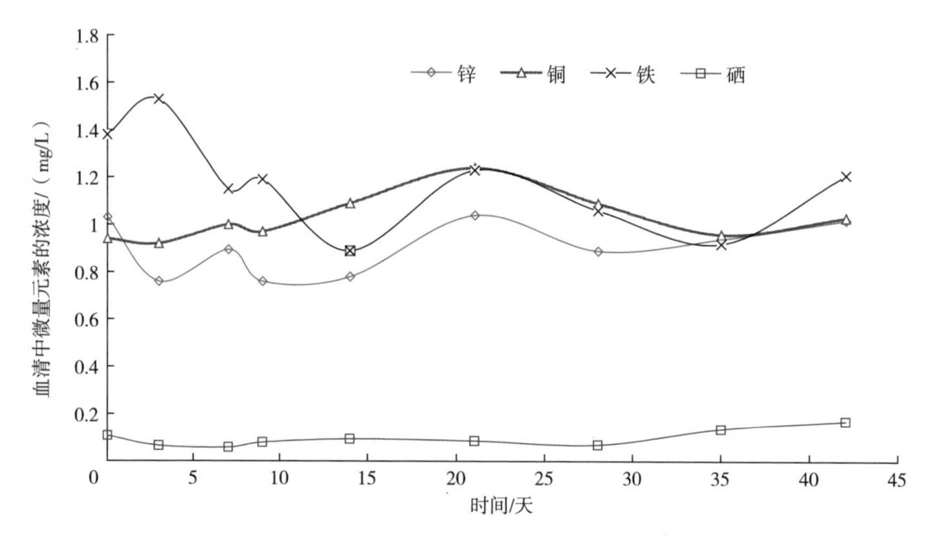

图 12-1　重度烧伤病人血清中微量元素的动态变化

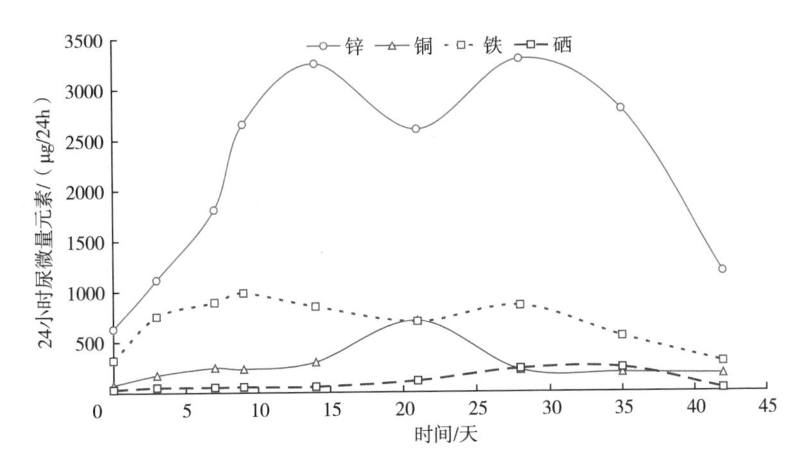

图 12-2　重度烧伤病人 24h 尿微量元素的动态变化

12.2.7　维持体内需锌量的措施

中国营养学会推荐成人每天的锌需量为 15mg，而目前我国人体的锌摄入量人均仅为 1.2mg/天，缺锌现象较为严重。从补锌的角度看，日常食物中锌的含量由高到低依次为动物类食品、豆类食品、谷物类食品、水果类、蔬菜类。在动物类食品中，海鲜的锌含量最高，其次为动物内脏、蛋类、脱脂奶粉等。植物中的植物酸和纤维可与锌结合而阻碍吸收，动物中的锌更易被人体吸收利用。正常情况下人体通过食物和饮水摄入微量元素锌可保持体内锌元素的代谢平衡，在缺锌严重的情况下，可用 $ZnSO_4$ 和维生素 B 等制成的复锌片进行预防治疗，也可服用葡萄糖酸锌、乳酸锌、柠檬酸锌等营养保健品。

12.2.8　检测人体锌水平的指标

严重烧伤病人以及处于其他多种疾病状态的病人存在锌营养不良时需要用锌剂治疗，有必要找到一个准确的指标反映锌营养不良及改善的程度。目前医疗界通常用组织或器官的含锌量测量动物的锌营养状况。缺锌常引起血清锌下降，但血清锌水平的改变并不能准确反映机体的锌营养状况，因为感染与应激等因素可以诱导肝、骨等器官大量合成金属硫蛋白并与锌结合，储存大量锌后使血清锌下降。这种情况下血清锌下降反映的是锌在体内重新分布而不代表机体锌缺乏。有人研究了白细胞、淋巴细胞和血小板锌含量的变化规律，发现白细胞锌含量在反映锌营养状态上较血浆锌更灵敏和准确，它几乎不受感染和应激等急性期反应的影响。有报道用血管紧张素转换酶（ACE）活性作为评价锌营养状态的指标。

ACE有两种同工酶，一种存在于睾丸，另一种存在于血管内皮，以肺、肾含量最为丰富，每个酶分子上结合两个锌原子。

12.2.9 锌离子对人体产生的局部和系统毒性

人体内锌积累过量后可以造成慢性锌中毒，主要表现为顽固性贫血、食欲不振、血红蛋白含量降低、血清铁及体内铁储存减少而出现缺铁性贫血，导致胃癌、金属烟雾发烧症等。锌过量还可影响身体对铜的吸收能力，导致免疫系统功能减弱，产生高胆固醇、动脉粥样硬化等病症。

12.2.10 含锌医用敷料的组成和性能

由于锌离子参与人体中多种酶的构成，其对伤口愈合过程中细胞的增长繁殖及皮肤的修复起十分重要的作用。创面修复涉及上皮细胞、内皮细胞、炎性细胞、成纤维细胞和基质的共同参与，其中成纤维细胞通过合成胶原等多种细胞外基质在创伤愈合和组织重塑中发挥重要作用。低锌状态时成纤维细胞合成胶原的能力下降，直接导致修复的延迟。临床上可以通过口服和创面局部补锌为人体提供锌离子，其中在创面上敷贴含锌医用敷料可以使创面直接获得锌。组织学检查证实，创面补锌后，皮下的肉芽组织、毛细血管和成纤维细胞比口服补锌更丰富（PARBOTEEAH，2008；SHIPPEE，1988；STROMBERG，1984）。

基于锌离子对伤口愈合的促进作用，全球各地的科研人员采用很多种类的载体材料与各种锌化合物结合后制备具有独特使用功效的含锌医用敷料。表12-1总结了文献中报道的几种含锌医用敷料的组成和性能。

表12-1 几种含锌医用敷料的组成和性能

基础材料	锌化合物	主要性能
海藻酸气凝胶	锌离子	海藻酸与锌结合形成的气凝胶释放的锌在RAW 264.7巨噬细胞中有高利用率和抗炎活性（KEIL，2020）
壳聚糖和聚乙烯醇	肝素化纳米氧化锌颗粒	有效加速伤口闭合和再上皮化，显著促进急性创面愈合（KHORASANI，2021）
芦荟—海藻酸薄膜	锌离子	促进皮肤切口愈合（KOGA，2020）
PEO纳米纤维	纳米氧化锌颗粒	比表面积高、亲水性好，适用于作为组织工程支架改善创面愈合（NOSRATI，2020）
水凝胶与丝素纤维的复合物	氧化锌	营养物质、生长因子、代谢物和气体的交换更容易，有利于受损组织的成功再生（MAJUMDER，2020）

续表

基础材料	锌化合物	主要性能
卡拉胶	纳米氧化锌/L-谷氨酸	复合水凝胶可用于喷洒伤口，加速伤口愈合（TAVAKOLI，2020）
静电纺海藻酸盐基垫	纳米氧化锌粒子	纳米氧化锌粒子具有很强的抗菌性能（DODERO，2020）
海藻酸钙水凝胶+细菌纤维素	锌离子	良好的抑菌性能（ZHANG，2020）
无	50%氯化锌溶液	氯化锌对黑色素瘤切除伤口上组织的杀伤使伤口变得更深、更宽（BROOKS，2020）

12.2.11　含锌医用敷料释放锌离子的性能

临床上使用的含锌医用敷料传统上以氧化锌为锌源。Lansdown 等（LANSDOWN，2007）的研究显示，尽管氧化锌颗粒不溶于水，在与含蛋白质的水溶液接触时，其溶解性能得到很大改善，锌离子可以持续释放进入创面。硫酸锌也可为创面提供锌离子，但是作为水溶性化合物，应用时没有缓释作用，而氧化锌不溶于水，可以在创面蛋白质作用下缓慢释放出锌离子。

Agren 等（AGREN，2004）研究了两种含氧化锌的医用敷料释放锌离子的性能及其对胶原细胞的影响。结果显示，从聚乙烯吡咯烷酮负载的氧化锌敷料中释放出的锌离子浓度是从氧化锌软膏中释放出的 2 倍以上，其浓度分别为 410μmol/L 和 150μmol/L，证明亲水性载体可加快锌离子释放。有产品将颗粒直径小于 100nm 的 $ZnCO_3$ 复合到纱布上，制备的纳米复合纱布对皮肤无毒性，释放出的锌离子对 28 种菌种的抑菌率大于 95%，能促进创面快速愈合。

海藻酸是一种高分子羧酸，可与锌离子结合后得到海藻酸锌。把海藻酸钙纤维与含有锌离子的水溶液处理后可以通过离子交换获得海藻酸锌纤维（秦益民，2011）。当使用过量的 $ZnSO_4 \cdot 7H_2O$ 时，纤维中的锌离子含量可以达到 128.5mg/g，而用氯化锌为凝固剂通过湿法纺丝得到的海藻酸锌纤维中的锌离子含量为 164.4mg/g，说明在用 $ZnSO_4 \cdot 7H_2O$ 处理海藻酸钙纤维时，纤维中的大部分羧酸基团与锌离子结合成海藻酸锌。

图 12-3 显示 37℃下把海藻酸锌纤维放置在不同浓度的蛋白质水溶液中后溶液中锌离子浓度的变化。0.5h 后，1.0%、2.9%和 5.0%蛋白质水溶液中的锌离子浓度分别为 92mg/L、347mg/L 和 626mg/L，24h 后，三种溶液中的锌离子浓度分别上升到 170mg/L、1384mg/L 和 1924mg/L，说明蛋白质分子对锌离子的螯合

作用促进了锌离子从海藻酸锌纤维上的释放。

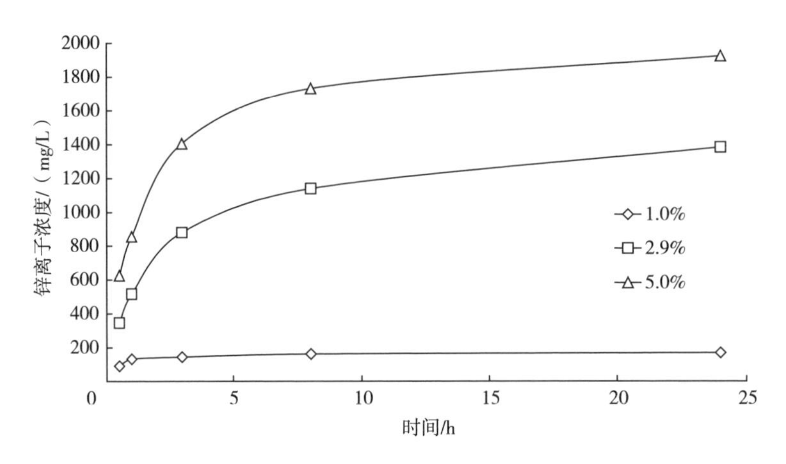

图 12-3　海藻酸锌纤维在不同浓度的蛋白质水溶液中释放锌离子的性能

12.2.12　含锌医用敷料的抗菌性能

ZnO 是一种传统的无机抗菌材料，在与细菌接触时，锌离子缓慢释放出来，通过与硫代基、羧基、氨基、羟基等有机基团反应以及与细菌细胞膜蛋白结合后破坏其结构，起到与银离子类似的抗菌作用。把 ZnO 加工成纳米级粉体可以提高其抗菌作用。纳米级粒子具有特殊的表面界面效应，表面原子数量大幅多于传统粒子，可增加 ZnO 与细菌的亲和力，提高抗菌效率。在紫外光照射下，纳米 ZnO 可以激活水和空气中的氧成为活性氧，而活性氧具有强化学性，能与细菌中的有机物发生氧化还原反应后杀死细菌。

12.2.13　口食和创面补锌对伤口愈合的影响

临床上，烧伤对人体中锌离子的代谢有很大影响。烧伤后大量锌伴随血浆成分外渗，尿锌排出也明显增多。由于大量锌聚集在肝脏及转移到创面的锌增多等原因，烧伤后血锌浓度降低。动物试验表明，缺锌的大鼠不仅食欲减退、生长停滞，还对神经系统、循环系统、消化系统、骨骼系统都有严重不良影响。在体重降低的同时还可以观察到皮肤松弛，皮肤组织切片证实成纤维细胞、胶原纤维和毛囊均减少，说明低锌状态不仅影响生长发育，还影响创面修复。

李利根等（李利根，2006）研究了口饲和创面补锌对烫伤大鼠血清组织中锌的影响。80 只大鼠被随机分为 C 组（正常对照组）、N 组（烫伤对照组）、H 组（口饲补锌组）、W 组（创面补锌组）。先用正常含锌 40μg/g 饲料喂养 1 周，活杀 C 组大鼠留取标本，其余 3 组烫伤背部 15%，深Ⅱ°。N 组、W 组继续用 40μg/g 含锌饲料喂养，同时 W 组创面涂含锌 761.1μg/g 外用药 2g/d；H 组改用 80μg/g 高锌饲料。烫伤后 1d、3d、7d 各组分别活杀大鼠 8 只，留取全血、肝脏、股骨、烫伤皮肤等标本检测锌含量。

由表 12-2 可知，烫伤后第 1 天，N 组、W 组血清锌由伤前的 0.66μg/mL 降至 0.44μg/mL，而 H 组却上升至 1.06μg/mL；烫伤后 1~3d 各组肝脏锌呈上升趋势，补锌后上升更明显，H 组伤后第 1 天由伤前的 22.57μg/g 升至 41.68μg/g，明显高于 N 组、W 组；烫伤后第 1 天，N、W 组皮肤锌下降，由伤前的 18.9μg/g 分别降至 14.0μg/g、15.8μg/g，而 H 组却上升至 27.1μg/g，创面补锌后 7d，W 组升至 34.3μg/g，高于伤前和 N 组、H 组。

表 12-2　补锌后血清和组织中锌含量的变化

试验组别	时间/d	血清/（μg/g）	肝脏/（μg/g）	骨骼/（μg/g）	烫伤皮肤/（μg/g）
C 组	0	0.66±0.12	22.57±3.23	68.92±6.18	18.59±2.15
N 组	1	0.44±0.05	23.76±3.54	61.34±5.69	14.03±1.58
	3	0.58±0.06	23.27±2.11	50.07±4.31	17.56±1.76
	7	0.62±0.10	21.30±1.69	41.52±3.69	23.46±2.97
H 组	1	1.06±0.11	41.68±6.15	61.08±4.89	27.15±3.58
	3	0.89±0.08	34.12±5.61	58.07±5.12	23.07±3.64
	7	0.86±0.08	26.68±4.31	58.52±3.56	26.05±3.16
W 组	1	0.44±0.05	23.92±2.13	60.34±5.87	15.88±1.68
	3	0.59±0.09	25.53±2.67	52.06±4.68	25.48±3.11
	7	0.69±0.09	26.48±2.14	49.56±5.36	34.39±4.25

表 12-2 的结果证明，烫伤后血清、组织锌降低，并出现再分布现象，需要补充锌。口饲补锌能快速提高血清锌水平，有利于纠正烫伤后的低锌状态，而创面补锌可以提高烫伤皮肤锌含量，有利于锌的摄取，促进创面愈合。

在另一项研究中，李利根等（李利根，1998）比较了创面补锌与口服补锌，发现口服补锌能使血锌、生长激素水平快速提高，创面补锌同样可以提高血锌和生长激素水平，但提高的程度低于口服补锌。与此同时，对于增加皮肤锌含量和羟脯氨酸含量、促进胶原蛋白合成、减轻炎症反应，创面补锌明显优于口服补锌。

Lansdown 等（LANSDOWN，1996）发现创面局部补锌比口服补锌更能促进伤口愈合，其原因一方面在于局部补锌能在创面提供抗菌作用，另一方面能促进创面上皮化。

12.2.14 含锌医用敷料的疗效

Schwartz 等（SCHWARTZ，2005）的研究结果显示，由于皮肤一直处于一种自我更新状态，其对含锌酶及蛋白质有持续的需求。伤口愈合及炎症反应过程中消耗大量的锌离子，通过伤口表面的局部补锌可以促进伤口愈合。

郭振荣等（郭振荣，2001；郭振荣，1995）研究了动物烧伤后的缺锌状况，通过不同剂量、不同途径补锌观察对创面愈合的影响。结果显示，伤后第 1 天，血锌、皮肤锌即明显降低，饲以高锌饲料可以尽快提高血锌、皮肤锌水平，经创面补锌可以提高皮肤锌含量，有助于加速创面修复。研究结果还显示，应用银锌霜的深Ⅱ度创面的愈合时间为（12.3±2.1）天，而对照组至 21 天只有 66.7%的创面愈合。从这些结果可以看出，烧伤后血锌、皮肤锌水平都降低，经口饲和创面补锌可提高上述水平，口饲补锌侧重于提高血锌水平，通过含锌医用敷料进行创面补锌有助于增加皮肤中的锌含量，且能促进创面愈合。银锌霜含有磺胺嘧啶银与磺胺嘧啶锌，具有抗菌和提供上皮生长所需锌离子的双重功效。在同样的愈合条件下，涂银锌霜后的创面愈合时间为（15.4±2.7）天，而涂碘络醚（碘伏）对照组的愈合时间为（19.6±3.3）天。

蔡东联等（蔡东联，1989）报道了家兔在造成 15%三度烫伤前进食低锌饲料两周，造成低锌状态，伤后继续饲以低锌饲料，创面到伤后 52 天仍不愈合，而伤后改食正常含锌或高锌饲料的家兔，创面分别于伤后 42 天、47 天愈合。

Segal 等（SEGAL，1998）在研究海藻酸盐医用敷料时发现，含锌离子的海藻酸盐医用敷料与普通海藻酸盐医用敷料相比有更好的凝血作用和激活血小板的功能，因此具有更好的止血功效。由于锌离子可以与伤口渗出液中的蛋白质分子结合，含锌医用敷料应用在伤口上后，可以持续通过渗出液向创面释放锌离子。动物试验结果表明，在创面上通过含锌医用敷料补锌，可以提高创面的锌离子浓度，促进皮肤细胞的增殖及伤口的愈合。

12.3 含铜医用敷料

铜是人体中含量仅次于铁和锌，在微量元素中居第三位的一种生命元素。它是细胞内部氧化过程的催化剂，对细菌和病毒有抑制作用，广泛应用于水净化、灭藻、灭真菌等领域。铜离子对细菌、病毒、真菌有抑制作用，具有良好的抗菌、抗病毒功效。铜离子能影响人体中多种酶的活性，促进核酸代谢、蛋白质合成、胶原纤维生成，能刺激肌肤中胶原蛋白的再生长、促进皮肤新陈代谢，使健康皮肤更加光滑、受损皮肤更快愈合，在功能性医用敷料、抗菌纺织品等领域有很高的应用价值（GABBAY，2006；SEN，2002）。

美国卡普诺公司利用铜的特殊性能，开发出的 Cupron 铜基抗菌纤维具有抗菌、抗病毒等性能，与银基抗菌纤维相比，能更好防止细菌感染、预控疾病（BORKOW，2004）。Cupron 纤维可以通过两种方法制备，一种是在棉纤维表面镀上氧化铜，另一种是在聚酯、聚丙烯、聚乙烯、聚氨酯、聚酰胺等纤维中通过共混纺丝加入氧化铜，其中氧化铜含量约为 3%（BORKOW，2004）。图 12-4 显示 Cupron 铜基抗菌纤维的表面结构。

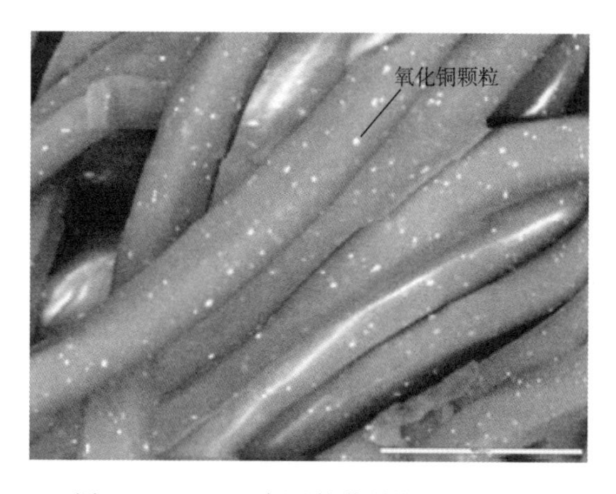

图 12-4　Cupron 铜基抗菌纤维的表面结构

作为一种铜化合物，氧化铜具有广谱的抗菌作用，对细菌、病毒、真菌都有活性，加入纤维后能赋予纤维优良的抗菌、抗病毒作用，可用于制备抗病毒的手套和过滤装置（BORKOW，2005；秦益民，2009）。在一项研究中，含艾滋病毒 HIV-1 的培养液分别经过氧化铜粉末和含氧化铜的纤维过滤，测试结果表明，氧化铜粉末和含氧化铜的纤维均能杀死培养液中的艾滋病毒。以铜基抗菌纤维为原料制备的非织造布过滤血液后可以有效控制艾滋病毒的扩散。铜基抗菌纤维对 MRSA 有很强的抑制作用，可以阻止病区内细菌的感染。

铜离子有优良的生物活性，在与皮肤作用时与皮肤产生物理作用，刺激肌肤中胶原蛋白的再生长。在与眼睛接触时可以改善眼周血液循环，明显淡化皱纹和黑眼圈。利用这种特殊性能，Cupron 铜基抗菌纤维被加工成枕套和眼罩，一系列临床试验证明睡觉时使用含铜的枕套和眼罩能有效减少皱纹、细纹和雀斑，并能改善整体肤色，皮肤上的痘痘不再出现，皮肤明显变光滑，眼角纹明显减少。使用这种抗皱纹枕套不仅能使皮肤健康，更具活力，还能消灭枕套上的细菌，抑制细菌对皮肤的侵害，而这一切都在睡眠休息过程中完成。

12.3.1 铜的生理作用

成年人体内含有 50~120mg 铜，其中 50%~70%存在于肌肉和骨骼中，20%在肝脏中，5%~10%在血液中。铜在人体的皮肤、软骨等结缔组织的新陈代谢中起重要作用，可催化血红蛋白合成，参与造血过程。铜在肝脏内合成血浆铜蓝蛋白，加速血红蛋白及卟啉的合成，加速幼稚细胞的成熟和释放（PICKART，1980）。血清中的铜对毒素有螯合作用，可以解毒并提高白细胞杀灭细菌的能力，具有治疗和预防肿瘤或癌症的作用（REA，1998；SCHLESINGER，1977）。人类很早以前就已经认识到铜的保健作用，古埃及人和古希腊人用铜管清洁饮用水，阿兹特克人用铜治疗喉咙痛，中国人的日常生活中也有大量铜质器具。

12.3.2 铜的抗菌性能

许多金属离子具有杀菌作用，铜是其中最具代表性的金属之一。铜具有抑制各种有碍健康的细菌、病毒和水中微生物生长的作用，其作用机理为铜在有水的条件下生成的 Cu^{2+} 透过细胞膜到达细胞内部，由于 Cu^{2+} 为重金属离子，其能使酶变性，打乱细菌中重要金属离子的自然状态，破坏核酸的立体结构和细胞的渗透压，从而破坏新陈代谢，杀死微生物。铜离子通过静电与细菌和病毒中带负电的区域结合，通过破坏细胞结构，减少氧分进入细胞，起到抑制细菌增长繁殖的作用。

含铜的 Cupron 抗菌纤维具有优良的抗菌性能，也具有很好的抗螨性能。图 12-5 显示在与铜基抗菌纤维接触不同时间后螨虫的成活率。测试的前 12 天中，与普通织物接触的螨虫的成活率为 100%，而与含 2%氧化铜的织物接触 5 天后，所有螨虫已经被杀死（秦益民，2009）。

12.3.3 铜离子在伤口愈合过程中的作用

与锌离子相似，铜离子是人体中重要的微量金属离子。Kouremenou-Dona 等（KOUREMENOU-DONA，2006）在希腊进行的一项研究中显示，正常人血清中铜和锌离子的浓度分别为（115.46±23.56）μg/dL 和（77.11±17.67）μg/dL，

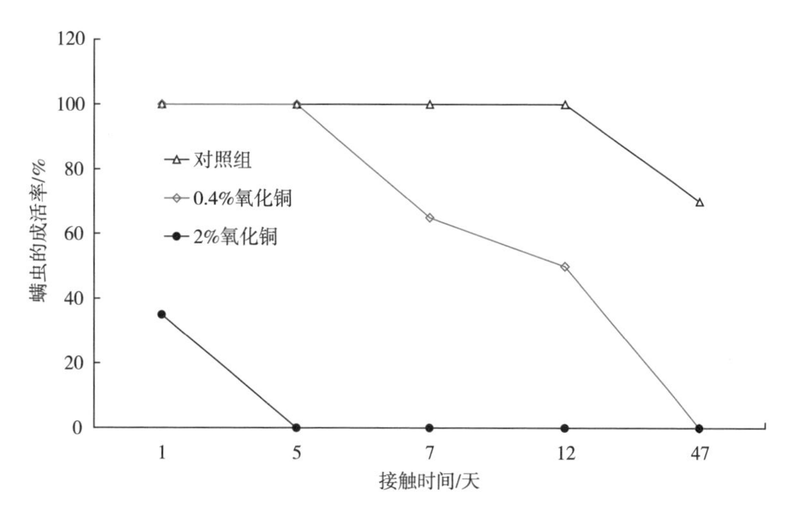

图 12-5　与铜基抗菌纤维接触不同时间后螨虫的成活率

同时显示女性的铜和锌离子含量高于男性。在和其他国家得到的数据比较后发现，希腊人的铜离子含量高于其他国家，而锌离子含量低于其他国家。Madaric 等（MADARIC，1994）在斯洛伐克的一项研究中发现，男性正常人血清中铜和锌离子的浓度分别为（1.15±0.17）mg/L 和（0.93±0.14）mg/L。随着年龄的增长，老龄人中铜离子浓度有所上升，锌离子浓度有所下降。McMaster 等（MCMASTER，1992）对爱尔兰人体血清中铜和锌离子浓度进行了调查。结果显示在 1983~1984 年，1144 名男性人体血清中铜和锌离子的浓度分别为（17.2±3.1）mmol/L 和（12.1±1.7）mmol/L，1055 名女性人体血清中铜和锌离子的浓度分别为（19.0±3.9）mmol/L 和（11.6±1.4）mmol/L。1986~1987 年，1142 名男性人体血清中铜和锌离子的浓度分别为（17.9±3.3）mmol/L 和（13.2±2.1）mmol/L，1034 名女性人体血清中铜和锌离子的浓度分别为（20.1±3.9）mmol/L 和（12.7±2.0）mmol/L。Cesur 等（CESUR，2005）在土耳其的一项研究中显示，正常人血清中铜和锌离子的浓度分别为（96±8.65）μg/dL 和（83±5.59）μg/dL，同时布鲁杆菌发热病人的测试结果显示，其血清中铜离子浓度大幅高于正常人，达（130.5±24.7）μg/dL。

Lee 等（LEE，1996）比较了正常人和银屑病（Psoriasis）患者血清中铜和锌离子的浓度。结果显示，正常人血清中铜和锌离子的浓度分别为（0.945±0.124）mg/L 和（0.886±0.084）mg/L，而银屑病患者血清中铜和锌离子的浓度分别为（0.934±0.127）mg/L 和（0.733±0.151）mg/L。Wong 等（WONG，1988）在对子宫癌患者的研究中发现，正常人血清中铜和锌离子的浓度分别为（18.2±3.7）μmol/L 及（13.5±2.0）μmol/L，而子宫癌患者血清中铜和锌离子的浓度分别为（19.4±4.2）

μmol/L 及（11.6±1.9）μmol/L。

陈国贤等（陈国贤，1998）研究了 10 例烧伤病人从伤后到第 6 周创面基本愈合时血清中锌、铜、铁、硒浓度的动态变化。正常人血清中铜离子的平均浓度为（0.94±0.11）mg/L，伤后的第 1 周其浓度没有较大变化。随着愈合过程的进行，9 天后铜离子的浓度开始上升至（0.97±0.15）mg/L，21 天后达到（1.24±0.25）mg/L。随着伤口的进一步愈合，铜离子浓度恢复至正常水平。图 12-6 显示烧伤病人从伤后到创面基本愈合时血清中铜离子浓度的动态变化。

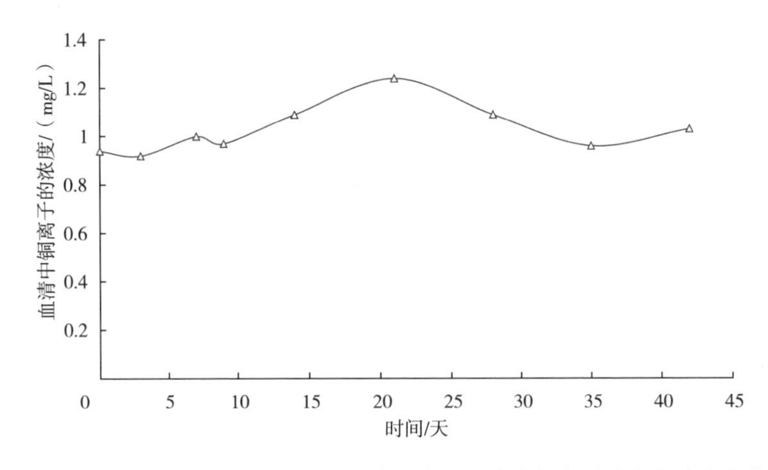

图 12-6　烧伤病人从伤后到创面基本愈合时血清中铜离子浓度的动态变化

铜离子在伤口愈合过程中起十分重要的作用，具有抗氧化、促进胶原增生、辅助伤口愈合的功能。在伤口愈合过程中，血管生成是愈合的一个重要组成部分。铜离子对血管生成有重要的促进作用，实验和动物试验结果表明 $CuSO_4$ 可以促进血管生成，用 $CuSO_4$ 处理过的伤口表面的表皮细胞数量明显多于未处理过的伤口。铜离子对纤连蛋白（fibronectin）的稳定性也起重要作用。伤口愈合过程中，细胞增长和皮肤重组过程涉及许多种酶的作用，铜离子是酶的组成部分，对金属硫蛋白的合成起重要作用。

12.3.4　含铜医用敷料的组成和性能

基于铜离子对伤口愈合的促进作用，全球各地的科研人员采用很多种类的载体材料与各种铜化合物结合后制备具有独特使用功效的含铜医用敷料。表 12-3 总结了文献中报道的几种含铜医用敷料的组成和性能。

表 12-3　几种含铜医用敷料的组成和性能

基础材料	铜化合物	主要性能
醋酸纤维素	纳米氧化铜	细胞活力和抗菌性能显著提高（AL-SAEEDI，2021）
常规伤口愈合敷料	氧化铜微粒	在感染和非感染的伤口上应用氧化铜浸渍的伤口敷料显著促进伤口愈合（MELAMED，2021）
静电纺纤维素纳米纤维	纳米氧化铜	对革兰阴性和革兰阳性细菌均有显著的抗菌性能（HAIDER，2021）
细菌纳米纤维素+海藻酸盐	铜离子	具有 pH 值响应性抗菌活性，加快创面愈合（SHAHRIARI-KHALAJI，2020）
聚己内酯	纳米氧化铜	抑制 MRSA 生长（BALCUCHO，2020）
常规伤口敷料	铜离子	在不使用抗生素的情况下减少医院获得性感染及其相关的抗生素耐药性风险（ARENDSEN，2020）
静电纺聚氨酯	硫酸铜	具有良好的理化性能和血液相容性，促进创面愈合（JAGANATHAN，2018）

12.3.5　含铜医用敷料的应用

临床上，铜被证明对人体的毒性很低，同时铜离子能增强生长因子的活性，刺激皮肤生成新的毛细血管，在伤口上使用含铜医用敷料能加快伤口愈合（HU，1998）。铜离子具有类似银离子的抗菌作用，并且不会产生细菌耐药性，同时还具有促进慢性溃疡性伤口愈合的性能，在功能性医用敷料中有重要的应用价值。

含铜医用敷料的抗菌性能有利于控制创面感染和病区内的交叉感染。以壳聚糖纤维为例，负载铜、锌、银等离子可以强化其抗菌性能、改善应用价值（QIN，2009）。图 12-7 显示含大肠杆菌的培养液在与壳聚糖纤维、含铜壳聚糖纤维、含锌壳聚糖纤维以及含银壳聚糖纤维接触后的混浊度。三种含金属离子的壳聚糖纤维周围均有澄清的溶液，表明其具有较强的抑菌作用。与含铜壳聚糖纤维接触的溶液整体澄清，说明纤维释放出的铜离子有效抑制了细菌的生长。

表 12-4 显示不同种类的壳聚糖纤维对白色念珠菌的抑菌作用。壳聚糖纤维的抑菌率为 78.6%，负载铜和锌离子的含铜壳聚糖纤维和含锌壳聚糖纤维的抑菌率分别为 96.2% 和 97.7%，表明铜和锌离子可以有效提高壳聚糖纤维的抑菌性能。

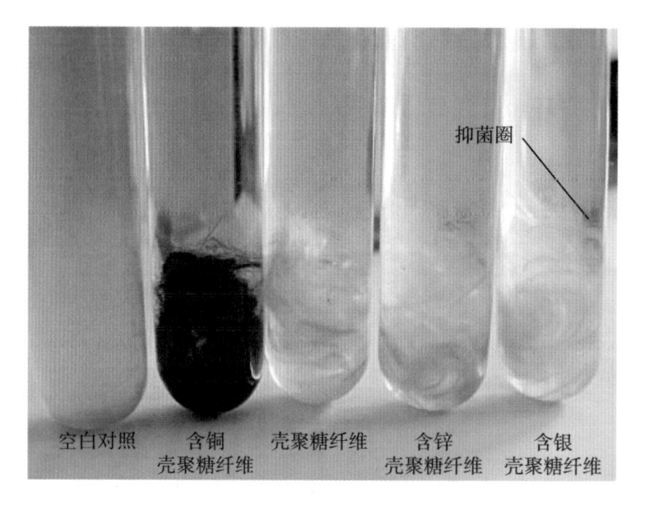

图 12-7　含大肠杆菌的培养液在与不同纤维接触后的混浊度

表 12-4　不同种类的壳聚糖纤维对白色念珠菌的抑菌作用

样品	细菌数/（cfu/mL）	下降率/%
空白对照	5.4×10^{3}	—
壳聚糖纤维	1155	78.6
含铜壳聚糖纤维	208	96.2
含锌壳聚糖纤维	123	97.7

铜离子在结合肽类物质后可以提高渗透性、加速皮肤创伤的修复、促进胶原生长、提高皮肤保湿因子的合成能力、减缓皮肤脂质过氧化速度。铜肽是从血清中分离出来的一种由三个氨基酸［Glycyl-L-histidyl-L-lysine（GHK）］和一个铜离子组成的复合物，可有效促进胶原蛋白和弹性蛋白的合成，加强血管生长和抗氧化能力，并刺激葡萄糖聚胺产生，辅助皮肤的自我修复（PICKART，2008）。以甘氨酸—组氨酸—赖氨酸—铜组成的铜肽（GHK-Cu）可以在不伤肌肤、不刺激肌肤的情况下，增加细胞活力，逐渐修复体内流失的胶原蛋白，使皮下组织坚强、伤口迅速愈合。铜肽的功效包括：

（1）刺激胶原蛋白与弹力蛋白形成，紧实肌肤、减少细纹。

（2）恢复肌肤修复能力，增加皮肤细胞间黏质产生，减少皮肤受损。

（3）刺激葡萄糖聚胺形成，增加皮肤厚度，减少皮肤松垮、紧实肌肤。

（4）促进血管增生，增加皮肤供氧量。

（5）辅助抗氧化酵素 SOD，有很强的抗自由基功能。

实验结果证明铜肽对伤口愈合有促进作用，其中铜离子在伤口愈合过程中的作用主要有两个，一是对皮肤起保护作用，防止皮肤的氧化损伤；二是引发皮肤的重组过程，启动人体对损伤皮肤的消除及正常皮肤的再生（PICKART，1980；GORTER，2004）。在损伤的皮肤上应用铜肽可使巨噬细胞涌入创面，通过释放创面修复生长因子有效促进伤口愈合。

12.4　小结

锌离子和铜离子对伤口愈合均起重要作用。临床上使用含锌医用敷料可以通过对创面局部补锌，促进伤口愈合。铜离子能抑制细菌、病毒和真菌的生长，促进人体皮肤的新陈代谢，在具有良好抗菌性能的同时，对皮肤有很好的保健功能。临床试验证明含锌和含铜医用敷料在伤口护理领域有很高的应用价值。

参考文献

[1] AGREN M S. Studies on zinc in wound healing [J]. Acta Dermato-Venereologica Supplementum, 1990, 154: 1-36.

[2] AGREN M S, STROMBERG H E. Topical treatment of pressure ulcers: A randomized comparative trial of Varidase and zinc oxide [J]. Scand J Plast Reconstr Surg, 1985, 19: 97-100.

[3] AGREN M S. Zinc oxide increases degradation of collagen in necrotic wound tissue [J]. Br J Dermatol, 1993, 129: 221.

[4] AGREN M S, MIRASTSCHIJSKI U. The release of zinc ions from and cytocompatibility of two zinc oxide dressings [J]. Journal of Wound Care, 2004, 13: 367-369.

[5] AL-SAEEDIS, AL-KADHI N S, AL-SENANI G M, et al. Antibacterial potency, cell viability and morphological implications of copper oxide nanoparticles encapsulated into cellulose acetate nanofibrous scaffolds [J]. Int J Biol Macromol, 2021, 182: 464-471.

[6] ARENDSENL P, THAKAR R, BASSETT P, et al. The impact of copper impregnated wound dressings on surgical site infection following caesarean section: a double blind randomised controlled study [J]. Eur J Obstet

Gynecol Reprod Biol, 2020, 251: 83-88.
[7] BALCUCHOJ, NARVAEZ D M, CASTRO-MAYORGA J L. Antimicrobial and biocompatible polycaprolactone and copper oxide nanoparticle wound dressings against methicillin-resistant Staphylococcus aureus [J]. Nanomaterials (Basel), 2020, 10 (9): 1692-1697.
[8] BALDWIN S, ODIO M R, HAINES S L, et al. Skin benefits from continuous topical administration of a zinc oxide/petrolatum formulation by a novel disposable diaper [J]. J Eur Acad Dermatol Venereol, 2001, 15 (Suppl): 5-11.
[9] BERGER M M, CAVADINI C, BART A, et al. Cutaneous copper and zinc losses in burns [J]. Burns, 1992, 18 (5): 373-380.
[10] BORKOW G, GABBAY J. Putting copper into action: copper impregnated products with potent biocidal activities [J]. FASEB J, 2004, 18: 1728-1730.
[11] BORKOW G, GABBAY J. Copper as a biocidal tool [J]. Curr. Med. Chem, 2005, 12: 2163-2175.
[12] BRANDAO-NETO J, SILVA C A, SHUHAMA T, et al. Renal excretion of zinc in normal individuals during zinc tolerance test and glucose tolerance test [J]. Trace Elem Electrolytes, 1995, 12 (2): 62-67.
[13] BROOKSN A. Treatment of melanoma excision wound with 50% zinc chloride solution Astringent-Mohs Melanoma Surgery without the paste [J]. J Clin Aesthet Dermatol, 2020, 13 (3): 15-16.
[14] CESUR S, KOCATURK P, KAVAS G, et al. Serum copper and zinc concentrations in patients with brucellosis [J]. Journal of Infection, 2005, 50 (1): 31-33.
[15] DAVIES J W, FELL G S. Tissue catabolism in patients with burns [J]. Clin Clim Acta, 1974, 51 (1): 83-92.
[16] DODEROA, SCARFI S, POZZOLINI M, et al. Alginate-based electrospun membranes containing ZnO nanoparticles as potential wound healing patches: biological, mechanical, and physicochemical characterization [J]. ACS Appl Mater Interfaces, 2020, 12 (3): 3371-3381.
[17] GABBAY J, MISHAL J, MAGEN E, et al. Copper oxide impregnated textiles with potent biocidal activities [J]. Journal of Industrial Textiles, 2006, 35: 323-335.

[18] GORTER R W, BUTORAC M, COBIAN E P. Examination of the cutaneous absorption of copper after the use of copper-containing ointments [J]. Am J Ther, 2004, (11): 453-458.

[19] HAIDERM K, ULLAH A, SARWAR M N, et al. Lignin-mediated in-situ synthesis of CuO nanoparticles on cellulose nanofibers: a potential wound dressing material [J]. Int J Biol Macromol, 2021, 173: 315-326.

[20] HU G F. Copper stimulates proliferation of human endothelial cells under culture [J]. J Cell Biochem, 1998, 69: 326-335.

[21] JAGANATHANS K, MANI M P. Electrospun polyurethane nanofibrous composite impregnated with metallic copper for wound-healing application [J]. 3 Biotech, 2018, 8 (8): 327-333.

[22] KEILC, HUBNER C, RICHTER C, et al. Ca-Zn-Ag alginate aerogels for wound healing applications: swelling behavior in simulated human body fluids and effect on macrophages [J]. Polymers (Basel), 2020, 12 (11): 2741-2745.

[23] KHORASANIM T, JOORABLOO A, ADELI H, et al. Enhanced antimicrobial and full-thickness wound healing efficiency of hydrogels loaded with heparinized ZnO nanoparticles: in vitro and in vivo evaluation [J]. Int J Biol Macromol, 2021, 166: 200-212.

[24] KOGAA Y, FELIX J C, SILVESTRE R G M, et al. Evaluation of wound healing effect of alginate film containing Aloe vera gel and cross-linked with zinc chloride [J]. Acta Cir Bras, 2020, 35 (5): e202000507.

[25] KOUREMENOU-DONA E, DONA A, PAPOUTSIS J. Copper and zinc concentrations in serum of healthy Greek adults [J]. The Science of the Total Environment, 2006, 359 (1-3): 76-81.

[26] LANSDOWN A B, MIRASTSCHIJSKI U, STUBBS N, et al. Zinc in wound healing: theoretical, experimental, and clinical aspects [J]. Wound Repair Regen, 2007, 15 (1): 2-16.

[27] LANSDOWN A B. Zinc in the healing wound [J]. Lancet, 1996, 347: 706-707.

[28] LEE S Y, LEE H K, LEE J Y, et al. Analysis of serum zinc and copper levels in psoriasis [J]. Korean Journal of Investigative Dermatology, 1996, 3 (1): 35-38.

[29] MADARIC A, GINTER E, KADRABOVA J. Serum copper, zinc and

copper/zinc ratio in males: influence of aging [J]. Physiol Res, 1994, 43 (2): 107-111.

[30] MAJUMDERS, DAHIYA U R, YADAV S, et al. Zinc oxide nanoparticles functionalized on hydrogel grafted silk fibroin fabrics as efficient composite dressing [J]. Biomolecules, 2020, 10 (5): 710-714.

[31] MCMASTER D, MCCRUM E, PATTERSON C C, et al. Serum copper and zinc in random samples of the population of Northern Ireland [J]. American Journal of Clinical Nutrition, 1992, 56 (2): 440-446.

[32] MELAMEDE, KIAMBI P, OKOTH D, et al. Healing of chronic wounds by copper oxide-impregnated wound dressings-case series [J]. Medicina (Kaunas), 2021, 57 (3): 296-300.

[33] NOSRATIH, KHODAEI M, BANITALEBI-DEHKORDI M, et al. Preparation and characterization of poly (ethylene oxide) /zinc oxide nanofibrous scaffold for chronic wound healing applications [J]. Polim Med, 2020, 50 (1): 41-51.

[34] PARBOTEEAH S, BROWN A. Managing chronic venous leg ulcers with zinc oxide paste bandages [J]. British Journal of Nursing, 2008, 17 (6): S30-S36.

[35] PICKART L, FREEDMAN J H, LOKER W J, et al. Growth-modulating plasma tripeptide may function by facilitating copper uptake into cells [J]. Nature, 1980, 288: 715-717.

[36] PICKART L. The human tri-peptide GHK and tissue remodeling [J]. J Biomater Sci Polym Ed, 2008, 19 (8): 969-988.

[37] QIN Y, ZHU C, CHEN J, et al. Chitosan fibers with enhanced antimicrobial properties [J]. Chemical Fibers International, 2009, (3): 154-156.

[38] REA G, LAURENZI M, TRANQUILLI E, et al. Developmentally and wound-regulated expression of the gene encoding a cell wall copper amine oxidase in chickpea seedlings [J]. FEBS Lett, 1998, 437: 177-182.

[39] SCHLESINGER D H, PICKART L, THALER M M. Growth-modulating serum tripeptide is glycyl-histidyl-lysine [J]. Experientia, 1977, 33: 324-325.

[40] SCHWARTZ J R, MARSH R G, DRAELOS Z D. Zinc and skin health: overview of physiology and pharmacology [J]. Dermatol Surg, 2005, 31 (7): 837-847.

[41] SEGAL H C, HUNT B J, GILDING K. The effects of alginate and non-alginate wound dressings on blood coagulation and platelet activation [J]. Journal of Biomaterials Applications, 1998, 12 (3): 249-257.

[42] SEN C K, KHANNA S, VENOJARVI M, et al. Copper-induced vascular endothelial growth factor expression and wound healing [J]. Am J Physiol Heart Circ Physiol, 2002, 282 (5): 1821-1827.

[43] SHAHRIARI-KHALAJIM, HONG S, HU G, et al. Bacterial nanocellulose-enhanced alginate double-network hydrogels cross-linked with six metal cations for antibacterial wound dressing [J]. Polymers (Basel), 2020, 12 (11): 2683-2688.

[44] SODERBERG T A, SUNZEL B, HOLM S, et al. Antibacterial effect of zinc oxide in vitro [J]. Scand J Plast Reconstr Surg Hand Surg, 1990, 24: 193-197.

[45] SHIPPEE R L, MASON A D, BURLESON D G. The effect of burn injury and zinc nutriture on fecal endogenous zinc, tissue zinc distribution, and T-lymphocyte subset distribution using a murine model [J]. Proc Soc Exp Biol Med, 1988, 189 (1): 31-38.

[46] STROMBERG H E, AGREN M S. Topical zinc oxide treatment improves arterial and venous leg ulcers [J]. Br J Dermatol, 1984, 111: 461-468.

[47] TAVAKOLIS, MOKHTARI H, KHARAZIHA M, et al. A multifunctional nanocomposite spray dressing of Kappa-carrageenan-polydopamine modified ZnO/L-glutamic acid for diabetic wounds [J]. 2020, 111: 110837.

[48] TENAUD I, SAINTE-MARIE I, JUMBOU O, et al. In vitro modulation of keratinocyte wound healing integrins by zinc, copper and manganese [J]. British Journal of Dermatology, 1999, 140: 26-34.

[49] WILLIAMS K J, METZLER R, BROWN R A, et al. The effects of topically applied zinc on the healing of open wounds [J]. Journal of Surgical Research, 1979, 27: 62-67.

[50] WONG F W S, ARUMANAYAGAM M. The clinical usefulness of plasma copper and zinc concentration in patients with invasive carcinoma of the cervix [J]. Journal of the Hong Kong Medical Association, 1988, 40 (3): 194-196.

[51] ZHANGM, CHEN S, ZHONG L, et al. Zn^{2+}-loaded TOBC nanofiber-reinforced biomimetic calcium alginate hydrogel for antibacterial wound dressing [J]. Int J Biol Macromol, 2020, 143: 235-242.

[52] 李烽，郭振荣，赵霖．烧伤后锌的丢失与补充及锌营养状态的评价[J]. 微量元素与健康研究，2000，17（2）：74-76.

[53] 郭振荣，李利根，赵霖，等．不同烧伤面积血清、尿、水疱液中 Zn、Cu、Fe、Ca、Mg 的动态比较［J］. 中华整形烧伤外科杂志，1997，13（3）：195-198.

[54] 郭振荣，李利根，赵霖，等．烧伤后锌代谢特点及其对铜、铁、钙的影响［J］. 中华烧伤杂志，2000，16：286-288.

[55] 郭振荣，李利根，赵霖，等．锌营养状态对烧伤创面修复的实验研究[J]. 中国临床营养杂志，2001，9（12）：242-244.

[56] 陈国贤，韩春茂，王彬．严重烧伤病人微量元素的动态变化［J］. 肠外与肠内营养，1998，5（3）：146-148.

[57] 郭振荣，高维谊，赵霖，等．烫伤和应用含锌外用药对体内微量元素影响的实验研究［J］. 中国临床营养杂志，1995，3：116-118.

[58] 蔡东联，王德恺，徐庆华，等．锌对实验性家兔烧伤愈合的影响[J]. 营养学报，1989，11（1）：54-59.

[59] 李利根，郭振荣，赵霖，等．口饲和创面补锌对烫伤大鼠血清组织中锌的影响［J］. 西南国防医药，2006，16（2）：147-149.

[60] 李利根，郭振荣，赵霖，等．补锌对烫伤大鼠生长激素和羟脯氨酸的影响［J］. 中华整形烧伤外科杂志，1998，（14）6：425-427.

[61] 徐瑛，苏汉桥，彭善堂，等. ZnO 超细粉的制备及其抗菌性能研究[J]. 环境科学与技术，2003，26（增刊）：53-54.

[62] 吴茂江．锌与人体健康［J］. 固原师专学报（自然科学版），2006，27（3）：106-108.

[63] 姜小丽，秦毓茜．微量元素与人体健康［J］. 中国科技信息，2007，（11）：202-203.

[64] 秦益民．Cupron 铜基抗菌纤维的性能和应用［J］. 纺织学报，2009，30（12）：134-136.

[65] 秦益民，陈洁．海藻酸纤维吸附及释放锌离子的性能［J］. 纺织学报，2011，32（1）：16-19.

第 13 章　医用敷料在控制伤口渗出液中的作用

13.1　伤口渗出液

在伤口护理过程中，处理渗出液是每个临床护理人员所必须面临的问题。压疮、下肢溃疡、糖尿病足溃疡等慢性创面的渗出液多、成分复杂，其护理过程涉及对渗出液理化性能的正确认识和医用敷料的合理选用，其中的相关知识和理论已经成为临床实践的一个重要组成部分（MILNE，2013；THOMAS，1997）。如图 13-1 所示，慢性创面产生大量的伤口渗出液。这种渗出液是伤口炎症阶段的产物，是炎症初期在组胺、激肽等炎症介质影响下血管舒张后在创面上积聚的浆液。正常伤口上的渗出液随着愈合过程的进行逐步减少，但是当伤口的正常愈合机制受阻，在异常炎症反应或感染的影响下，渗出液的量和组成有很大变化，其正确护理是慢性创面愈合的一个关键环节。有效的渗液管理可以辅助缩短愈合时间、减少渗液相关的问题，从而提高患者生活质量、减少敷料更换频率和临床工作量，最终提高伤口的整体治疗效率。

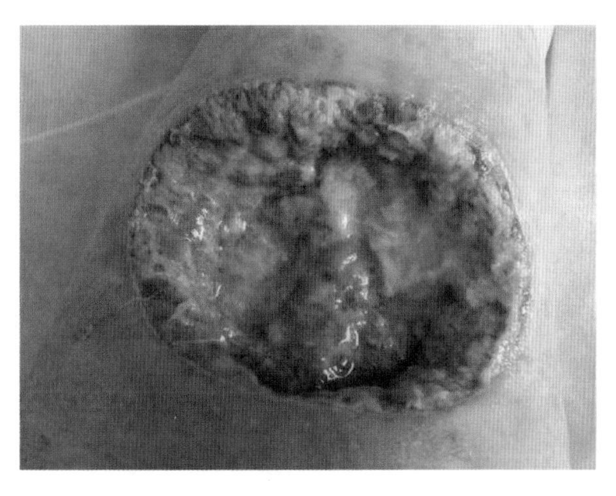

图 13-1　慢性创面产生大量伤口渗出液

13.2 伤口渗出液的组成

伤口渗出液是血清在炎症反应过程中形成的一种含有多种化学组分的液体，对急性创面的愈合有重要的促进作用。渗出液的密度约为1.020g/cm^3，主要成分包括蛋白质、乳酸、电解质、葡萄糖、细胞因子、金属蛋白酶、白细胞、巨噬细胞、微生物等。慢性伤口的渗出液包含蛋白水解酶等一些急性创面中不常见的成分，能降解生长因子和创缘皮肤，不利于伤口的愈合（TRENGROVE，1996；GOVE，2014；LOPEZ，2014）。表13-1显示伤口渗出液的主要成分及其功能。

表13-1 伤口渗出液的主要成分及其功能

成分	功能
纤维蛋白	凝血
血小板	凝血
中性粒细胞	免疫防御，生长因子的生成
淋巴细胞	免疫防御
巨噬细胞	免疫防御，生长因子的生成
血浆蛋白、白蛋白、球蛋白	维持渗透压、免疫力、大分子运输
乳酸	细胞代谢的产物，显示生化缺氧
葡萄糖	细胞能源
无机盐	缓冲剂
生长因子	调节伤口愈合机制
蛋白水解酶，包括丝氨酸、半胱氨酸、天冬氨酸蛋白酶和基质金属蛋白酶（MMPs）	降解蛋白质
金属蛋白酶组织抑制剂	控制金属蛋白酶的活性
伤口碎片、坏死细胞	无
微生物	引发炎症反应

伤口的一个主要生理特征是其流血流脓较多，因此传统敷料的主要功能是吸收创面上产生的渗出液。Thomas（THOMAS，1997）对伤口产生渗出液的速度做了定量研究。结果显示，从下肢溃疡伤口上产生渗出液的量约为5g/（10cm^2·24h），其变化范围为4~12g/（10cm^2·24h）。这些数据与Lamke等（LAMKE，1977）在另外

一项研究中得到的数据基本相同，他们在烧伤创面上得到的平均渗出液量为 5g/($10cm^2$·24h)。

伤口渗出液由多种成分组成。尽管水是其中的主要成分，但是纯净水不能代表渗出液的性能。一般来说，由于伤口渗出液来自体内，它与血清有很相似的组成。Bonnema 等（BONNEMA，1999）分析了伤口渗出液的组成。他们在 16 个患有乳腺癌的病人身上收集了在乳房切除后伤口上产生的渗出液，并在 1 天、5 天和 10 天后得到的渗出液中测定其化学和细胞组成。结果显示，第一天得到的样品中所含的血清成分很多，并且有较高含量的肌酸磷酸激酶。之后，渗出液中的蛋白质含量开始升高。

Frohm 等（FROHM，1996）从 1 个手术后的伤口、6 个下肢溃疡伤口和 1 个大水疱上收集了渗出液并分析其化学组成。结果显示伤口渗出液中含有各种细胞成分和长短不一的肽链。Chen 等（CHEN，1992）研究了密闭状态下创面痂和血栓的脱离、上皮化以及胶原纤维的形成过程。他们在密闭敷料护理的伤口上收集渗出液，并分析其组成。结果显示伤口渗出液具有很高的生物活性，含有金属蛋白酶和生长因子，其中蛋白质降解酶的活性尤其明显，说明在潮湿的状态下坏死的细胞很快分解，增加了渗出液中蛋白质的含量。Trengrove 等（TRENGROVE，1996）对伤口渗出液做了详细的分析。他们在 8 个患有慢性溃疡伤口的病人身上做了试验，首先给病人喝 1L 水，然后把腿挂在床边 1h 后从伤口上取样。分析结果显示，伤口渗出液中的葡萄糖含量在 0.6~5.9 mmol/L，中间值为 1.8mmol/L。蛋白质含量在 26~51g/L，中间值为 39g/L。

伤口渗出液的组成在伤口愈合过程中的不同阶段有较大的变化，它含有伤口愈合过程中人体组织新陈代谢的副产物，包括坏死的细胞、蛋白质等物质。James 等（JAMES，1997）的研究结果显示不同病人身上的渗出液中肌酸酐和尿素含量有很大变化。与血清相比，伤口渗出液中的蛋白质含量比较低。在对病人的跟踪试验中发现，渗出液中蛋白质含量高的病人的伤口愈合速度比其他病人快。

伤口渗出液对创面愈合有重要意义，不仅可以为细胞代谢提供所需的营养，还能分解腐肉和坏死组织，帮助细胞、细胞因子移行、扩散，协助修补受损组织（邓红艳，2017）。Yager 等（YAGER，2007）提出创面渗出液是观察创面的窗口，创面渗出液情况的改变能对创面愈合趋势提示重要信息（SPEAR，2012）。研究表明，创面渗出液成分是相当复杂的，其中含有大量的蛋白酶和生理活性成分，如 MMP-9、TIMP-1、白细胞介素、转化生长因子等（SIWIK，2000；TRENGROVE，1999；COOPER，1994）。通过测定创面渗出液中细胞因子的改变、跟踪创面渗出液成分的变化，可以得到重要的生理信息，对正确评估创面愈合有重要意义。

13.3 伤口渗出液的生成

伤口渗出液是在炎症反应过程中，通过发炎的血管壁进入创面的流体，最初含有与血浆相似的溶质，到达创面后的液体中包含组织碎片和微生物，其中也有促进伤口愈合的各种生长因子（BONNEMA，1999；CUTTING，2004；CHEN，1992；FROHM，1996）。正常的伤口创面上一般有一层薄的、淡黄色或麦秆色的渗出液，其颜色、组成、数量受伤口生理因素的变化而有很大的变化。

在慢性伤口创面上，由于炎症介质表达的失控，炎症反应机制受到改变，导致血管通透性增加、血管外液体增多。如果伤口受到感染，在细菌毒力机制作用下血管舒张，外渗到创面上的渗出液进一步增多，形成高渗出的伤口。Gautam 等（GAUTAM，2001）分析了中性粒细胞在被吸引到受损创面后触发释放肝素结合蛋白的过程，发现慢性下肢溃疡伤口渗出液中的肝素结合蛋白含量比创伤中的多。在绿脓杆菌等细菌刺激下，中性粒细胞释放肝素结合蛋白后可以加重慢性炎症及渗出液的生成。表 13-2 显示创面上渗出液的量对临床护理产生的影响。

表 13-2　创面上渗出液的量对临床护理产生的影响

渗出液的量	后果
无	创面组织干燥
很少	创面组织湿润
少量	创面组织潮湿，水分均匀分布在创面上，引流涉及 25%的敷料
中等	创面组织被渗出液渗透，引流涉及 25%~75%的敷料
很多	创面组织浸泡在渗出液中，引起皮肤组织溃烂

临床上对渗出液的量和黏度的评价可以显示出伤口的愈合是否正常进行。更换敷料时应该观察敷料使用期间产生的渗出液量，通过在特定时间内使用敷料的数量、每片敷料的使用时间、使用后敷料的干湿情况以及创缘状态等指标分析判断伤口的愈合进程，并制订相应的护理方案。

13.4　伤口渗出液的处理方法

渗出液的护理是临床上伤口护理的一个重要内容。Vowden 等（VOWDEN，2004）提出了一种渗出液护理策略，其核心内容包括以下六个方面：

（1）渗出液产生的原因。系统性的或局部性的。

（2）渗出液的组成。包括化学组成、pH 值、黏度、体积、细菌种类及菌落数。

（3）控制手段。采用系统性的或局部性的护理方案。

（4）处理方法。引流、创面吸收、敷料吸收、负压疗法等。

（5）纠正措施。护理过程中细菌的控制、清创、渗出液的控制。

（6）并发症的处理。涉及创缘皮肤的保护、疼痛、气味、营养状况等。

护理渗出液的过程中应该考虑到伤口的特征以及患者的实际需求，一个成功的护理疗程需要对伤口进行连续的、细致的考量。例如，未受感染的下肢溃疡、压疮、糖尿病足溃疡伤口上的渗出液随着愈合的进行逐步减少，因此敷料的选用也应从初期的高吸湿性产品转变为后期的高透气性产品。对于感染的伤口，渗出液量增加的同时其黏度也有所上升，护理过程应该侧重于对感染的控制以及抗菌敷料的合理选用。在护理伤口窦道时，用负压疗法实现渗出液的引流可以获得很好的疗效。

13.5　医用敷料在护理伤口渗出液中的作用

在伤口的护理过程中，医用敷料起到保护创面、为创面营造合适的愈合环境等作用，其中吸收创面产生的渗出液是一个主要的功能。目前湿润愈合原理及湿性护理产品已经在世界各地得到广泛推广和应用，高端功能性医用敷料在与伤口渗出液接触的过程中表现出高吸收、凝胶、保湿、透气等优良的作用机理，在促进伤口愈合的同时方便了敷料的实际使用（ARMSTRONG，1997）。尽管如此，由于伤口种类的多样性及敷料材质的复杂性，针对伤口特点合理选用敷料在临床护理中显得非常重要，合适的敷料必须满足一些基本的要求，如吸收和保留渗出液、避免渗出液与创缘接触、在压力下具有吸收性、容易去除、性价比高等。在选用敷料的过程中，需要对敷料的性能、渗出液的特点以及敷料与渗出液之间的相互作用有一个系统的、科学的认识。

下面介绍医用敷料与伤口渗出液接触过程中的作用机理。

13.5.1 吸收渗出液

在与敷料接触后，伤口上的渗出液首先被敷料的多孔结构吸收。如图 13-2（a）所示，棉纱布吸收的渗出液主要保留在纱线之间形成的毛细空间中。如果敷料中缺少亲水性化学基团，其吸收过程是可逆的，在压力作用下其吸收的液体很容易被挤出，或沿着敷料结构横向扩散，造成创缘皮肤的浸渍。

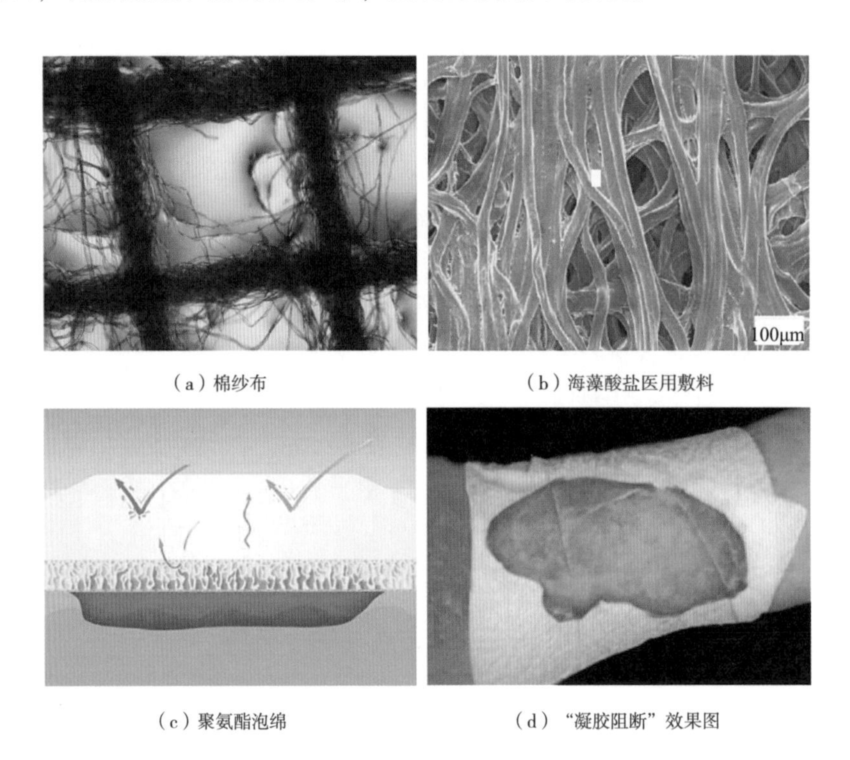

（a）棉纱布　（b）海藻酸盐医用敷料

（c）聚氨酯泡绵　（d）“凝胶阻断”效果图

图 13-2　不同种类医用敷料吸收伤口渗出液的效果图

以不同材料制备的医用敷料的吸液性能大不相同。陆亚萍（陆亚萍，2012）探讨了溃疡贴、水胶体和泡沫类三种创面敷料在不同渗液量难愈性伤口上的应用效果，根据伤口渗液的少量、中量和多量分别采用溃疡贴、水胶体和泡沫类三种敷料进行换药。结果显示，根据伤口不同的渗液情况采取相对应的创面敷料，可加快伤口愈合。溃疡贴能促进肉芽组织生长，适用于渗液量少的伤口。水胶体敷料能使伤口形成一个湿性环境后加速肉芽组织生长，其吸收渗出液的性能优越，外层半透膜能防水透气、预防二次污染，并具有良好的弹性及自黏性、使用方便舒适，可用于中等渗液的伤口。海藻酸盐敷料能促进肉芽组织生长，并能吸收自身质量 17~20 倍的渗液后形成凝胶，换药时不引起伤口疼痛，适用于中高渗液伤口。聚氨酯泡绵敷料尤其是添加含银化合物的产品可预防和治疗感染伤口，适用于有中度到重度渗出液的伤口护理。

王晓霞等（王晓霞，2013）探讨了高渗盐新型敷料在脂肪液化伤口换药的临床效果，选择术后腹部切口脂肪液化病例 30 例，随机分为高渗盐组（观察组）和传统换药组（对照组）。结果显示，使用高渗盐敷料可以有效缩短腹部切口脂肪液化的愈合时间，加速伤口愈合。高渗盐敷料是湿性敷料的一种，是由吸收性聚酯纤维与 28%氯化钠组成，其中所含的氯化钠为伤口提供高渗环境，能有效吸收渗出液后形成一个湿润的微环境，同时释放出氯化钠溶液将感染的坏死组织溶解，也有利于引流，减轻肉芽水肿，促进肉芽生长，加速局部伤口愈合，适用于大量渗液的伤口、炎症期肉芽水肿的伤口及深层腔隙的伤口。

滕莉（滕莉，2017）探讨了海藻酸盐敷料联合渗液吸收贴用于术后切口脂肪液化的效果。将 75 例腹部切口脂肪液化患者随机分为观察组（40 例）与对照组（35 例），对照组按常规换药，观察组用海藻酸盐敷料联合渗液吸收贴换药。结果显示，观察组伤口愈合时间、换药频率、费用、皮肤浸渍率及首次换药疼痛程度显著短于和低于对照组。

脂肪液化伤口是临床上常见的一种难愈性伤口，其形成原因主要有两个方面，一方面，肥胖患者由于脂肪堆积而对切口局部造成严重挤压及挫伤，造成局部血液循环差，供血不足而影响愈合，产生无菌性炎症；另一方面，高频电刀在使用过程中产生高温，热辐射导致切口脂肪组织灼伤和皮下组织细胞变性（孟晓红，2016）。同时高温会造成毛细血管凝固，进而形成栓塞，加重血运障碍。此外，脂肪液化还见于严重贫血、低蛋白血症造成的全身营养不良的患者（彭林辉，2006），主要表现为脂肪组织无菌性坏死、切口渗液多、按压皮下有黄色渗液。在脂肪液化伤口的护理过程中，纱布等常规敷料换药时敷料易与创面粘连，创面新鲜肉芽组织生长过程中容易嵌入纱布网眼，敷料剥离时易致出血及二次机械性损伤，同时频繁换药费时、费力、费料，在加重患者经济负担的同时也增加了医护人员的工作强度（詹秀兰，2007）。海藻酸盐敷料可以通过钙、钠离子交换以及敷料的自溶性清创，快速清除液化的脂肪组织，促进健康肉芽的生长，加快脂肪液化伤口的愈合，减轻患者疼痛，节省换药费用，并减轻护士的工作量。

曾勇等（曾勇，2019）探讨了银纤维敷料联合负压伤口疗法治疗深Ⅱ度烧伤创面的临床疗效。选择 68 例深Ⅱ度烧伤创面随机分为观察组和对照组各 34 例，观察组应用银纤维敷料联合负压伤口疗法治疗，对照组应用磺胺嘧啶锌软膏外涂。结果显示，观察组治疗 7d、14d、21d 后的创面渗液量均明显少于对照组，创面愈合率均明显高于对照组，创面完全愈合时间明显短于对照组。表 13-3 显示两组各时点创面渗液量的比较。

表 13-3 两组各时点创面渗液量的比较

组别	例数	渗液量/（mL，$x \pm s$）		
		治疗 7d 后	治疗 14d 后	治疗 21d 后
磺胺嘧啶锌对照组	34	138. 52±6. 47	70. 25±5. 81	33. 41±4. 25
银纤维敷料观察组	34	112. 39±7. 02	56. 39±4. 98	17. 81±2. 69

13. 5. 2 成胶与凝胶阻断

海藻酸盐医用敷料、水胶体敷料、水化纤维敷料等含有亲水基团的敷料吸收渗出液后，通过亲水性高分子的膨胀形成水凝胶，使渗出液锁定在敷料结构中，具有良好的保湿作用（THOMAS，1992）。如图 13-2（b）所示，海藻酸盐敷料中的纤维在吸收渗出液后高度膨胀，抑制了渗出液的横向扩散，产生图 13-2（d）显示的“凝胶阻断”效果，可以有效避免创缘皮肤的浸渍。

13. 5. 3 渗出液的滞留

医用敷料锁定伤口渗出液的性能对抑制其横向扩散十分重要，可以避免创缘受渗出液的浸渍。经过羧甲基化处理的水化纤维素纤维能把大量水分锁定在敷料结构中，即使在受压下也不会横向扩散到伤口周边健康的皮肤上，对保护创面起重要作用（THOMAS，2001）。

傅晓瑾等（傅晓瑾，2017）研究了几种常用敷料的理化性能。在测试敷料扩散性能时，把亚甲基蓝 1 支打开放置在生理盐水中摇匀染色，生理盐水加入大号弯盘中，测量液面高度为 1cm，分别取三种敷料，敷料的短边与坐标纸边沿平齐，用非织造布胶带固定另一端，并在纸的相应位置上标明敷料名称，分别把各敷料垂直浸润到染色的生理盐水中，观察 1~5min 生理盐水的爬升高度并分别记录，重复 3 次取均值，作为生理盐水在敷料上的扩散指标，结果见表 13-4。

表 13-4 生理盐水中各敷料的扩散性能

样品名称	扩散半径/cm				
	1min	2min	3min	4min	5min
凡士林	1	1	1	1	1

续表

样品名称	扩散半径/cm				
	1min	2min	3min	4min	5min
藻酸盐	4. 2	5	5. 5	5. 5	6. 3
亲水纤维	3	3. 3	3. 3	3. 5	3. 8
医用纱布	3	4	4. 5	6. 1	7
美盐	4	4. 5	5	5	5. 8
脂质水胶体	1	1	1	1	1

13. 5. 4　透气性

通过合理组合不同材质的功能高分子材料，医用敷料可以把伤口渗出液从创面上吸收后转移到外层挥发，由此可以增加敷料的总吸湿量，延长使用时间。如图 13-2（c）所示，以聚氨酯泡绵为原料制备的医用敷料在保护创面、阻止微生物入侵的同时，可以有效促进渗出液中水分的挥发，极大提高敷料的综合性能。

13. 5. 5　抗菌性

抗菌敷料一般含有银、碘、原黄素等抗菌成分（WILSON，2002），在护理感染伤口中起重要作用，尤其是感染创面附带更多的渗出液，抗菌敷料在抑制细菌增长的同时可以减少渗出液的生成。曾勇等（曾勇，2019）探讨了银纤维敷料联合负压伤口疗法治疗深Ⅱ度烧伤创面的临床疗效，表 13-5 显示观察组和对照组在各时点创面分泌物细菌培养阳性率的比较。

表 13-5　两组各时点创面分泌物细菌培养阳性率的比较

组别	例数	治疗前	治疗 7d 后	治疗 14d 后
磺胺嘧啶锌对照组	34	18 例（52. 94%）	8 例（23. 53%）	4 例（11. 76%）
银纤维敷料观察组	34	19 例（55. 88%）	2 例（5. 88%）	0（0%）

13. 5. 6　负压状态下的性能

负压疗法被证明可以提高血液渗透、减少水肿、促进肉芽组织形成，在慢性伤口的护理中有很好的疗效。作为负压疗法的一部分，医用敷料可以起到吸收伤口渗出液，保持创面湿润的作用。

13.5.7 受压状态下的性能

加压疗法是下肢静脉溃疡护理中一个常用的疗法，通过绷带提供的压力起到抵消静脉高血压和控制水肿的作用。在压力绷带的使用过程中，与皮肤直接接触的敷料层可以起到吸收伤口渗出液，使压力均匀分布在下肢上的作用（WERTHEIM，1999）。

13.5.8 医用敷料对伤口渗液的影响

邓红艳等（邓红艳，2017）比较了两种含银敷料辅助治疗慢性感染伤口的效果及对伤口渗液酸碱度的影响，将糖尿病足溃疡、压疮、下肢静脉溃疡、创伤性溃疡、烧伤残余创面5类慢性伤口患者104例随机分为A、B两组各52例，A组使用含银海藻酸盐敷料，B组使用纳米银敷料，分别接受30d伤口局部辅助治疗。结果显示，随着治疗时间的延长，两组伤口愈合计分和渗液pH值均较治疗前下降，A组患者伤口愈合计分显著优于B组，两组伤口渗液pH值比较的差异无统计学意义，说明两种含银敷料辅助治疗慢性感染伤口均能促进伤口愈合，但含银海藻酸盐敷料的效果更优，两种含银敷料均能降低伤口渗液pH值，且作用相当。表13-6显示两组治疗前后伤口渗液pH值比较。

表13-6 两组治疗前后伤口渗液pH值比较

组别	例数	治疗前	治疗7d	治疗14d	治疗21d
A组	52	8.32±0.52	7.91±0.44	7.53±0.30	7.19±0.25
B组	52	8.37±0.40	7.93±0.41	7.55±0.34	7.24±0.27

Bolton（BOLTON，2007）的研究显示，弱酸性伤口环境有利于抑制细菌生长、刺激组织增殖、促进伤口愈合，而引起伤口感染的多数病原菌生长的最佳pH值7.2~7.4（GREGOR，2008），如铜绿假单胞菌生长的最适宜pH值7.5~8.0、金黄色葡萄球菌的最适宜pH值7.0~7.5。感染伤口渗液的pH值一般在7.8~8.8，而适合伤口愈合的渗液pH值常不高于7.0。使用含银敷料治疗21d后，伤口渗液pH值均较治疗前下降，因此有利于组织生长和伤口愈合，并且能抑制伤口病原菌代谢毒素的产生、有效控制伤口环境中微生物的生长，减轻局部组织的红、肿、痛等炎症反应（ESTEBAN-TEJEDA，2009）。

杜康等（杜康，2020）分析了慢性伤口疾病患者应用藻酸盐类敷料结合创面负压引流技术的效果。慢性伤口一般指超过4~8周因各种潜在因素导致无法通过正常、有序和及时修复，从而达到解剖和功能上完整状态且容易复发的伤口（胡俊，2018）。在慢性伤口治疗中，负压吸引技术效果良好，能在一定程度上减轻组织液过度渗出、减少创面感染及交叉感染、促进伤口愈合。但是尽管负压吸引技术能增加局部血流、有助于肉芽组织生长，对于慢性伤口且软组织覆盖面少的部位，单纯传统负压吸引技术效果不佳，需要联合新型敷料提高治疗效果（黄伟，2019）。

在新型敷料中，湿性敷料可以避免新生肉芽组织的表皮细胞绕经痂皮下迁移而延长愈合时间（范欣芳，2019）。湿性敷料创造伤口湿润环境，为伤口愈合提供低氧环境，对创面毒素和坏死组织起到清除作用（张坤，2019）。海藻酸盐敷料是从天然海藻中提取的产品，与创面结合后能吸收组织液形成柔软凝胶，对慢性伤口创面有潜在治疗效果（贺兴，2019）。研究显示，应用海藻酸盐类敷料结合创面负压引流技术的研究组，其创面愈合评级优于用传统负压引流技术的对照组，伤口愈合时间显著短于对照组，换药次数少于对照组，且换药费用少于对照组，其主要原因在于一方面利用海藻酸盐敷料有助于生成毛细血管、提高靶细胞与生长因子之间的作用、加速肉芽组织的生长、促进愈合，并且换药次数、换药费用的减少受益于治疗时间的缩短；另一方面，负压吸引能够将创面的分泌物清除，增加创面血流和淋巴引流，并在负压作用下使细胞膜发生扭曲，其损伤信息传递至细胞核，使细胞分泌出愈合生长因子和血管增长因子后促进伤口愈合（申春霞，2018）。

13.6　小结

伤口护理过程中，合理处置渗出液对保护创面、创造愈合环境、避免创缘浸渍起十分重要的作用。合理选用敷料需要对渗出液的量和黏度有一个正确的评估以及对其感染症状进行合理的诊断。临床护理人员需要对各种可以使用的敷料的理化特性和应用性能有充分了解，结合伤口的具体症状，选用及更换敷料，使患者伤口得到有效护理。

参考文献

[1] ARMSTRONG S H, RUCKLEY C V. Use of a fibrous dressing in exuding leg ulcers [J]. J Wound Care, 1997, 6 (7): 322-324.

[2] BOLTON L. Operational definition of moist wound healing [J]. J Wound Ostom Continence Nurs, 2007, 34 (1): 23-29.

[3] BONNEMA J, LIGTENSTEIN D A, WIGGERS T, et al. The composition of serous fluid after axillary dissection [J]. Eur J Surg, 1999, 165 (1): 9-13.

[4] CHEN W Y, ROGERS A A, LYDON M J. Characterization of biologic properties of wound fluid collected during early stages of wound healing [J]. J Invest Dermatol, 1992, 99 (5): 559-564.

[5] COOPER D M, YU E Z, HENNESSEY P, et a1. Determination of endogenous cytokines in chronic wounds [J]. Ann Surg, 1994, 219 (6): 688-691.

[6] CUTTING K F. Exudate: composition and functions. In: WHITE R J, editor. Trends in Wound Care Volume Ⅲ [M]. London: Quay Books, 2004.

[7] ESTEBAN-TEJEDA L, MALPARTIDA F, ESTEBAN-CUBILLO A, et a1. The antibacterial and antifungal activity of a soda-1ime glass containing silver nanoparticles [J]. Nanotechnology, 2009, 20 (8): 85-103.

[8] FROHM M, GUNNE H, BERGMAN A C, et al. Biochemical and antibacterial analysis of human wound and blister fluid [J]. Eur J Biochem, 1996, 237 (1): 86-92.

[9] GAUTAM N, OLOFSSON A M, HERWALD H, et al. Heparin-binding protein (HBP/CAP37): a missing link in neutrophil-evoked alteration of vascular permeability [J]. Nat Med, 2001, 7 (10): 1123-1127.

[10] GOVE J, HAMPTON S, SMITH G, et al. Using the exudate decision algorithm to evaluate wound dressings [J]. Br J Nurs, 2014, 23 (6): S26-S29.

[11] GREGOR S I, MAEGELE M, SAUERLAND S, et al. Negative pressure wound therapy: a vacuum of evidence? [J]. Arch Surg, 2008, 143 (2): 189-196.

[12] JAMES T, TAYLOR R. In 'Proceedings of a Joint Meeting Between European Wound Management Association and European Tissue Repair Society' [C]. London: Churchill Communications Europe Ltd, 1997.

[13] LAMKE L O, NILSSON G E, REICHNER H L. The evaporative water loss from burns and water vapour permeability of grafts and artificial membranes used in the treatment of burns [J]. Burns, 1977, 3: 159-165.

[14] LOPEZ N, CERVERO S, JIMENEZ M, et al. Cellular characterization of wound exudate as a predictor of wound healing phases [J]. Wounds, 2014, 26 (4): 101-107.

[15] MILNE J. Managing highly exuding wounds [J]. Br J Nurs, 2013, 22 (15): S12.

[16] SIWIK D A, CHANG D I, COLUCCI W S. Interleukin-1 beta and tumor necrosis factor-alpha decrease collagen synthesis and increase matrix metalloproteinase activity in cardiac fibroblasts in vitro [J]. Cite Res, 2000, 86 (12): 1259-1265.

[17] SPEAR M. Wound exudate-the good, the bad, and the ugly [J]. Plast Surg Nurs, 2012, 32 (2): 77-79.

[18] THOMAS S. Assessment and management of wound exudate [J]. J Wound Care, 1997, 6 (7): 327-330.

[19] THOMAS S. Observations on the fluid handling properties of alginate dressings [J]. Pharm J, 1992, 248: 850-851.

[20] THOMAS S, FRAM P. The development of a novel technique for predicting the exudate handling properties of modern wound dressings [J]. J Tissue Viability, 2001, 11 (4): 145-153.

[21] TRENGROVE N J, LANGTON S R, STACEY M C. Biochemical analysis of wound fluid from non-healing and healing chronic leg ulcers [J]. Wound Rep Reg, 1996, 4: 234-239.

[22] TRENGROVE N J, STACEY M C, MACAULEY S, et al. Analysis of the acute and chronic wound environments: the role of proteases and their inhibitors [J]. Wound Repair Regen, 1999, 7 (6): 442-452.

[23] VOWDEN K, VOWDEN P. Trends in Wound Care Volume Ⅲ [M]. London: Quay Books, 2004.

[24] WERTHEIM D, MELHUISH J, WILLIAMS R, et al. Measurement of forces associated with compression therapy [J]. Med Biol Eng Comput, 1999, 37 (1): 31-34.

[25] WILSON J W, SCHURR M J, LEBLANC C L, et al. Mechanisms of bacterial pathogenicity [J]. Postgrad Med J, 2002, 78: 216-224.

[26] YAGER D R, KULINA R A, GILMAN L A, et al. Wound fluids: a window into the wound environment [J]. Int J Low Extrem Wounds, 2007, 6 (4): 262-272.

[27] 邓红艳，郭春兰，周欣，等. 两种银敷料对慢性伤口愈合及渗液酸碱度影响的比较 [J]. 护理学杂志，2017，32 (6): 39-41.

[28] 陆亚萍. 3 种创面敷料在不同渗液量难愈性伤口中的应用 [J]. 现代临床护理，2012，11 (11): 24-25.

[29] 王晓霞，宋春华，何利，等．脂肪液化伤口应用高渗盐敷料的疗效观察［J］. 护士进修杂志，2013，28（4）：363-364.
[30] 滕莉．藻酸盐敷料联合渗液吸收贴用于术后切口脂肪液化换药［J］. 护理学杂志，2017，32（20）：32-33.
[31] 孟晓红，袁秀群，蔡文. 水胶体敷料防治全膀胱切除术后腹部切口脂肪液化的效果［J］. 护理学杂志，2016，31（16）：33-36.
[32] 彭林辉，霍枫，詹世林，等. 腹部切口脂肪液化的防治体会（附 62 例报告）［J］. 腹部外科，2006，19（6）：351-352.
[33] 詹秀兰，黎中良，曾雪玲．伤口护理新进展［J］. 护理学杂志，2007，22（4）：74-76.
[34] 曾勇，李小英，蒋秋萍，等．银纤维敷料联合负压伤口疗法治疗深Ⅱ度烧伤创面［J］. 中国美容医学，2019，28（11）：7-11.
[35] 傅晓瑾，刘瑾，李会娟，等．常用敷料在伤口大量渗液管理的体外试验研究［C］. 中华护理学会第十四届全国造口、伤口、失禁护理学术交流会论文集，2017：77-80.
[36] 杜康，泮莹飞，杨新蕾．慢性伤口疾病患者应用藻酸盐类敷料结合创面负压引流技术的效果分析［J］. 中外医学研究，2020，18（5）：140-141.
[37] 胡俊，张玲，钟红玲，等．藻酸盐类敷料联合自制负压引流技术在慢性感染伤口护理中的应用效果［J］. 实用心脑肺血管病杂志，2018，26（z1）：364-365.
[38] 黄伟，罗云蔓，程中华．VsD 联合微管丝敷料治疗胫骨骨折术后难愈创面的疗效［J］. 创伤外科杂志，2019，21（8）：620-623.
[39] 范欣芳，杨德，冯仕雪．新型湿性愈合敷料在对外伤难愈合伤口患者进行护理中的应用价值［J］. 当代医药论丛，2019，17（6）：280-281.
[40] 张坤．湿性敷料治疗在各种创面治疗中的应用进展［J］. 中国医疗器械信息，2019，25（14）：21.
[41] 贺兴，孙家驹，陈天庆，等．负压封闭引流分别结合藻酸盐敷料和医用海绵材料治疗难愈性烧伤创面的效果比较［J］. 中国当代医药，2019，26（9）：82-84.
[42] 申春霞，刘温温．探讨藻酸盐类敷料结合创面负压引流技术以及加强肠道营养在慢性伤口护理中的应用［J］. 结直肠肛门外科，2018，24（S2）：1-2.

第14章　基质金属蛋白酶在伤口愈合中的作用

14.1　基质金属蛋白酶

高等动物的伤口愈合是复杂而有规律的，涉及一系列互相协调的过程。在失去皮肤的完整性和保护功能之后，人体启动的愈合过程包括止血、炎症反应、细胞迁移和增殖以及皮肤组织重组。止血过程使血液凝固和血小板聚集后形成血栓，其作用是控制出血、充实受伤组织不连续的部位。在随后的炎症反应阶段，炎症细胞开始吞噬微生物并释放出一系列细胞因子调节伤口愈合。在细胞迁移和增殖阶段，毛细血管开始形成，成纤维细胞进入创面，血管化的组织内开始形成细胞外基质，上皮细胞也开始增殖和迁移。进入伤口愈合的最后一个阶段，皮肤组织的重组涉及细胞调节的创面基质收缩，新生的胶原蛋白沉积在创面，创缘开始封闭并最终导致伤口愈合（CLARK，1995）。

伤口的愈合涉及一系列生物活性成分的参与，其中涉及的基质金属蛋白酶（matrix metalloproteinase，MMP）是自然进化中高度保守的一类酶，广泛分布于植物、脊椎动物、无脊椎动物中，可由多种基质细胞、炎症细胞或其他细胞产生。MMP和金属蛋白酶组织抑制剂（tissue inhibitor of metalloproteinase，TIMP）在正常皮肤组织中的基础含量对皮肤结构的维护起一定作用，创伤后在细胞因子、生长因子、细胞与基质的相互作用以及细胞与细胞间的接触等因素影响下，MMP和TIMP的表达对伤口愈合起重要作用（朱平，2006）。

14.2　伤口愈合过程中的基质金属蛋白酶

MMP是一组Zn^{2+}依赖的内肽酶，它们大小各异、底物不尽相同，但均含有信号肽、前肽、催化区和C末端4个结构域，其主要的结构特点是：

（1）MMP主要以酶原形式分泌至细胞外，需要在激活剂作用下脱去前肽才有酶活性；前肽区内含有保守的（PRCGVXPD）序列，其中保守的半胱氨酸残基在大多数 MMP 酶原活化中有重要作用。

（2）催化区有 2 个 Zn^{2+}结合区和至少 1 个 Ca^{2+}结合区。

（3）在 C 末端区，除 MMP-7 外，均具有与血红素结合蛋白同源序列，该区域含有识别特定细胞外基质（extracellular matrix，ECM）和与细胞表面受体相结合的片段，也可介导前肽序列与 TIMP 结合。

MMP 的活性调节一般在 3 个水平上，即基因转录水平、酶原的活化激活和内源性抑制剂抑制调节。在基因转录水平上，多种生长因子、细胞因子、激素、癌基因和致癌剂均可影响其表达，如白介素 IL-1 和 IL-12、上皮细胞生长因子（EGF）、血小板源性生长因子（PDGF）、转化生长因子（TGF）、肿瘤坏死因子（TNF）等均能上调 MMP 的表达。在酶原的活化方面，通过干扰金属蛋白酶前体催化位点的锌离子与其结构序列中半胱氨酸残基的作用可以激活酶，其中血浆纤溶酶和间充质溶解素是已知的生理性 MMP 激活剂。MMP-1、MMP-3 和 MMP-8 主要以级联放大方式被纤溶酶活化。

MMP 的表达和活化并不一定代表其最后对 ECM 的降解能力，因为体内还存在 MMP 的特异性和非特异性抑制物，其中 TIMP 即为 MMP 的特异性抑制物。TIMP 由多基因家族成员组成，能与 MMP 的催化区以 1∶1 可逆性结合后抑制其活性。TIMP 主要由巨噬细胞和结缔组织细胞合成分泌，在体内分布广泛，目前报道的共有 4 种，即 TIMP-1、2、3 和 4，其中 TIMP-1 是可溶性糖蛋白，主要结合于前 MMP-9、MMP-9、MMP-1；TIMP-2 是可溶性非糖基化蛋白，可与前 MMP-2、MMP-2、MT1-MMP 结合；TIMP-3 为 ECM 结合型糖蛋白；TIMP-4 在成人的心脏中有较高的转录水平，在肾脏、胰腺、结肠、睾丸中有低水平的表达。

MMP 和 TIMP 在皮肤伤口愈合中起重要作用。伤口的愈合是一个复杂的过程，需要依赖许多不同的 ECM 成分、细胞和可溶性介质的共同参与。在愈合早期的炎性浸润阶段，向创面迁移的中性粒细胞、巨噬细胞、淋巴细胞等炎性细胞能分泌 MMP，为修复细胞和炎性细胞的迁移清除障碍；在增生期，角质形成细胞、成纤维细胞和内皮细胞等修复细胞分泌 MMP 以促进细胞的迁移、创面的上皮化形成和新生血管形成；在重塑期，MMP 影响胶原合成与分解的动态平衡以及伤口的收缩和瘢痕重塑过程。

伤口愈合过程涉及大量上皮细胞和基质细胞的细胞外蛋白水解活性（JOHNSEN，1998），其中大多数细胞产生的细胞外基质降解酶包括：基质金属蛋白酶（MMPs）、丝氨酸蛋白酶、半胱氨酸蛋白酶（MIGNATTI，1993）。1962 年，Gross 等（GROSS，1962）在蝌蚪中找到间质胶原酶（MMP-1），开创了基质金属蛋白酶的研究。目前已知基质金属蛋白酶（MMPs）包括 25 种各不相同的细胞外肽链内切酶，其中 24 种存在于哺乳动物中（CHEN，2009；OVERALL，2002）。根据区域的组织和催化物的选择以及作用底物的不同，MMP 可分为表 14-1 中显示的 6 大类（CHEN，2009；STEFFENSEN，2001）。

表 14-1　基质金属蛋白酶家族

类别		MMP 编号	分子量/ku	水解底物
Ⅰ. 胶原酶	胶原酶-1	MMP-1	52	Ⅰ、Ⅱ、Ⅲ、Ⅶ、Ⅹ型胶原；明胶；TNF-α
	胶原酶-2	MMP-8	75	Ⅰ、Ⅱ、Ⅲ型胶原
	胶原酶-3	MMP-13	52	Ⅰ型胶原
	胶原酶-4	MMP-18	不详	不详
Ⅱ. 明胶酶	明胶酶 A	MMP-2	72	明胶；Ⅰ、Ⅳ、Ⅴ、Ⅵ、Ⅹ型胶原；弹性蛋白；FN；TNF-α
	明胶酶 B	MMP-9	92	明胶；Ⅳ、Ⅴ型胶原；弹性蛋白；TNF-α
Ⅲ. 基质水解酶（间充质溶解素）	基质水解酶-1	MMP-3	55	蛋白聚糖；LN；明胶；Ⅲ、Ⅳ、Ⅴ、Ⅸ型胶原；TNF-α；MMP-1；MMP-8；MMP-9；FN
	基质水解酶-2	MMP-10	55	蛋白聚糖；FN；Ⅲ、Ⅳ、Ⅴ型胶原；MMP-8；明胶
	基质水解酶-3	MMP-11	61	FN 和 LN
Ⅳ. 膜型 MMPs	膜型 1-MMP	MMP-14	63	酶原型 MMP-2
	膜型 2-MMP	MMP-15	72	不详
	膜型 3-MMP	MMP-16	64	酶原型 MMP-2
	膜型 4-MMP	MMP-17	70	不详
	膜型 5-MMP	MMP-24	不详	不详
	膜型 6-MMP	MMP-25	不详	不详
Ⅴ. 基质溶解素	基质水解素-1	MMP-7	28	LN、FN、蛋白聚糖、纤溶酶原激活因子、明胶、弹性蛋白、Ⅳ型胶原、TNF-α、MMP-1、MMP-9
	基质水解素-2	MMP-26	不详	不详

续表

类别		MMP 编号	分子量/ku	水解底物
Ⅵ. 其他	端肽酶	MMP-4	不详	Ⅰ型胶原的 α1 链和 FN
	3/4 胶原内肽酶	MMP-5	不详	Ⅰ、Ⅱ、Ⅲ型胶原降解后的 3/4 片段及明胶
	酸性金属蛋白酶	MMP-6	不详	软骨、蛋白聚糖及胰岛素的 β 链
	巨噬细胞弹性蛋白酶	MMP-12	54	弹性蛋白、FN、Ⅳ型胶原
	其他	MMP-19	不详	不详
		MMP-23	不详	不详
		Enamelysin、XMMP、CMMP、Epilysin	不详	不详

资料来源：生物化学与生物物理进展，1999，26（3）.

14.3 MMP 的表达和活性调控

图 14-1 显示伤口愈合过程中基质金属蛋白酶及其抑制剂的表达和细胞来源。MMP 及其抑制剂的不同表达对伤口愈合起重要作用，一些 MMP 在伤口边缘迁移的角质细胞表达，另一些只是由增殖中的角质细胞表达。由成纤维细胞、中性粒细胞和巨噬细胞等炎症细胞表达的 MMP 对伤口愈合也起重要作用。

在急性皮肤创伤愈合过程中，基底角质形成细胞和成纤维细胞均可表达 MMP-1，迁移中的角质形成细胞产生的 MMP-1 有助于细胞从真皮的胶原性基质中解离出来，并促进其在真皮和基质中的运动。MMP-1、TIMP-1 的浓度在受伤后 12h 开始迅速上升，2~3d 达到高峰，与炎症反应和上皮细胞迁移、增殖相一致，但在肉芽组织形成和重塑过程中 MMP-1、TIMP-1 的表达明显下降。图 14-2 显示迁移中的细胞与细胞外基质的示意图。

中性粒细胞来源的 MMP-8 是主要的胶原酶，其中 MMP-8 的表达明显高于 MMP-1。在慢性愈合伤口中 MMP-1、MMP-8 显著升高，而 TIMP-1 水平却明显

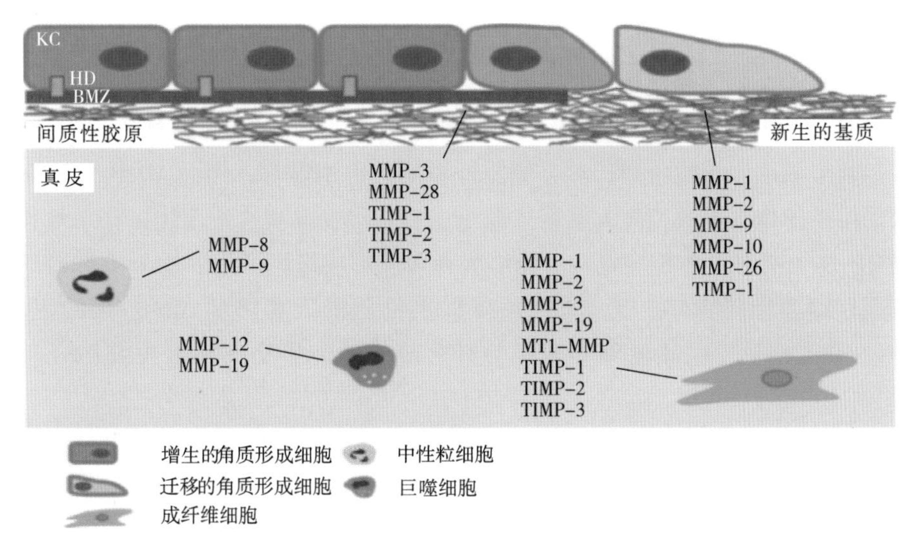

图 14-1　伤口愈合过程中基质金属蛋白酶及其抑制剂的表达和细胞来源

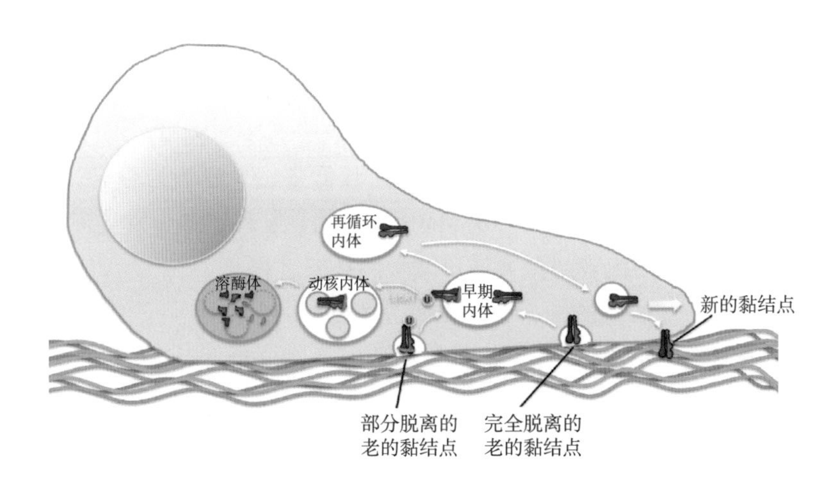

图 14-2　迁移中的细胞与细胞外基质

下降。慢性压力性溃疡患者的肉芽组织中有大量的中性粒细胞浸润，伤口灌洗液中 95%为中性粒细胞和少量巨噬细胞。MMP-1 基因敲除的纯合子小鼠伤口愈合明显延迟，早期炎症反应和再上皮化时间延长，而且 MMP-13 表达显著增加，而在杂合子小鼠中，也出现相似反应，但较轻。

MMP-13 在正常和慢性愈合伤口的创缘的角质形成细胞上没有表达，但是在慢性愈合创缘的成纤维细胞中大量表达，此部位与基质 MMP-1 的表达部位完全不同。虽然 MMP-1 和 MMP-13 都能降解胶原纤维，在伤口修复过程中它们的作用是不同的，其中 MMP-1 对于再上皮化很关键，MMP-13 在伤口的胶原基质重构和骨骼肌的修复中起作用，其活性的大小与组织损伤范围和程度有关。

在明胶酶中，MMP-9 与 MMP-1 的作用相似，主要参与创面的早期修复，促进角质形成细胞的脱落和迁移、细胞外基质的再塑形等。然而 MMP-9 在正常皮肤的维护中作用不大，在无受伤皮肤中的表达很少或基本不表达，在急性伤口中 MMP-9 主要由中性粒细胞、巨噬细胞和角质形成细胞产生。由于中性粒细胞能按需存储和释放 MMP-9，同时角质形成细胞的迁移需要 MMP-9 的表达，MMP-9 在受伤后 2～3d 达到高峰，与修复阶段的炎症反应和上皮细胞迁移相一致。

MMP-2 对正常真皮的维护、肉芽组织的形成和早期重构阶段发挥重要作用。角质细胞和成纤维细胞的相互作用能调节 MMP-2、MMP-9 和 TIMP-1、TIMP-2 的表达，这种相互作用在伤口愈合的后期可能发挥关键性作用。TIMP-2 在正常皮肤中有高基础水平表达，在急性伤口形成后的晚期炎症阶段开始增加，直至肉芽组织和基质重构阶段。慢性溃疡导致相对过量的蛋白酶，它们破坏基本的生长因子、生长因子受体和 ECM 蛋白，最终导致伤口难愈。在压力性溃疡的伤口液和活检标本中同样发现高水平的 MMP 活性和低水平的 TIMP，这减慢了压力性溃疡的愈合。随着慢性压力性溃疡的愈合，伤口渗液中 MMP-9/TIMP-1 的比值明显下降，在治疗开始前 MMP-9/TIMP-1 的比值越低则伤口越容易愈合。通过对比同一难愈溃疡伤口在难愈期和愈合期 MMP 的变化，发现当愈合发生时，MMP 活性发生明显下降，然后出现与正常伤口愈合同样的过程。

对于间充质溶解素类的酶，正常皮肤组织中没有 MMP-3、MMP-10 表达，急性和慢性创伤中均可见基底层角质形成细胞不同亚群表达 MMP-3 和 MMP-10，其中 MMP-3 主要表达于远离伤口边缘的增殖态基底角质形成细胞，其对上皮再生的作用不大，但对新形成的基底膜的重构是必需的。真皮成纤维细胞也表达 MMP-3，其作用与肉芽组织的形成和去除有关。MMP-10 位于迁移角质形成细胞的前沿，通过降解非胶原性基质分子促进角质形成细胞的迁移。

对于基质溶解素类的酶，MMP-7 是外分泌汗腺等表皮组织的基本产物，正常皮肤内呈现中等水平的表达。在发育期的人胎儿皮肤中，MMP-7 定位于侵入的毛囊及汗腺附件外，成人皮肤的 MMP-7 则集中并持续定位于腺上皮处。在肉芽组织形成和重构过程中，MMP-7 的持续表达可能与伤口周围上皮结构的再生密切相关。MMP-26 在正常皮肤中仅在毛囊中有表达，在伤口修复时主要表达于迁移前缘的角质形成细胞中，既不与 MMP-7 共同表达，也不在增殖态的细胞中表达。

MMP-19 在正常皮肤的角质形成细胞中表达很少，但是在正常皮肤伤口和慢性溃疡的真皮层的成纤维细胞中表达增加，在 CD68 阳性的单核炎症细胞、毛细血管内皮细胞和增殖态的角质形成细胞中也有表达，而表达 MMP-19 的成纤维细胞多位于炎症细胞浸润区域。MMP-28 是 MMP 家族最新的成员，在正常皮肤表皮的基底和以上均有表达，但是在急性和慢性伤口远离伤口边缘的呈增殖态的角质形成细胞中的表达明显增加。在伤口修复过程中，MMP-28 在基膜的重建和降解角质形成细胞之间的黏附蛋白中可能发挥重要作用。

正常皮肤伤口中 ECM 的合成、沉积和降解保持动态平衡，这种平衡如被打破会导致异常的基质积累或降解，而各种 MMP 及其抑制剂对伤口部位 ECM 的合成和降解的精确调控是保证伤口愈合的关键要素。MMP 的分泌和活性是受到高度调控的。正常人体组织中 MMP 表达的量很少，但当组织需要重组的时候，其表达和激活可以很快引发。MMP 的表达可以在角化细胞、成纤维细胞、内皮细胞等细胞以及单核细胞、淋巴细胞、巨噬细胞等炎症细胞在细胞因子的刺激下进行。激活 MMP 的细胞因子和生长因子包括白介素、干扰素、表皮生长因子（EGF）、角质细胞生长因子（KGF）、成纤维细胞生长因子（FGF）、血管内皮生长因子（VEGF）、血小板源生长因子（PDGF）、肝细胞生长因子（HGF）、肿瘤坏死因子-α（TNF-α）以及 β 转化生长因子（TGF-β）等（YAN，2007）。

基质金属蛋白酶被分泌出来后停留在细胞表面，处于潜活形式时没有催化活性，它们的催化机理取决于锌离子的作用（VAN WART，1990）。一些丝氨酸蛋白酶及其他 MMP 可以激活潜活状态的 MMP。MMP 的活性也受 α1-蛋白酶、α2-巨球蛋白或血小板反应蛋白-1 和血小板反应蛋白-2 等血浆蛋白酶抑制剂的影响（SOTTRUP-JENSEN，1989）。MMP 最主要的调控剂是其特殊的抑制剂，也就是基质金属蛋白酶抑制剂（tissue inhibitor of metalloproteinase，TIMP）（BAKER，2002）。

14.4　MMP 在伤口愈合过程中的特殊作用

在伤口愈合过程中，基质金属蛋白酶起一系列多样化的作用。除了分解和重组细胞外基质，MMP 也调节细胞与细胞、细胞与基质之间的信号。例如，它们辅助释放、激活、抑制细胞因子和生长因子，修饰细胞表面受体和接合蛋白质，调节细胞凋亡和炎症等过程。MMP 对细胞外基质和非细胞外基质蛋白质的活性起重要作用，可以影响基质生物学和细胞的行为（CHEN，2009），其对上皮细胞的迁移起引导作用（KOSHIKAWA，2000）。

在伤口愈合过程中，基底角化细胞在其半桥粒溶解后在伤口基质中迁移。在此过程中，MMP 通过调节伤口基质起关键作用。角质细胞在连接蛋白和纤维蛋白组成的临时基质中迁移，或在其下面与真皮接触。根据其与细胞外基质结合的情况，迁移中的角质细胞可以激活不同的整合素家族，如 $\alpha5\beta1$ 和 $\alpha V\beta1$ 整合素（二者均为连接蛋白的受体）、与层粘连蛋白结合的 $\alpha3\beta1$ 和 $\alpha6\beta4$ 整合素、$\alpha2\beta1$ 整合素（一种胶原蛋白受体）、$\alpha9\beta1$ 整合素（一种腱生蛋白受体）、$\alpha V\beta5$ 整合素（一种玻连蛋白受体）等（HAKKINEN，2000；LARJAVA，1996）。由上皮细胞、间质细胞和炎症细胞表达的各种 MMP 在伤口愈合的炎症反应和细胞迁移过程中起重要的调控作用（PARKS，2004）。表 14-2 显示哺乳动物 MMP 在细胞迁移过程中的作用（MARTINS，2013）。

表 14-2　哺乳动物 MMP 在细胞迁移过程中的作用

MMP 的种类	作用的底物	细胞迁移中的作用
MMP-1（胶原酶-1）	胶原蛋白Ⅰ、Ⅱ、Ⅲ、Ⅶ和Ⅹ，聚集蛋白聚糖，丝氨酸蛋白酶抑制剂，α2 巨球蛋白，激肽释放酶，糜酶	促进人角质形成细胞在纤维状胶原上的迁移，在伤口愈合过程中由角质形成细胞的后膜边缘表达，角质形成细胞的过度表达延缓创面的上皮化
MMP-2（明胶酶A）	明胶，胶原蛋白Ⅰ、Ⅳ、Ⅴ、Ⅶ和Ⅹ，层粘连蛋白，聚集蛋白聚糖，纤维连接蛋白，固生蛋白	加速细胞迁移
MMP-3（溶基质蛋白酶-1）	胶原蛋白Ⅳ、Ⅴ、Ⅸ和Ⅹ，纤维连接蛋白，弹性蛋白，明胶，聚集蛋白聚糖，巢蛋白，原纤蛋白，E-钙黏蛋白	在近端增殖细胞群中由角质形成细胞表达，影响伤口的收缩
MMP-7（基质溶解素）	弹性蛋白，纤维连接蛋白，层粘连蛋白，巢蛋白，胶原蛋白Ⅳ，固生蛋白，多功能蛋白聚糖，α1 蛋白酶抑制剂，E-钙黏蛋白，肿瘤坏死因子	在黏膜损伤的上皮化过程中需要
MMP-8（胶原酶-2）	胶原蛋白Ⅰ、Ⅱ和Ⅲ，聚集蛋白聚糖，丝氨酸蛋白酶抑制剂	主要由中性粒细胞表达，促进皮肤伤口愈合
MMP-9（明胶酶 B）	明胶，胶原蛋白Ⅰ、Ⅲ、Ⅳ、Ⅴ和Ⅶ，聚集蛋白聚糖，弹性蛋白，原纤蛋白	通过 MMP-9 的更多表达，微缺氧引发细胞迁移；促进细胞迁移和上皮化

续表

MMP 的种类	作用的底物	细胞迁移中的作用
MMP-10 （溶基质蛋白酶-2）	胶原蛋白Ⅳ、Ⅴ、Ⅸ和Ⅹ，纤维连接蛋白，弹性蛋白，明胶，层粘连蛋白，聚集蛋白聚糖，巢蛋白，E-钙黏蛋白	在伤口边缘由角质形成细胞表达
MMP-11 （溶基质蛋白酶-3）	丝氨酸蛋白酶抑制剂，α1 蛋白酶抑制剂	未知
MMP-12 （金属弹性蛋白酶）	胶原蛋白Ⅳ，明胶，纤维连接蛋白，层粘连蛋白，玻连蛋白，弹性蛋白，原纤蛋白，α1 蛋白酶抑制剂，载脂蛋白 A	调节血管生成
MMP-13 （胶原酶-3）	胶原蛋白Ⅰ、Ⅱ、Ⅲ、Ⅳ、Ⅸ、Ⅹ和ⅩⅣ，明胶，纤维连接蛋白，层粘连蛋白，固生蛋白，聚集蛋白聚糖，原纤蛋白，丝氨酸蛋白酶抑制剂	在老鼠中，通过影响伤口收缩间接促进伤口上皮化
MMP-14 （膜型金属蛋白酶-1）	胶原蛋白Ⅰ、Ⅱ和Ⅲ，明胶，纤维连接蛋白，层粘连蛋白，玻连蛋白，聚集蛋白聚糖，固生蛋白，巢蛋白，基底膜聚糖，原纤蛋白，α1 蛋白酶抑制剂，α2 巨球蛋白，纤维蛋白	促进角化细胞迁移和侵占，介入 MMP-2 激活，调节上皮细胞增殖
MMP-15 （膜型金属蛋白酶-2）	纤维连接蛋白，层粘连蛋白，聚集蛋白聚糖，固生蛋白，巢蛋白，基底膜聚糖	未知
MMP-16 （膜型金属蛋白酶-3）	胶原蛋白Ⅲ，纤维连接蛋白，明胶，酪蛋白，层粘连蛋白，α2 巨球蛋白	未知
MMP-17 （膜型金属蛋白酶-4）	纤维蛋白，纤维蛋白原，肿瘤坏死因子前体	未知
MMP-19	明胶，聚集蛋白聚糖，软骨低聚物基质蛋白，胶原蛋白Ⅳ，层粘连蛋白，巢蛋白，固生蛋白	在上皮增殖中检测到，可能参与调节胶质细胞的迁移、增殖和黏附
MMP-20	牙釉蛋白，聚集蛋白聚糖，软骨低聚物基质蛋白	在牙齿成长中表达

续表

MMP 的种类	作用的底物	细胞迁移中的作用
MMP-25	明胶	未知
MMP-28	酪蛋白	在伤口愈合过程中胶质细胞群的末梢表达

14.4.1 MMP-2、MMP-9

MMP-2（明胶酶 A）和 MMP-9（明胶酶 B）的活性在伤口渗出液中可以检测到，说明它们在伤口愈合中起作用（SALO，1994）。层粘连蛋白-332 在受伤后很快由角质细胞表达（RYAN，1994），这种表达与角质细胞迁移的增多及 MMP-2 的表达同时发生（MOSES，1996）。MMP-2 在这个过程中起重要作用，它使层粘连蛋白-332 的链断裂，产生的碎片引发细胞迁移。事实上，MMP-2 在伤口愈合过程中的作用目前还没有在临床试验中得到充分证明。有研究把外源的 MMP-2 加入人鼻腔纤毛上皮细胞培养基后发现其有促进愈合的作用（LECHAPT-ZALCMAN，2006）。一些研究发现，MMP-2 对与细胞外基质结合的 TGF-β 的激活作用（DALLAS，2002；YU，2000）。

MMP-9 在受伤的眼睛、皮肤、肠、肺等上皮中有表达（BETSUYAKU，2000；CASTANEDA，2005）。实验模型中角质细胞的迁移与 MMP-9 关联，其抑制剂可以阻止迁移（MCCAWLEY，1998）。MMP-9 的表达在创缘可以观察到，在角质细胞迁移中起重要作用（HATTORI，2009）。有研究显示创面缺氧可以通过增加 MMP-9 的表达引起角质细胞的迁移（O´TOOLE，1997）。MMP-2 和 MMP-9 在血管生成过程中均起作用，在此过程中激活 TNF-α 和 VEGF 等血管生成因子。基于血管生成是伤口愈合的一个重要组成部分，MMP-2 和 MMP-9 通过促进血管生成在伤口愈合过程中起关键作用。

王宇星等（王宇星，2015）总结了 MMP-9 介导创面愈合中血管新生的研究进展。MMP-9 可由内皮细胞、成纤维细胞、角质细胞、单核细胞、巨噬细胞等多种细胞表达，大部分以游离形式分泌到细胞间质中，也可以通过黏附分子锚定于细胞表面。正常情况下 MMP-9 很少表达，它的表达受到丝裂原活化蛋白激酶（Mitogen-activated protein kinases，MAPK）通路的调控，MAPK 通路由细胞外调节蛋白激酶通路（ERK）、氨基末端激酶通路（JNK）和 p38 通路组成，其中生长因子能刺激 ERK 通路活化、促炎性细胞因子通常激活 JNK 通路和 p38 通路，从而介导 MMP-9 的高表达。MAPK 通路活化后能使其下游的转录因子磷酸化，包括细胞核因子西乙蛋白、激活蛋白-1、特殊蛋白-1和E26转录因子-1等，这些磷酸化的转录因子与MMP-9基因启动子相应区域结合后启动MMP-9基因的转录。MMP-9转录后的表达则通过mRNA的稳定性来调控，如白细胞介素-1B能促进RNA结合蛋白与MMP-9的mRNA结合，增强mRNA的稳定性，进而介导MMP-9的高表达。而NO则发挥相反的作用，其通过抑制RNA结合蛋白的表达，使RNA结合蛋白与MMP-9的mRNA结合减少，mRNA稳定性降低，导致MMP-9的表达也相应下降。组织特异性金属蛋白酶抑制剂-1（TIMP-1）C端能与MMP-9前体的血红素样结构域结合形成复合物，特异性抑制MMP-9的活性。人体内的大多数细胞通过共表达MMP-9与TIMP-1，使MMP-9的活性处于平衡状态，在病理条件下，中性粒细胞这种分化末期的炎症细胞将该平衡打破。

在创面愈合过程中，血管新生是关键环节之一。在血管新生的开端，血管内皮细胞生长因子A（VEGF-A）活化原有血管内皮细胞（VEC），被激活的VEC分泌出包括MMP-9在内的蛋白水解酶，水解血管基底膜（VBM），VEGF-A促进血管VEC自身增殖并向创面迁移，这一过程称为“出芽”。由增殖的VEC构成的毛细血管腔进入伤口部位后互相连接，在数天内形成血管网，支持肉芽组织以填充创面。正常的创面愈合过程开始后，新生血管迅速增多，毛细血管数量可为正常组织的3倍。影响血管生成的因素也进一步影响创面愈合，有心血管疾病或糖尿病的患者常出现创面迁延不愈的情况，血管新生的缺失与创面难愈表现出显著的相关性，而能改善创面愈合的药物，其作用机制一般都与改善创面血供有关，如增强VEGF的表达。

MMP-9参与了创面愈合中的炎症反应、血管新生、基质重塑、再上皮化等多个过程。在创伤早期（7d内），MMP-9的表达快速升高，这种升高与血管新生相关。创面愈合早期MMP-9水平的增高能发挥促进血管新生、加速创面愈合的作用。

14.4.2　MMP-3、MMP-10

MMP-3和MMP-10是密切关联的，二者均可以降解胶原蛋白以及非胶原蛋白类的结缔组织大分子，如蛋白聚糖、明胶、层粘连蛋白、纤维连接蛋白等（MURPHY，1991）。除了MMP-1，这类溶基质素在上皮创面愈合中起重要作用，由上皮细胞表达。MMP-3和MMP-10有不同的表达方式，其中MMP-3在创缘的增殖部分，而MMP-10是在创缘部分突出处，与MMP-1处在同一位置。MMP-3和MMP-10的结构相似，但起作用的部位有所不同，其在伤口愈合中的作用也有所不同（SAARIALHO-KERE，1994）。MMP-10 的表达受 EGF、TGF-β1、TNF-α 等细胞因子控制（RECHARDT，2000），MMP-10 的过度表达造成上皮细胞迁移的混乱以及新生基质的降解，其有序表达对控制基质降解和角质细胞迁移非常重要（KRAMPERT，2004）。MMP-3 通过影响肌动蛋白束在控制创面收缩过程中起重要作用（BULLARD，1999）。

14.4.3 MMP-7、MMP-8、MMP-14

MMP-7 可以酶解多种胞外基质和基底膜蛋白，如纤连蛋白、胶原蛋白、层粘连蛋白、弹性蛋白滑桥蛋白、软骨黏蛋白聚合物等。同时，MMP-7 也可以通过激活 MMP-2、MMP-9 等其他 MMP 成员的活性，间接酶解其他蛋白。MMP-7 和血管内皮生长因子（VEGF）的协同表达可以改变内皮细胞的活化形式，加快基底膜的降解和内皮细胞的迁移，从而促进血管新生、加快伤口愈合。作为基质金属蛋白酶大家庭的一员，MMP-7 是一种分泌型蛋白，也是目前发现的相对分子质量最小的 MMP（刘海涛，2015）。MMP-7 在上皮伤口中没有表达，但在肺、肾、眼角膜和肠道的损伤过程中有表达（SURENDRAN，2004）。MMP-8（胶原酶-2）主要由中性粒细胞表达。在对老鼠伤口愈合的实验中显示 MMP-8 可以弥补 MMP-13 的损失，MMP-8 的缺少延缓了伤口的愈合（HARTENSTEIN，2006）。MMP-14 是所有 MMP 中研究得最多的，很多研究显示这种 MMP 在细胞迁移和浸入中起关键作用（SEIKI，2002），它处于迁移中的角质细胞的前端，对上皮细胞的增殖起重要作用（ATKINSON，2007）。实验结果显示，MMP-14 可以切断多配体聚糖-1、CD44、层粘连蛋白-332，加快上皮细胞的迁移（ENDO，2003）。

14.4.4 MMP-12、MMP-13、MMP-19、MMP-28

MMP-12 是由巨噬细胞表达的（MADLENER，1998），它可以产生血管抑素，在血管生成中起作用。MMP-13 是一种胶原酶，在创伤前端表达，对角质细胞的迁移、血管生成、创面收缩起作用（HATTORI，2009）。MMP-19（肾素-1）在增殖的上皮中探测到，对上皮细胞的迁移起作用（HIETA，2003）。MMP-26 在创伤的上皮化过程中探测到（AHOKAS，2005）。MMP-28 是 MMP 中最新的成员，其起到的作用是重组基底膜，使细胞间的黏合蛋白降解，促进细胞迁移（SAARIALHO-KERE，2002）。

14.5　基质金属蛋白酶组织抑制剂（TIMPs）

基质金属蛋白酶组织抑制剂（TIMP）是一类分子量为 20～39kDa 的分泌蛋白质，是 MMP 的天然内生抑制剂，有不同的组织表达形式和调控模式，在哺乳动物中已发现四种，即 TIMP－1、TIMP－2、TIMP－3 和 TIMP－4（BAKER，2002）。作为分泌蛋白质，TIMP 主要溶解在细胞外间质，也可以与膜蛋白结合。TIMP 通过调控 MMP 的活性调节伤口愈合过程中细胞的迁移。

TIMP-1、TIMP－2 和 TIMP－3 是由上皮细胞和成纤维细胞表达的，其中 TIMP-1 在愈合中的创面上皮细胞中检测到，也在创面成纤维细胞中发现，尤其是血管周边的细胞（VAALAMO，1996）。实验中发现加入 TIMP-2 能影响细胞迁移，其原因可能是抑制了 MMP－14 对细胞表面多配体聚糖－1 的切割（ENDO，2003），也有研究显示 TIMP-2 能促进细胞的迁移（TERASAKI，2003），尽管其作用机理尚未充分理解。TIMP－3 在细胞外基质重组过程中起作用（GILL，2003）。TIMP-4 的表达在人体创伤中尚未检测到（VAALAMO，1999）。

研究表明，MMP、TIMP 的动态平衡与创面愈合至关重要（MULLER，2008），例如 MMP-9 具有降解细胞外基质、促进细胞迁移等作用，参与创面愈合的各个阶段，而 TIMP-1 是 MMP-9 的特异性抑制剂（常学洪，2017）。近年来，有关 MMP-9 和 TIMP-1 之间的互动对创面愈合的影响已成为慢性伤口愈合研究的一个焦点（LI，2016）。

王越等（王越，2019）研究了Ⅳ期压疮愈合过程中创面渗出液基质金属蛋白酶-9、基质金属蛋白酶抑制剂-1 表达水平的变化，就Ⅳ期压疮愈合过程中创面渗出液中 MMP-9 和 TIMP-1 表达水平的变化情况进行探讨，明确 MMP-9、TIMP-1 表达水平及 MMP-9/TIMP-1 比值变化与Ⅳ期压疮愈合的关系。结果显示，接诊时及治疗第 1 周末 2 组 MMP-9 表达差异无统计学意义，而在治疗第 2、第 3、第 4 周周末，愈合不良组的 MMP-9 表达水平分别为（189. 27±90. 15）ng/L、（176. 95±75. 47）ng/L、（149. 30±63. 08）ng/L，显著高于愈合良好组的（114. 97±70. 06）ng/L、（93. 75±55. 15）ng/L、（71. 62±41. 66）ng/L，差异有统计学意义。不同时间点愈合良好组与愈合不良组的 TIMP-1 表达水平差异无统计学意义。接诊时及治疗第 1 周末 2 组的 MMP-9/TIMP-1 比值差异均无统计学意义，而在治疗第 2、第 3、第 4 周末时愈合不良组的 MMP-9/TIMP-1 比值分别为 38. 42±9. 25、33. 74±9. 58、29. 53±8. 04，显著高于愈合良好组的 30. 04±10. 67、25. 35±10. 18、21. 54±

9.29，差异均有统计学意义。这些结果说明创面渗出液中 MMP-9 的表达水平及 MMP-9/TIMP-1 的比值变化与压疮愈合有关，过高的 MMP-9 及 MMP-9/TIMP 1 比值不利于压疮的愈合。表 14-3~表 14-5 分别显示了不同时间点愈合良好组与愈合不良组的 MMP-9 表达水平、TIMP-1 表达水平以及 MMP-9/TIMP-1 比值。

表 14-3　不同时间点愈合良好组与愈合不良组 MMP-9 表达水平比较

组别	例数	时间点/（ng/L）				
		接诊时	1 周后	2 周后	3 周后	4 周后
良好组	26	174.36±107.13	147.95±96.05	114.97±70.06	93.75±55.15	71.62±41.66
不良组	13	218.96±97.34	216.10±116.68	189.27±90.15	176.95±75.47	149.30±63.08

表 14-4　不同时间点愈合良好组与愈合不良组 TIMP-1 表达水平比较

组别	例数	时间点/（ng/L）				
		接诊时	1 周后	2 周后	3 周后	4 周后
良好组	26	4.81±2.44	4.55±2.50	4.35±2.60	4.37±2.66	3.79±2.26
不良组	13	4.53±2.25	4.80±2.55	4.39±2.22	4.71±2.24	4.55±2.20

表 14-5　不同时间点愈合良好组与愈合不良组的 MMP-9/TIMP-1 比值

组别	例数	时间点				
		接诊时	1 周后	2 周后	3 周后	4 周后
良好组	26	40.26±15.62	35.48±12.23	30.04±10.67	25.35±10.18	21.54±9.29
不良组	13	45.77±16.33	40.19±12.22	38.42±9.25	33.74±9.58	29.53±8.04

14.6　基质金属蛋白酶在慢性伤口愈合中的作用

创面愈合是细胞及组织修复的过程，包括炎症期、增殖期、重构期等阶段，是一个广泛而复杂的以协调趋化、吞噬作用、胶原形成、胶原降解和胶原重塑、血管形成等为主的动态过程（陈梦越，2016），其中基质金属蛋白酶及其抑制剂之间的平衡非常重要。在慢性难愈性创面中，MMP 和 TIMP 之间的有序平衡受到破坏，伤口愈合因此延缓。年龄、糖尿病症、静脉功能不全、动脉粥样硬化等均可以引起慢性伤口的发生。研究显示慢性伤口中 MMP 的活性增加而其抑制剂的表达下降，因此影响了细胞外基质的再生。在慢性溃疡伤口渗出液中，MMP-1、MMP-2、MMP-8 和 MMP-9 的表达增多（WYSOCKI，1993；YAGER，1996），MMP-2 和 MMP-9 的活性也增强。同时慢性伤口也显示出非常低的 TIMP-1 和 TIMP-2 含量，影响了其抑制 MMP 的活性（VAALAMO，1999）。

慢性伤口的一个重要特征是白细胞和中性粒细胞等炎症反应的持续存在，以及巨噬细胞分泌蛋白酶和促炎细胞因子。不断存在的炎症过程可以解释在 MMP 的含量慢性创面上含量很高，造成细胞外基质的持续破坏（MENKE，2007）。为了促进慢性伤口愈合，有必要用外源抑制剂抑制创面上 MMP 的活性。在一项试验中，对 MMP 有抑制作用的多西环素被用于糖尿病足溃疡的护理（CHIN，2003），小窝蛋白-1 在调节 MMP-1 基因中也起作用，可用于慢性伤口护理的药物（HAINES，2011）。应该指出的是，不同 MMP 在伤口愈合过程中的作用还不是很清晰，例如 MMP-2 和 MMP-9 在伤口愈合中所处的位置及其作用尚未清楚。因为不同的 MMP 在伤口愈合过程中的作用不同，在澄清其作用机理的基础上，应该有针对性地应用抑制剂（TU，2008）。

MMP-9 是含锌内肽酶的一种，具有降解细胞外基质、促进细胞迁移、血管形成等作用，参与创面愈合的每个阶段。正常情况下 MMP-9 很少表达，当皮肤发生损伤时，MMP-9 被激活，而随着创面的愈合，MMP-9 的表达水平会明显下降（BELLAYR，2013）。研究表明，MMP-9 在慢性伤口渗出液中的表达水平明显高于急性伤口渗出液，处于一种过度表达状态，使创面形成过度蛋白水解环境，造成创面长期不能愈合（LAZARO，2016）。TIMP-1 是一种可溶性糖蛋白，主要由巨噬细胞和结缔组织细胞分泌，在体内分布广泛，通过与 MMP-9 的催化区以 1∶1 可逆性结合，TIMP-1 可以抑制 MMP-9 的活性，MMP-9/TIMP-1 的比值在一般伤口愈合过程中清除坏死物、细胞迁移和细胞外基质降解重塑等过程中起重要作用（LOBMANN，2002；张静，2017）。在正常生理状态下，MMP-9与TIMP-1之间保持着动态平衡，协调细胞外基质降解与重建，维持组织结构的完整和内环境的稳定。当MMP-9/TIMP-1的比值越高，组织出现过度降解的程度越重（王越，2019；曾芷晴，2017）。研究结果显示，MMP-9的表达水平在创面情况差的糖尿病足创面中显著高于创面情况好的糖尿病足创面。也有研究表明，高水平的MMP-9创面环境预示炎症存在、创面愈合差（任国强，2017）。Ladwig等（LADWIG，2002）的研究发现，MMP-9/TIMP-1的比值与压疮的愈合呈负相关，随着压疮的愈合，MMP-9/TIMP-1比值呈下降趋势。

巨噬细胞作为伤口局部浸润的重要炎症细胞组分在伤口愈合过程中扮演重要角色（DIEGELMANN，2004），它是创伤愈合过程中主要的细胞因子来源，可以通过分泌细胞因子调控创伤愈合过程（WERNER，2003）。研究显示，巨噬细胞与创伤愈合过程中成纤维细胞的增殖和胶原代谢的平衡密切相关（HUNT，1984）。然而，关于巨噬细胞在伤口愈合过程中是发挥促进作用，还是抑制作用目前仍然存在争议。有研究报道，M1型巨噬细胞所导致的不可控炎症在人和小鼠的烧伤模型中都显著抑制创伤愈合（SINDRILARU，2011），而其他学者的研究则报道在伤口愈合模型中通过基因编辑技术去除巨噬细胞会导致伤口愈合不良（MIRZA，2009）。目前关于巨噬细胞的研究表明其在体内具有显著多样性，不同活化状态的巨噬细胞可能发挥截然不同的生物学功能（MANTOVANI，2004）。

丁敏等（丁敏，2007）研究了基质金属蛋白酶及其组织抑制因子与糖尿病足的修复，显示糖尿病患者足部伤口中MMP表达增加，其抑制因子TIMP表达减少，导致伤口难以愈合，二者的比例可能比它们的绝对浓度更重要。在创面局部应用多西环素、含蛋白酶抑制剂的敷料以及促有丝分裂的牛血清提取物等均可通过抑制MMP促进创面愈合。

MMP和TIMP在创面愈合中的作用是一个复杂的过程，需要多种不同ECM成分、细胞和可溶性介质的共同参与，其中MMP在ECM降解和重塑过程中起重要作用，其表达和定时释放与伤口愈合直接相关，MMP的主要功能包括：

（1）清除失活组织。

（2）参与角化细胞迁移过程中表皮与间质的相互作用。

（3）参与血管生成。

（4）参与新合成结缔组织的重建。

（5）调节生长因子活性。

MMP还具有重要的病理意义，其表达增多和酶活性增强可导致ECM的过度降解，表现为慢性难愈创面，而表达不足和酶活性过度受抑制可导致ECM的大量堆积，表现为瘢痕过度增生和瘢痕疙瘩等。

TIMP 是多功能分子，不仅可以抑制 MMP 活性，还具有细胞生长因子样作用，可促进成纤维细胞增生和胶原合成，使 ECM 沉积并抑制其降解。TIMP 可调控 ECM 代谢、抑制血管生成，还可抑制肿瘤细胞的发生、侵袭和转移。

在糖尿病足溃疡中，MMP 和 TIMP 水平的异常直接影响创面愈合。糖尿病足溃疡和其他慢性溃疡中存在蛋白酶水平升高和抑制因子水平降低，其中 MMP-2 和 MMP-3 的表达明显增加。与非糖尿病鼠伤口相比，糖尿病鼠伤口中前 MMP-2、前 MMP-9 更早到达高峰，活化的 MMP 表达明显增高。通过对糖尿病足溃疡中活组织样本的分析发现，在开始治疗足溃疡之前，其 MMP-1 较非糖尿病患者外伤后伤口组织中单个时间点的 MMP-1 增加 65 倍，前 MMP-2 增加 3 倍，活化的 MMP-2 增加 6 倍，MMP-8 增加 2 倍，MMP-9 增加 14 倍，而 TIMP-2 却减少 1/2。多西环霉素是一种四环素族的抗生素，也是 MMP 的竞争性抑制剂，能通过减少一氧化氮的合成减轻炎症，局部应用多西环素能减少大鼠皮肤溃疡中 MMP-8 和 MMP-13 的水平，能促进糖尿病足溃疡的愈合。

张怡等（张怡，2017）总结了下肢慢性静脉溃疡与基质金属蛋白酶相关性的研究进展，结果显示胶原酶、明胶酶、间质溶解素等在下肢慢性静脉溃疡的发生、发展中起重要作用，MMP-1、MMP-2、MMP-3、MMP-8 以及 TIMP-2 比例上调与溃疡愈合延迟有关，MMP-7、MMP-10、MMP-13 和 TIMP-1、TIMP-2 上调有利于溃疡愈合，而 MMP-9、MMP-12 在静脉溃疡中的作用尚需进一步研究。

14.7　医用敷料对基质金属蛋白酶和伤口愈合的影响

在各种 MMP 中，MMP-9 是相对分子质量最大的酶之一，可通过降解Ⅰ、Ⅲ、Ⅳ、Ⅴ型胶原蛋白和明胶等细胞外基质成分影响组织修复。在糖尿病患者中，伤口皮肤 MMP-9 的表达比正常情况高 4 倍，严重影响伤口的愈合。海藻酸钙具有良好的凝胶特性、生物相容性以及低细胞毒性，可通过抑制 MMP-9 的活性加快糖尿病伤口愈合（汪涛，2014）。汪涛等（汪涛，2016）通过观察海藻酸钙敷料对糖尿病大鼠创面组织中 MMP-9 的影响，探讨其对糖尿病大鼠创面愈合促进作用的机制。将雄性糖尿病大鼠 36 只麻醉后用无菌手术剪于背部剪一直径为 20mm 的圆形伤口，随机分为两组，其中实验组（$n = 18$）伤口采用海藻酸钙敷料换药，对照组（$n = 18$）采用棉纱布敷料，观察两组大鼠创面愈合情况。结果显示，术后第8、10、12和14天实验组伤口愈合率明显快于对照组，术后各期实验组伤口炎症反应较对照组平缓。术后第3天，实验组MMP-9 mRNA水平明显低于对照组，术后第7天和14天实验组MMP-9 mRNA水平仍明显低于对照组。Western Blotting试验结果显示，实验组MMP-9蛋白表达在术后3天、7天、14天均明显低于对照组，说明海藻酸钙敷料可通过抑制伤口MMP-9mRNA及蛋白表达，减少胶原蛋白降解、促进创面愈合。

正常皮肤中MMP-9mRNA水平极少，损伤时其水平明显升高，24h即可达到高峰，随后逐渐下降，当创面完全再上皮化后MMP-9即回归正常水平（DINH，2012）。在汪涛等（汪涛，2016）的实验中，实验组伤口的MMP-9mRNA和蛋白水平均明显低于对照组，提示海藻酸钙敷料在转录和翻译水平抑制了MMP-9的合成。相关结果也出现在Yao等（YAO，2010）的研究中，所不同的是，其将载有转化生长因子TGF-β3的海藻酸钙水凝胶应用于人体皮肤伤口，发现实验组MMP-9水平降低，同时Ⅰ型胶原蛋白水平升高，认为载有TGF-β3的海藻酸钙水凝胶可降低伤口MMP-9水平，并增加Ⅰ型胶原合成、促进伤口愈合。但其研究的效果究竟是由海藻酸盐敷料引起，还是TGF-β3发挥的作用尚不清楚。汪涛等（汪涛，2016）的研究直接用海藻酸盐敷料处理糖尿病伤口而未有其他因素的干扰，证实了其抑制MMP-9表达的功效。

14.8 小结

越来越多的研究结果证明基质金属蛋白酶在伤口愈合中起重要作用，对MMP及其抑制剂在伤口愈合过程中作用的理解可以促进MMP抑制剂的开发并应用于慢性伤口护理，解决慢性难愈性创面护理中的一个难题。

参考文献

[1] AHOKAS K, SKOOG T, SUOMELA S, et al. Matrilysin-2 (matrix metalloproteinase-26) is upregulated in keratinocytes during wound repair and early skin carcinogenesis [J]. J Invest Dermatol, 2005, 124: 849-856.

[2] ATKINSON J J, TOENNIES H M, HOLMBECK K, et al. Membrane type 1 matrix metalloproteinase is necessary for distal airway epithelial repair and keratinocyte growth factor receptor expression after acute injury [J]. Am J

Physiol Lung Cell Mol Physiol, 2007, 293: L600–L610.

[3] BAKER A H, EDWARDS D R, MURPHY G. Metalloproteinase inhibitors: biological actions and therapeutic opportunities [J]. J Cell Sci, 2002, 115: 3719–3727.

[4] BELLAYR I, HOLDEN K, MU X, et al. Matrix metallopmteinase inhibition negatively affects muscle stem cell behavior [J]. Int J Clin Exp Pathol, 2013, 6 (2): 124–141.

[5] BETSUYAKU T, FUKUDA Y, PARKS W C, et al. Gelatinase B is required for alveolar bronchiolization after intra–tracheal bleomycin [J]. Am J Pathol, 2000, 157: 525–535.

[6] BULLARD K M, LUND L, MUDGETT J S, et al. Impaired wound contraction in stromelysin–1–deficient mice [J]. Ann Surg, 1999, 230: 260–265.

[7] CASTANEDA F E, WALIA B, VIJAY–KUMAR M, et al. Targeted deletion of metalloproteinase 9 attenuates experimental colitis in mice: central role of epithelial–derived MMP [J]. Gastroenterology, 2005, 129: 1991–2008.

[8] CHEN P, PARKS W C. Role of matrix metalloproteinases in epithelial migration [J]. J Cell Biochem, 2009, 108: 1233–1243.

[9] CHIN G A, THIGPIN T G, PERRIN K J, et al. Treatment of chronic ulcers in diabetic patients with a topical metalloproteinase inhibitor, doxycycline [J]. Wounds, 2003, 15: 315–323.

[10] CLARK R A F. The Molecular and Cellular Biology of Wound Repair [M]. 2nd ed. New York: Plenum Press, 1995.

[11] DALLAS S L, ROSSER J L, MUNDY G R, et al. Proteolysis of latent transforming growth factor–beta (TGF–beta) –binding protein–1 by osteoclasts. A cellular mechanism for release of TGF–beta from bone matrix [J]. J Biol Chem, 2002, 277: 21352–21360.

[12] DIEGELMANN R F, EVANS M C. Wound healing: an overview of acute, fibrotic and delayed healing [J]. Front Biosci, 2004, 9: 283–289.

[13] DINH T, TECILAZICH F, KAFANAS A, et al. Mechanisms involved in the development and healing of diabetic foot ulceration [J]. Diabetes, 2012, 61: 2937–2947.

[14] ENDO K, TAKINO T, MIYAMORI H, et al. Cleavage of syndecan–1 by

membrane type matrix metalloproteinase-1 stimulates cell migration [J]. J Biol Chem, 2003, 278: 40764-40770.

[15] GILL S E, PAPE M C, KHOKHA R, et al. A null mutation for tissue inhibitor of metalloproteinases-3 (Timp-3) impairs murine bronchiole branching morphogenesis [J]. Dev Biol, 2003, 261: 313-323.

[16] GROSS J, LAPIERE C M. Collagenolytic activity in amphibian tissues: a tissue culture assay [J]. Proc Natl Acad Sci USA, 1962, 48: 1014-1022.

[17] HAINES P, SAMUEL G H, COHEN H, et al. Caveolin-1 is a negative regulator of MMP-1 gene expression in human dermal fibroblasts via inhibition of Erk1/2/Ets1 signaling pathway [J]. J Dermatol Sci, 2011, 64: 210-216.

[18] HAKKINEN L, UITTO V J, LARJAVA H. Cell biology of gingival wound healing [J]. Periodontol, 2000 (24): 127-152.

[19] HARTENSTEIN B, DITTRICH B T, STICKENS D, et al. Epidermal development and wound healing in matrix metalloproteinase 13-deficient mice [J]. J Invest Dermatol, 2006, 126: 486-496.

[20] HATTORI N, MOCHIZUKI S, KISHI K, et al. MMP-13 plays a role in keratinocyte migration, angiogenesis, and contraction in mouse skin wound healing [J]. Am J Pathol, 2009, 175: 533-546.

[21] HIETA N, IMPOLA U, LOPEZ-OTIN C, et al. Matrix metalloproteinase-19 expression in dermal wounds and by fibroblasts in culture [J]. J Invest Dermatol, 2003, 121: 997-1004.

[22] HUNT T K, KNIGHTON D R, THAKRAL K K, et al. Studies on inflammation and wound healing: angiogenesis and collagen synthesis stimulated in vivo by resident and activated wound macrophages [J]. Surgery, 1984, 96 (1): 48-54.

[23] JOHNSEN M, LUND L R, ROMER J, et al. Cancer invasion and tissue remodeling: common themes in proteolytic matrix degradation [J]. Curr Opin Cell Biol, 1998, 10: 667-671.

[24] KOSHIKAWA N, GIANNELLI G, CIRULLI V, et al. Role of cell surface metalloprotease MT1-MMP in epithelial cell migration over laminin-5 [J]. J Cell Biol, 2000, 148: 615-624.

[25] KRAMPERT M, BLOCH W, SASAKI T, et al. Activities of the matrix

metalloproteinase stromelysin－2 (MMP－10) in matrix degradation and keratinocyte organization in wounded skin [J]. Mol Biol Cell, 2004, 15: 5242－5254.

[26] LADWIG G P, ROBSON M C, LIU R, et al. Ratios of activated matrix metallopmteinase－9 to tissue inhibitor of matrix metallopmteinase－1 in wound fluids are inversely correlated with healing of pressure ulcers [J]. Wound Repair Regen, 2002, 10 (1): 26－37.

[27] LARJAVA H, HAAPASALMI K, SALO T, et al. Keratinocyte integrins in wound healing and chronic inflammation of the human periodontium [J]. Oral Dis, 1996, 2: 77－86.

[28] LAZARO J L, IZZO V, MEAUME S, et al. Elevated levels of matrix metalloproteinases and chronic wound healing: an updated review of clinical evidence [J]. J Wound Care, 2016, 25 (5): 277－287.

[29] LECHAPT－ZALCMAN E, PRULIERE－ESCABASSE V, ADVENIER D, et al. Transforming growth factor－beta1 increases airway wound repair via MMP－2 upregulation: a new pathway for epithelial wound repair? [J]. Am J Physiol Lung Cell Mol Physiol, 2006, 290: L1277－L1282.

[30] LI D M, ZHANG Y, LI Q, et al. Low 25－hydroxyvitamin D level is associated with peripheral arterial disease in type 2 diabetes patients [J]. Arch Med Res, 2016, 47 (1): 49－54.

[31] LOBMANN R, AMBROSCH A, SCHULTZ G, et al. Expression of matrix－metalloproteinases and their inhibitors in the wounds of diabetic and non－diabetic patients [J]. Diabetologia, 2002, 45 (7): 1011－1016.

[32] MADLENER M, PARKS W C, WERNER S. Matrix metalloproteinases (MMPs) and their physiological inhibitors (TIMPs) are differentially expressed during excisional skin wound repair [J]. Exp Cell Res, 1998, 242: 201－210.

[33] MANTOVANI A, SICA A, SOZZANI S, et al. The chemokine system in diverse forms of macrophage activation and polarization [J]. Trends Immunol, 2004, 25 (12): 677－686.

[34] MARTINS V L, CALEY M, O' TOOLE E A. Matrix metalloproteinases and epidermal wound repair [J]. Cell Tissue Res, 2013, 351: 255－268.

[35] MCCAWLEY L J, O' BRIEN P, HUDSON L G. Epidermal growth factor

(EGF) and scatter factor hepatocyte growth factor (SF/HGF) -mediated keratinocyte migration is coincident with induction of matrix metalloproteinase (MMP) -9 [J]. J Cell Physiol, 1998, 176: 255-265.

[36] MENKE N B, WARD K R, WITTEN T M, et al. Impaired wound healing [J]. Clin Dermatol, 2007, 25: 19-25.

[37] MIGNATTI P, RIFKIN D B. Biology and biochemistry of proteinases in tumor invasion [J]. Physiol Rev, 1993, 73: 161-195.

[38] MIRZA R, DIPIETRO L A, KOH T J. Selective and specific macrophage ablation is detrimental to wound healing in mice [J]. Am J Pathol, 2009, 175 (6): 2454-2462.

[39] MOSES M A, MARIKOVSKY M, HARPER J W, et al. Temporal study of the activity of matrix metalloproteinases and their endogenous inhibitors during wound healing [J]. J Cell Biochem, 1996, 60: 379-386.

[40] MULLER M, TROCME C, LARDY B, et a1. Matrix metallopmteinases and diabetic font ulcers: the ratio of MMP-1 to TIMP-1 is a predictor of wound healing [J]. Diabet Med, 2008, 25 (4): 419-426.

[41] MURPHY G, COCKETT M I, WARD R V, et al. Matrix metalloproteinase degradation of elastin, type Ⅳ collagen and proteoglycan. A quantitative comparison of the activities of 95 kDa and 72 kDa gelatinases, stromelysins-1 and -2 and punctuated metalloproteinase (PUMP) [J]. Biochem J, 1991, 277 (Pt 1): 277-279.

[42] O' TOOLE E A, MARINKOVICH M P, PEAVEY C L, et al. Hypoxia increases human keratinocyte motility on connective tissue [J]. J Clin Invest, 1997, 100: 2881-2891.

[43] OVERALL C M, LOPEZ-OTIN C. Strategies for MMP inhibition in cancer: innovations for the post-trial era [J]. Nat Rev Cancer, 2002, 2: 657-672.

[44] PARKS W C, WILSON C L, LOPEZ-BOADO Y S. Matrix metalloproteinases as modulators of inflammation and innate immunity [J]. Nat Rev Immunol, 2004, 4: 617-629.

[45] RECHARDT O, ELOMAA O, VAALAMO M, et al. Stromelysin-2 is upregulated during normal wound repair and is induced by cytokines [J]. J Invest Dermatol, 2000, 115: 778-787.

[46] RYAN M C, TIZARD R, VANDEVANTER D R, et al. Cloning of the LamA3

gene encoding the alpha 3 chain of the adhesive ligand epiligrin. Expression in wound repair [J]. J Biol Chem, 1994, 269: 22779-22787.

[47] SAARIALHO-KERE U K, PENTLAND A P, BIRKEDAL-HANSEN H, et al. Distinct populations of basal keratinocytes express stromelysin-1 and stromelysin-2 in chronic wounds [J]. J Clin Invest, 1994, 94: 79-88.

[48] SAARIALHO-KERE U, KERKELA E, JAHKOLA T, et al. Epilysin (MMP-28) expression is associated with cell proliferation during epithelial repair [J]. J Invest Dermatol, 2002, 119: 14-21.

[49] SALO T, MAKELA M, KYLMANIEMI M, et al. Expression of matrix metalloproteinase-2 and -9 during early human wound healing [J]. Lab Invest, 1994, 70: 176-182.

[50] SEIKI M. The cell surface: the stage for matrix metalloproteinase regulation of migration [J]. Curr Opin Cell Biol, 2002, 14: 624-632.

[51] SINDRILARU A, PETERS T, WIESCHALKA S, et al. An unrestrained proinflammatory M1 macrophage population induced by iron impairs wound healing in humans and mice [J]. J Clin Invest, 2011, 121 (3): 985-9297.

[52] SOTTRUP-JENSEN L, BIRKEDAL-HANSEN H. Human fibroblast collagenase-alpha-macroglobulin interactions. Localization of cleavage sites in the bait regions of five mammalian alpha-macroglobulins [J]. J Biol Chem, 1989, 264: 393-401.

[53] STEFFENSEN B, HAKKINEN L, LARJAVA H. Proteolytic events of wound healing coordinated interactions among matrix metallo-proteinases (MMPs), integrins, and extracellular matrix molecules [J]. Crit Rev Oral Biol Med, 2001, 12: 373-398.

[54] SURENDRAN K, SIMON T C, LIAPIS H, et al. Matrilysin (MMP-7) expression in renal tubular damage: association with Wnt4 [J]. Kidney Int, 2004, 65: 2212-2222.

[55] TERASAKI K, KANZAKI T, AOKI T, et al. Effects of recombinant human tissue inhibitor of metalloproteinases-2 (rh-TIMP-2) on migration of epidermal keratinocytes in vitro and wound healing in vivo [J]. J Dermatol, 2003, 30: 165-172.

[56] TU G, XU W, HUANG H, et al. Progress in the development of matrix metalloproteinase inhibitors [J]. Curr Med Chem, 2008, 15: 1388-1395.

[57] VAALAMO M, WECKROTH M, PUOLAKKAINEN P, et al. Patterns of matrix metalloproteinase and TIMP-1 expression in chronic and normally healing human cutaneous wounds [J]. Br J Dermatol, 1996, 135: 52-59.

[58] VAALAMO M, LEIVO T, SAARIALHO-KERE U. Differential expression of tissue inhibitors of metalloproteinases (TIMP-1, -2, -3, and -4) in normal and aberrant wound healing [J]. Hum Pathol, 1999, 30: 795-802.

[59] VAN WART H E, BIRKEDAL-HANSEN H. The cysteine switch: a principle of regulation of metalloproteinase activity with potential applicability to the entire matrix metalloproteinase gene family [J]. Proc Natl Acad Sci USA, 1990, 87: 5578-5582.

[60] WERNER S, GROSE R. Regulation of wound healing by growth factors and cytokines [J]. Physiol Rev, 2003, 83 (3): 835-870.

[61] WYSOCKI A B, STAIANO-COICO L, GRINNELL F. Wound fluid from chronic leg ulcers contains elevated levels of metalloproteinases MMP-2 and MMP-9 [J]. J Invest Dermatol, 1993, 101: 64-68.

[62] YAGER D R, ZHANG L Y, LIANG H X, et al. Wound fluids from human pressure ulcers contain elevated matrix metalloproteinase levels and activity compared to surgical wound fluids [J]. J Invest Dermatol, 1996, 107: 743-748.

[63] YAN C, BOYD D D. Regulation of matrix metalloproteinase gene expression [J]. J Cell Physiol, 2007, 211: 19-26.

[64] YAO Y, ZHANG F, ZHOU R, et al. Continuous supply of TGFβ3 via adenoviral vector promotes type Ⅰ collagen and viability of fibroblasts in alginate hydrogel [J]. J Tissue Eng Regen Med, 2010, 4 (7): 497-504.

[65] YU Q, STAMENKOVIC I. Cell surface-localized matrix metalloproteinase-9 proteolytically activates TGF-beta and promotes tumor invasion and angiogenesis [J]. Genes Dev, 2000, 14: 163-176.

[66] 朱平．基质金属蛋白酶及其组织抑制剂与创面愈合研究进展 [J]. 国外医学内科学分册，2006，33 (6)：249-252.

[67] 王宇星，姚敏，方勇．基质金属蛋白酶-9 介导创面愈合中血管新生的研究进展 [J]. 中华损伤与修复杂志，2015，10 (3)：64-68.

[68] 刘海涛，陈林林．基质金属蛋白酶-7 在涎腺肿瘤中的研究进展 [J]. 医学信息，2015，28 (46)：452-453.

[69] 常学洪，常方媛，董建凤，等. 基质金属蛋白酶及其组织抑制物在糖

尿病足创面愈合中作用的研究概况［J］. 中国临床新医学，2017，10（9）：916-919.
［70］王越，李贤，王瑶，等．Ⅳ期压疮愈合过程中创面渗出液基质金属蛋白酶-9、基质金属蛋白酶抑制剂-1 的表达水平变化的研究［J］. 中华损伤与修复杂志，2019，14（1）：34-38.
［71］陈梦越，李乐之．慢性伤口细菌生物膜相关微环境的研究进展［J］. 中华护理杂志，2016，51（12）：1483-1486.
［72］张静，李炳辉，李恭驰，等. 基质金属蛋白酶-9 及基质金属蛋白酶抑制剂-1 在不同细菌负荷糖尿病创面组织的表达［J］. 中华实验外科杂志，2017，34（2）：281-284.
［73］曾芷晴，劳丽燕，陈嘉宁．感染因素通过调控巨噬细胞表型变化影响伤口愈合的机制研究［J］. 岭南现代临床外科，2017，17（6）：649-653.
［74］任国强，李炳辉，李恭驰，等．糖尿病创面基质金属蛋白酶 9 对血管内皮生长因子表达的影响［J］. 中华损伤与修复杂志（电子版），2017，12（2）：123-127.
［75］丁敏，王鹏华．基质金属蛋白酶及其组织抑制因子与糖尿病足［J］. 国际内分泌代谢杂志，2007，27（增刊）：41-43.
［76］张怡，潘乔林，高方铭，等．下肢慢性静脉溃疡与基质金属蛋白酶相关性的研究进展［J］. 国际皮肤性病学杂志，2017，43（5）：309-312.
［77］汪涛，刘芳，顾其胜，等．海藻酸钙敷料对大鼠创面愈合影响的组织学研究［J］. 感染、炎症、修复，2014，15（3）：154-157.
［78］汪涛，赵珺，梅家才，等．海藻酸钙敷料对糖尿病大鼠创面组织基质金属蛋白酶 9 表达的影响［J］. 中华糖尿病杂志，2016，8（3）：162-167.

第 15 章　医用敷料的测试方法

15.1　引言

创面用敷料是用于护理伤口的材料，是一类重要的医用纺织品。这些产品直接或间接应用在受损伤的皮肤上，在辅助伤口愈合的同时对人体健康和安全有一定的影响。为了保证产品性能的稳定性和使用安全性，卫生材料行业和医疗器械检测机构对创面用敷料的分析测试开发出了很多种方法。下面总结一些常用的测试方法。

15.2　创面用敷料测试溶液

James 等（JAMES，1997）在 12 个下肢溃疡伤口上收集了渗出液样品，经过详细分析后总结出一组伤口渗出液的典型化学组成，见表 15-1。

表 15-1　伤口渗出液的典型组成

成分	分子量	平均浓度（变化范围）	浓度/%
乳酸乙酯（ethyl lactate）	118. 13	18. 8mmol/L（13. 7~29. 4）	0. 222
葡萄糖（glucose）	186. 11	0. 7mmol/L（0. 3~1. 2）	0. 013
蛋白质（protein）		29g/L（16~49）	2. 9
肌酸酐（creatinine）	113. 12	105mmol/L（32~204）	1. 187

续表

成分	分子量	平均浓度（变化范围）	浓度/%
尿素（urea）	61.05	9.6mmol/L（4.8~21.6）	0.0586
钙离子（以 $CaCl_2 \cdot 2H_2O$ 代表）	147.02	2.5mmol/L	0.0367
钠离子（以 NaCl 代表）	58.44	142mmol/L	0.83

在与伤口渗出液接触时，海藻酸钙医用敷料中的钙离子与体液中的钠离子发生离子交换，溶液中的钙离子浓度对离子交换性能有一定影响。为了明确反映溶液中的钙离子浓度，英国药典在形成海藻酸盐医用敷料的测试方法的过程中提出了含钠和钙离子的 A 溶液作为标准测试液（British Pharmacopoeia Monograph for Alginate Dressings and Packings，1994）。这种溶液模拟了伤口渗出液中钙离子和钠离子的含量，由含 2.5mmol/L 的 $CaCl_2 \cdot 2H_2O$ 和 142mmol/L 的 NaCl 水溶液配制而成。A 溶液可以由 8.3g NaCl 和 0.367g $CaCl_2 \cdot 2H_2O$ 稀释至 1L 后配制而成。

在一些需要明确反映渗出液组成的测试中，血清可用作测试溶液。为了在维持溶液离子强度的同时简化测试，生理盐水可用于测试创面用敷料的吸湿性能，由含 0.83%NaCl 的水溶液配制。

15.3　吸湿性测试

在测试创面用敷料吸湿性时，国际上常用的方法是英国药典为海藻酸盐医用敷料制定的方法。敷料切割成 5cm×5cm 尺寸后放置在 20℃、65%相对湿度的环境中 24h，使纤维的回潮率达到平衡后测定敷料的干重为 Wg。随后把敷料放置在比其自身重 40 倍的 A 溶液中，在直径为 90mm 的培养皿中，于 37℃下放置 30m 后用镊子夹住敷料的一角，空中悬挂 30s 后测定湿重（W_1）。单位重量敷料的吸湿性 = $(W_1-W)/W$（g/g），单位面积的吸湿性 = $4(W_1-W)$（$g/100cm^2$）。图 15-1 显示测试敷料吸湿性能的示意图。

在测试水胶体医用敷料的吸湿性能时，为了正确反映出材料本身吸收的液体和透过材料散发的水分，Thomas 等（THOMAS，1997）采用一种如图 15-2 所示的密闭不锈钢杯子。他们把敷料切割后称取其重量，在每个杯子中加入 20mL 的 A 溶液（W）后把敷料固定在不锈钢杯子上。然后把杯子倒挂后放置

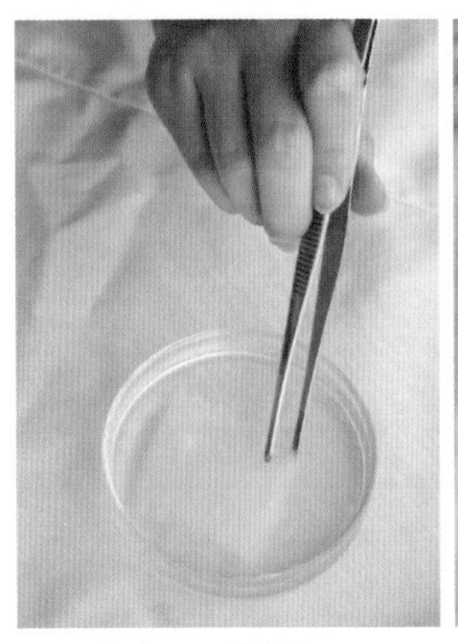

（a）37℃下放置30min

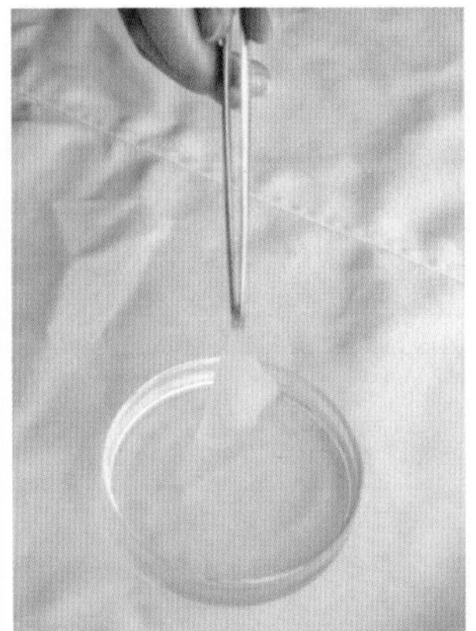

（b）空中悬挂30s

图 15-1　测试敷料吸湿性能的示意图

在 37℃的烘箱中，24h 后称取重量的变化。为了控制烘箱的湿度，测试时在烘箱中放置 1kg 新干燥的硅胶。测试过程中整个杯子损失的重量即为透过敷料向环境散发的水汽的重量（W_1）。把敷料去除后测定杯子和剩下的液体的总重量，减去杯子的重量即为在整个测试过程中留下的液体的总量（W_2）。敷料的总排湿量=（$W-W_2$），被敷料吸收的液体重量=（$W-W_2-W_1$）。这个测试方法可以测定敷料总的排湿容量以及吸收在材料中的液体量和透过材料散发出的水汽的量。

图 15-2　用于测试敷料透气性的不锈钢杯子

15.4　液体在纤维内和纤维间分布测试

当敷料吸收伤口上的渗出液时，部分液体被吸收在纤维与纤维之间的毛细空间内，而另一部分液体被吸收进纤维内部的高分子结构中。前一部分的液体与敷料的结合差，容易沿着织物结构扩散，造成伤口周边皮肤的浸渍甚至腐烂。后一部分液体可以被保留在纤维内部，起到为创面保湿的作用。

吸收在纤维之间的液体以物理作用的方式被吸附在敷料上，可以用离心脱水与敷料分离。测试时把吸湿后的敷料（重量为 W_1）放在一个离心管中，离心管的下半部充填折叠的针织物以便留住从纤维上离心脱去的水分。离心管在 1200r/min 的速度下脱水 15min 后，测定脱水后敷料的重量为 W_2，这个重量是纤维本身的干重和吸收进纤维内部的液体重量的总和。把离心脱水后的敷料在 105℃ 下干燥 4h 至恒重后可以测得纤维的干重（W_3）。

在以上描述的实验中，（W_1-W_2）是吸收在纤维之间的液体，（W_2-W_3）是吸收进纤维内部的液体。为了方便比较，（W_1-W_2）/W_3 和（W_2-W_3）/W_3 分别计算出每克干重的敷料吸收在纤维内部和纤维之间的液体。（W_1-W_2）/W_3 通常也被称为水凝胶的溶胀率。

15.5　给湿性测试

对于一些干燥的或已经结了痂的伤口，给创面提供水分可以帮助伤痂的脱落和皮肤细胞的健康繁殖。国际市场上有许多种类的水凝胶敷料专门用于护理干燥的伤口。Thomas 等（THOMAS，1995）对创面用敷料的性能做了很多研究，在测定敷料的给湿性能时，他们使用不同浓度的明胶水溶液作为模拟皮肤。为了模仿体液中的离子含量，在配制明胶水溶液时用 A 溶液作为溶剂。试验中用的明胶有四种浓度，即 20%、25%、30%、35%，配制时把 10g、12.5g、15g、17.5g 明胶分别与 40g、37.5g、35g、32.5g A 溶液混合后在 60℃ 水浴中使明胶充分溶解，然后倒入直径为 90mm 的表面皿，冷却后明胶溶液凝固成一层类似皮肤的胶体。

图 15-3 显示测试水凝胶给湿性能的示意图。由于水凝胶的流动性大，在与明胶接触时可能散开，测试时先在明胶上放置一层孔径为 100μm 的尼龙网，而后在尼龙网上放一个直径为 35mm、高度为 10mm 的塑料管，把 5g 水凝胶均匀放

置在塑料管中后把表面皿封闭，在 20~22℃下静置 48h 后把水凝胶、塑料管和尼龙网从明胶上去除，测定试验过程中明胶重量的变化。

含 20%明胶的样品中水分高，测试过程中一般会失重，其失去的重量即为水凝胶样品吸收的水分。含 30%~35%明胶的样品代表干燥的皮肤，测试过程中重量一般会有增加，其增加的重量即为水凝胶样品的给湿量。

在测试片状水凝胶时，由于样品有稳定的结构，可以直接放置在明胶上。

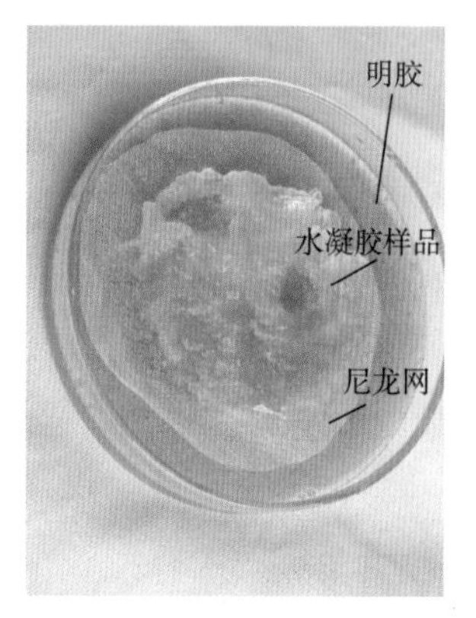

图 15-3　测试水凝胶给湿性能的示意图

为了正确反映出水凝胶既能吸湿，又能给湿的特点，Thomas 对以上方法做了改进，采用含 2%和 8%的琼脂胶作为潮湿的伤口，而用含 20%和 35%的明胶作为干燥的伤口。测试时把（10±0.1）g 的琼脂胶或明胶放置在一个 60mL 的塑料针筒内，在连接针的一端把塑料针筒切平，放入（10±0.1）g 的受试水凝胶，然后把口子封闭。在（25±2）℃下放置 48h 后小心地把水凝胶与琼脂胶或明胶分离，测定水凝胶重量的变化，其增加或减少部分即为从琼脂胶或明胶吸收或给出的水分。

15.6　扩散性能测试

图 15-4 显示几种不同的创面用敷料阻止伤口上脓血流动的现象。与其他材料相比，水化纤维和海藻酸盐医用敷料具有“凝胶阻断”性能，即其吸收的液体不会向伤口周边横向扩散，而是保留在与伤口直接接触的敷料上。这样可以使伤口周边的皮肤保持干燥，不会因为长时间接触液体而受到浸渍甚至腐烂。

创面用敷料的“凝胶阻断”性能可以在一个简易的模拟伤口上测定。用塑料模具压制一个直径为 50mm、中间深度约为 5mm 的半球型空穴，加入 5mL 的 A 溶液后把一块 10cm×10cm 的敷料覆盖在液体上。静止 5min 后测试当液体在敷料上扩散后形成的潮湿圈的最大外径长度，以此作为衡量“凝胶阻断”性能的指标。在这个测试中，5mL 的 A 溶液也可以用滴定管滴到一块水平铺开的 10cm×10cm 的敷料上，然后测定液体在敷料上扩散后形成的潮湿圈的最大外径长度。

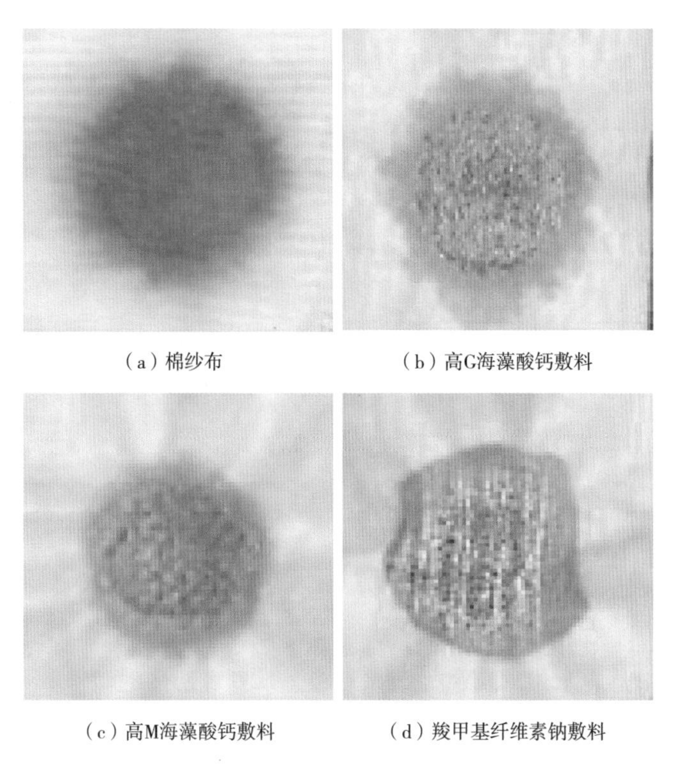

（a）棉纱布　（b）高G海藻酸钙敷料

（c）高M海藻酸钙敷料　（d）羧甲基纤维素钠敷料

图 15-4　不同种类的创面用敷料阻止溶液扩散的效果图

液体在敷料上的扩散性能也可以采用另一方法来测试。在一个 500mL 烧杯中加入 300mL A 溶液，把测试的敷料切割成 10mm 宽、100mm 长的条子。然后夹住敷料的一端，将其垂直浸入 A 溶液后记录 5min 后液体爬升的高度，以此作为液体在敷料上扩散性能的指标。图 15-5 显示 A 溶液在海藻酸钙非织造布、普通非织造布、棉纱布上爬高的效果图。

15.7　透气性测试

为了避免伤口渗出液在创面上积聚、延长敷料的使用寿命，同时也为了使氧气能进入创面以及二氧化碳的排出，创面用敷料应该有较好的透气性能。测试敷料透气性时可以采用如图 15-2 所示的不锈钢杯子，测试前在杯子内放入 20mL 的 A 溶液，把敷料切割成杯子直径的大小后用螺丝固定，使杯子里的液体只能通过敷料向外面环境释放。

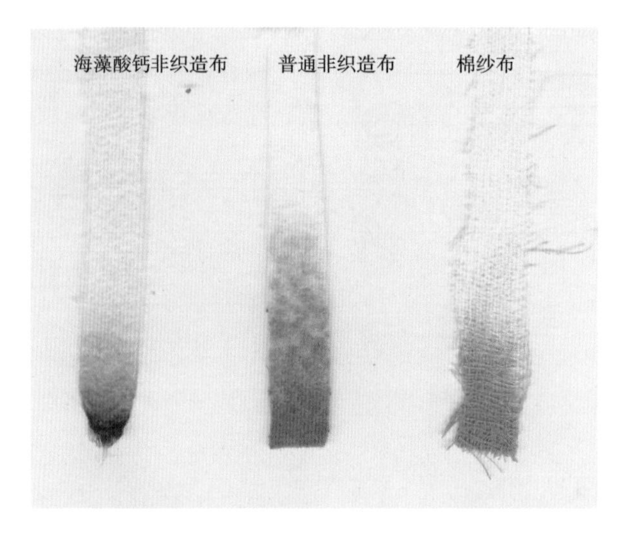

图 15-5　A 溶液在海藻酸钙非织造布、普通非织造布、棉纱布上爬高的效果图

把敷料固定住后，不锈钢杯子被放置在 37℃烘箱中，同时在烘箱中放置 1kg 干燥的硅胶以保持环境处于干燥状态。整个不锈钢杯子的重量在实验开始时和 24h 后做记录，其中减少的重量为透过敷料散发到环境中的液体的重量。

假设不锈钢杯子的内部直径为 D m，24h 内减少的重量为 W kg，则敷料的透气性为 $4W/(\pi D^2)$，其单位为 $kg/(24h \cdot m^2)$。

15.8　抗菌性测试

创面用敷料使用在伤口上后与伤口渗出液接触，如果敷料具有抗菌性能，则渗出液中的细菌被杀死，细菌的增长得到抑制，从而避免伤口感染，有利于伤口的健康愈合。目前已经有三种方法可以测试敷料的抗菌性能（THOMAS，2003），其中用平板法测试抑菌圈可以模拟产品使用在潮湿的或有轻度渗出液的伤口上时其控制细菌增长的能力。细菌攻击试验测试敷料杀死悬浮在溶液中的细菌的能力，可以反映出敷料杀死伤口渗出液中细菌的能力。细菌穿透试验可以确定细菌在穿过敷料过程中的生存能力。

15.8.1　抑菌圈测试（zone of inhibition）

这个测试反映出敷料释放具有抗菌物质的能力，是一个测试抗生素对细菌活性的常用方法（FURR，1994）。测试时在含有一层 5mm 厚的牛肉冻培养皿中加入

0.2mL 受试细菌，均匀涂在牛肉胨上后静止 15min 使表面干燥。把切成 40mm×40mm 的敷料片放置在牛肉胨上，35℃下培养 24h 后观测抑菌圈。如果有，测定抑菌圈的直径。为了测定敷料持续抗菌的能力，把敷料从牛肉胨上去除后放置在另一个新制备的牛肉胨培养皿中重复上述试验。

图 15-6 显示用平板法测定两种纤维抗菌性能的效果图。图中的（a）样品无抑菌现象，而（b）样品有明显的抑菌效果。

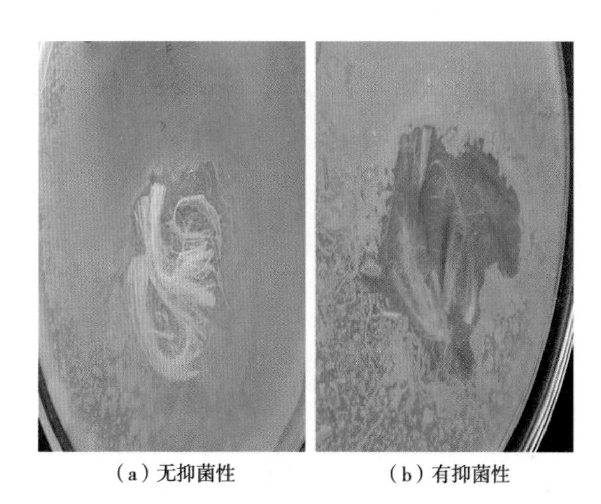

（a）无抑菌性　　（b）有抑菌性

图 15-6 平板法测试抗菌性能的效果图

15.8.2 细菌攻击试验（challenge testing）

把 0.2mL 受试细菌溶液加到 40mm×40mm 尺寸的敷料上，在培养箱中放置 2h 后转移到 10mL 浓度为 0.1%的牛肉胨溶液中，用离心法把敷料中的含菌溶液与敷料分离后测定溶液中细菌的浓度。如果溶液中有细菌，则溶液和敷料的接触时间可以延长到 4h，如果还有细菌，则继续延长到 24h。在另一种相似的测试中，将已扩培好的菌种制成菌悬液，控制细菌个数在 1×10^8cfu/mL 左右。然后模拟吸湿性测试的步骤，把一块 5cm×5cm 尺寸的敷料放置在比其重 40 倍的菌悬液中，在直径为 90mm 的培养皿中 37℃下放置 30min 后，用镊子挟住敷料的一角在空中挂 30s 后用微生物方法测定溶液中的细菌浓度。

15.8.3 细菌穿透试验（microbial transmission test）

在一个标准的琼脂胶培养皿中，切除两小条的琼脂胶，使中间剩下的一条琼脂胶与周边的分开。然后在中间的小条上涂上受试细菌的溶液，短时间干燥后，把三条宽 10mm、长 50mm 的受试敷料条以类似小桥的形式横在中间涂了细菌的琼脂胶和周边无菌的琼脂胶之间，然后在两条琼脂胶的中间空缺处加入无菌水后培养 24h。在这个过程中，琼脂胶吸收的水被敷料吸收，细菌也会顺着液体从中间的小条上向周边扩散。如果敷料没有杀菌作用，则在周边的琼脂胶上会形成菌落。图 15-7 显示一个细菌穿透试验效果图。有抗菌作用的敷料能阻止细菌的迁移，无抗菌作用的样品则可以使细菌从涂菌的一边向另一边迁移，繁殖后形成明显的菌落。

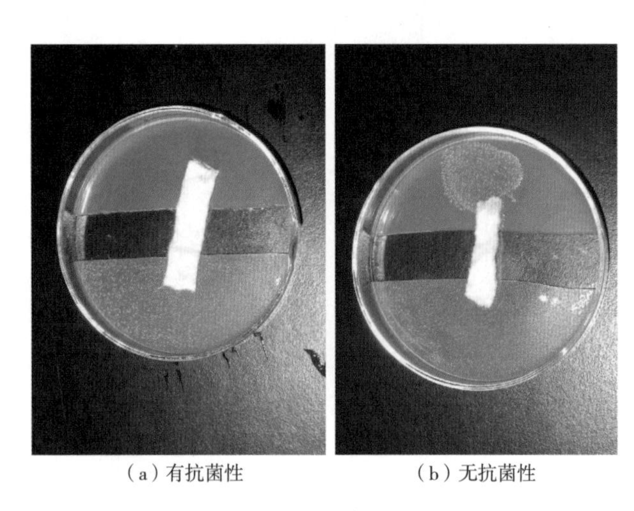

（a）有抗菌性　　（b）无抗菌性

图 15-7　细菌穿透试验效果图

在测试抗菌性能时还有一个简单的定性测试方法。将已扩培好的菌种制成菌悬液，控制细菌个数在 1×10^8cfu/mL 左右。在已灭菌的装有 10mL 营养肉汤培养基的试管中加入 0.1mL 菌悬液，取 1 支做空白对照，在其他试管中装入（0.08±0.002）g 已灭菌的样品后固定在恒温振荡器中。在 37℃、120r/min 下振荡 12~15h 后观察溶液的澄清度。无抑菌性的样品中的溶液混浊，而有抑菌性的样品中的溶液显得清晰。图 15-8 显示三种受试纤维对大肠杆菌的抑菌现象（QIN，2006）。

15.9　吸臭性测试

由于臭味的具体组成很难确定，文献中很少有关于吸臭性能测试的报道。在一项对活性炭医用敷料和普通棉纱布吸臭性能的研究中，Lawrence 等（LAWRENCE，

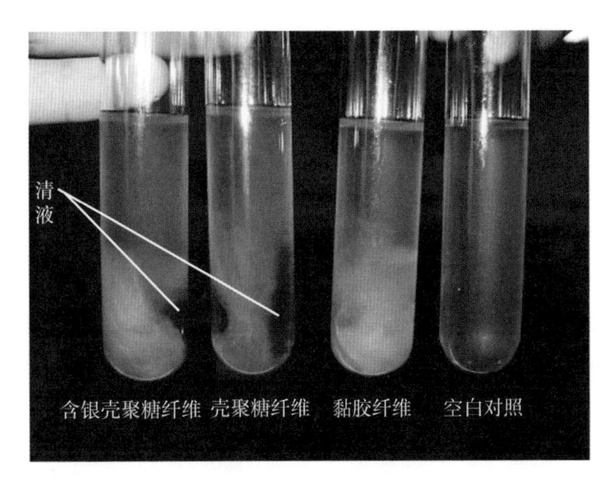

图 15-8　三种受试纤维对大肠杆菌的抑菌现象

1993）请了一些志愿者判断从不同的护理方法中产生的臭味。Thomas（THOMAS，1993）开发出了一个更科学的测试方法。他用一个不锈钢板，在上面打一个直径为 50mm、深度为 3mm 的孔，在这个孔里插入一个同样直径的多孔不锈钢盘并在上面压一张滤纸，然后把受试敷料覆盖在这个孔的上面，并用胶带把敷料的四周固定在不锈钢板上。这样的组合模仿了人体上有渗出液的伤口。为了测定敷料的吸臭性能，在覆盖敷料处用一个套子罩住，并且在四周封闭。然后把模拟渗出液在钢板的下面透过多孔不锈钢盘用计量泵打入。图 15-9 显示这种测试创面用敷料吸臭性能的装置。

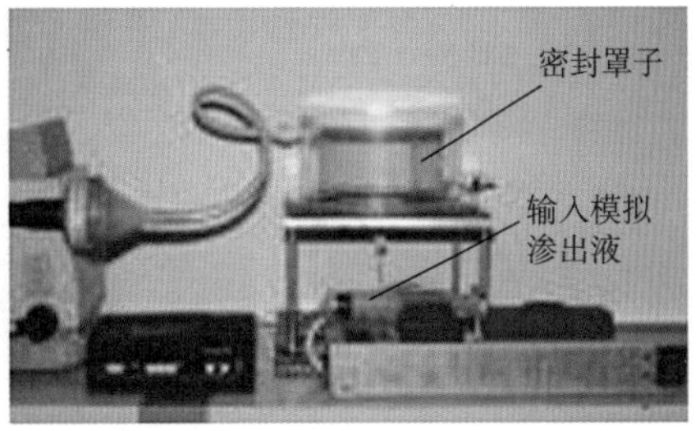

图 15-9　测试创面用敷料吸臭性能的装置

把 2%二乙基胺溶解在 A 溶液中可以制备带臭味的模拟伤口渗出液。在如上描述的测试方法中，模拟伤口渗出液以 30mL/h 的速度打入测试装置，不锈钢板上面的套子里的二乙基胺浓度可以用气相色谱测定。产品的吸臭性能以二乙基胺浓度达到 15mg/kg 所需要的时间为指标。

伤口的臭味主要是 1，5-戊二胺和 1，4-丁二胺等胺和二胺类化合物造成的。

（1，5）-戊二胺的分子量为102，（1，4）-丁二胺的分子量为88，而二乙基胺的分子量为73，与前面二种胺类化合物基本相同。

15.10 离子交换性能测试

对于海藻酸钙纤维制备的医用敷料，当纤维与伤口渗出液接触时，纤维上的钙离子能与溶液中的钠离子发生离子交换。因为这种离子交换的难易是决定产品性能的一个主要因素，在分析海藻酸盐纤维的性能时需要对这种离子交换进行定量分析。海藻酸钙纤维的离子交换性能可以由以下方法测定。把1g纤维放置在比其重40倍的A溶液中，37℃下放置30min后，根据前面描述的吸湿性测试方法把纤维与溶液分离。如果纤维是松散的，则用滤纸把纤维与溶液分离。溶液中的钙和钠离子含量可以用原子吸收光谱测定。

15.11 厚度测试

医用敷料的基材是非织造布、海绵等厚度不是很均匀的材料，在测试其厚度时一方面应该保证压力的一致性，另一方面应该保证被测试的面有一定的代表性。图15-10显示一个测试厚度的简单装置。在测试敷料的厚度时应该在上面放一个已知厚度的直径为20 mm的金属盘，然后与敷料一起测定厚度。

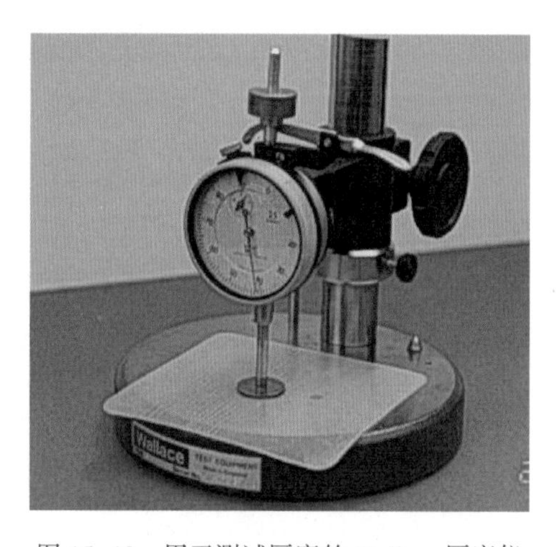

图15-10　用于测试厚度的Wallace厚度仪

15.12 酸碱度测试

在测试水胶体敷料的酸碱度时，Thomas（THOMAS，1990）把切成5cm×5cm的样品放在一个烧杯中，加入20 mL去离子水后在37℃下放置24h，然后测定溶液的pH值。

15.13　小结

医用敷料的性能根据其化学和物理结构的变化有很大变化。临床护理中，不同种类的产品应用在不同种类的伤口上，起到保护创面、吸收伤口产生的渗出液、抑制细菌增长繁殖等作用，其理化和生物学特性包括吸湿性、给湿性、扩散性、透气性、抗菌性、吸臭性等众多性能。

参考文献

[1] British Pharmacopoeia Monograph for Alginate Dressings and Packings, 1994.

[2] FURR J R, RUSSELL A D, TURNER T D, et al. Antibacterial activity of actisorb plus, actisorb and silver nitrate [J]. J Hospital Infection, 1994, 27 (3): 201-208.

[3] JAMES T, TAYLOR R. In 'Proceedings of a Joint Meeting Between European Wound Management Association and European Tissue Repair Society' [C]. London: Churchill Communications Europe Ltd, 1997.

[4] LAWRENCE C, LILLY H A, KIDSON A. Malodour and dressings containing active charcoal, in Proceedings of 2nd European Conference on Advances in Wound Management, Harrogate 1992 [C]. London: Macmillan Magazines Ltd, 1993: 70-71.

[5] QIN Y, ZHU C, CHEN J, et al. The absorption and release of silver and zinc ions by chitosan fibers [J]. J Appl Polym Sci, 2006, 101 (1): 766-771.

[6] THOMAS S. Wound Management and Dressings [M]. London: The Pharmaceutical Press, 1990.

[7] THOMAS S. Comparing two hydrogel dressings for wound debridement [J]. J Wound Care, 1993, 2 (5): 272-274.

[8] THOMAS S, HAY N P. Fluid handling properties of hydrogel dressings [J]. Ostomy and Wound Management, 1995, 41 (3): 54-59.

[9] THOMAS S, BANKS V, FEAR M, et al. A study to compare two film dressings used as secondary dressings [J]. J Wound Care, 1997, 6 (7): 333-336.

[10] THOMAS S, MCCUBBIN P. An in vitro analysis of the antimicrobial properties of 10 silver-containing dressings [J]. J Wound Care, 2003, 12 (8): 305-308.

第 16 章　功能性医用敷料的研发策略及过程

16.1　引言

医用敷料是纺织技术、材料技术与医学科学结合后形成的一个新兴领域，涉及机织品、针织品、非织造材料、特殊织物等制品，产品包括吸收垫、伤口敷料、单纯绷带与弹力绷带、高支持力绷带、压迫式绷带、整形绷带、橡皮膏、棉绒布、医用垫料等一系列产品以及大量的基础原材料，如棉花、蚕丝、壳聚糖纤维、海藻酸盐纤维等各种纤维材料以及聚乙烯、聚四氟乙烯、聚丙烯、聚酯、聚氨酯、聚乳酸等各种高分子材料。图 16-1 以海藻酸盐医用敷料为例显示医用敷料研发和生产中涉及的材料和技术。

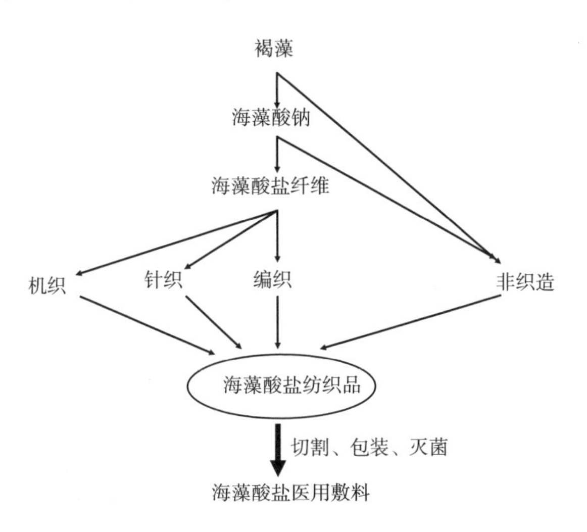

图 16-1　海藻酸盐医用敷料研发和生产中涉及的材料和技术

新产品开发在医用敷料的发展中起十分重要的作用。在当前知识经济时代日新月异的变化中，无论是技术驱动还是需求拉动均为医用敷料的研究开发提供了活力。与此同时，新产品开发是一个复杂、充满风险的商业活动。Cooper 等

（COOPER，1990）的调查结果显示，在每 100 个进入产品开发阶段的项目中，63 个在没有进入最后阶段前就已经被迫停止，12 个实现产品上市但没有盈利，只有 25 个在商业上获得成功。

在医用敷料研发的构思、调研、决策以及研究、设计、中试、生产、销售、技术服务等环节中，企业的成功取决于两个重要因素，即产品本身具有满足市场需求的特征以及有效的商业化运作。在此过程中，一个正确的研发策略是成功开发新产品的决定性因素。企业需要根据外部的市场需求和自身的技术能力，制定一个灵活的新产品研发策略。随着时代的变迁，企业对新产品研发策略的认识和重视在不断演变。20 世纪 50 年代，当现代工业化生产在西方国家开始普及的时候，Carter 等（CARTER，1957）总结出有天赋的人才和良好的培训是成功开发新产品的关键要素。60 年代，欧美企业把新产品开发的重点放在对项目的合理筛选，以求在不断增多的新产品开发项目中找出最有商业价值的产品。20 世纪 70~80 年代，随着市场经济的日益完善，如何正确理解和满足客户需求成为新产品开发过程中主要的成功要素（BOOZ ALLEN & HAMILTON，1982）。进入 21 世纪，市场的快速变化和技术的不断更新使新产品开发活动的不确定性和风险进一步加大。一个结合外部市场需求和自身技术能力的战略规划成为新产品研发中不可缺少的内容（SCOTT，1998）。

16.2 研发过程中应考虑的因素

医用敷料涉及的产品种类繁多，其市场和技术跨越许多领域。在功能性医用敷料的研发过程中，企业最重要的战略决策是对新产品开发项目的选择。企业管理者需要客观现实地判断新产品开发项目，在满足市场需求的前提下，围绕自己的核心竞争力拓展业务领域，开发出高质量的产品。在此过程中，需要对产品市场进行系统的分析。

16.2.1 功能性医用敷料市场的参与者

功能性医用敷料的研发涉及很多参与者。如图 16-2 所示，在产品为患者提供护理之前，医用敷料的研发、生产、营销涉及很多行业机构。根据 Michael Porter 的商业分析模型（PORTER，1985），这些行业参与者可分为以下五类。

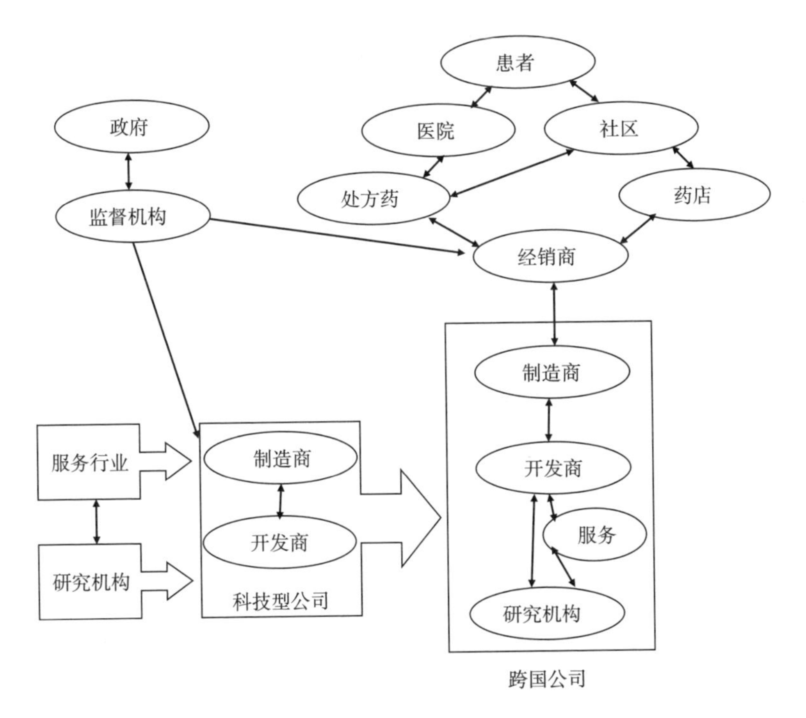

图 16-2　医用敷料行业示意图

16.2.1.1　买家

对于生产企业，功能性医用敷料制品的主要销售对象是大型制药和医疗保健公司，这是因为对于研发先进敷料的中小型企业，其营销基础薄弱，而大型医疗企业通常拥有自己的研发和产品推广能力，可以从技术型企业采购产品后拓宽其产品种类。

16.2.1.2　供应商

功能性医用敷料的研发企业需要拥有很多类型的供应商，除了会计、法律等正常的商业服务，技术型研发企业的主要供应商是各类技术服务供应商，如临床试验、生物相容性测试、产品注册等。科研合作者是另一类型的供应商，它不同于其他供应零部件和原材料的供应商。

16.2.1.3　仿制商

由于材料技术的不断进步，很多先进技术产品很快有替代品甚至仿制品的出现。

16.2.1.4　新的竞争者

创新创业的热潮使各行各业都有大量的竞争企业，全球各地政府都在推动医疗行业的产品开发和技术进步，使激烈的竞争变得常态化。

16.2.1.5 行业对手

每个行业都有提供同类产品的企业在产品质量、价格等方面开展竞争。

对于功能性医用敷料类产品，行业监管者也是重要的参与者。没有监管部门的批准，产品无法在世界上任何地方合法销售。全球范围内目前监管体制分散，存在很多标准以及国家、地方的监管机构。

16.2.2 买家

尽管患者是最终的消费者，功能性医用敷料制品往往通过一个复杂的中介买家系统进行销售。例如在美国，“健康维护组织”（HMO）在医疗产品的分销方面起重要作用。HMO 通过集中采购程序，从大型“优先供应组织”（PBMs）中外包产品，甚至直接从制造商中外包。HMO 以及传统的医疗保健分销商与一般的功能性医用敷料生产企业相比都是大型组织，具有巨大的买方权力。金融实力和销售网络使大型医疗保健企业有着强大的市场影响力，可以给医用敷料生产企业在产品质量和价格方面施加压力。为了满足全球范围内推广产品的需要，医用敷料生产企业还需要及时满足各种市场严苛的要求。

16.2.3 供应商

基于复杂多样的技术和商业需求，功能性医用敷料研发企业有很多类型的供应商，提供金融、运营、法律以及专业技术方面的服务。这些供应商包括提供技术的研发结构以及提供不同类型测试、临床试验、办证、注册的服务机构。

16.2.4 仿制商

由于原材料的多样性和制造技术的不断创新，各种类型的功能性医用敷料都有性能相似的替代品，对产品的市场价格形成压力。

16.2.5 新兴竞争者

基于其技术特征，很多功能性医用敷料创新型企业是从高校和科研院所剥离出来的。创业环境的改善以及风投等金融服务的完善使全球各地功能性医用敷料领域涌现出了许多创新性企业。在政府、科研院所、企业家、风投公司等协作下开发出了很多先进的材料和产品，形成一个独特的竞争体系。

16.2.6 行业对手

功能性医用敷料企业的商业基础是各自拥有的核心技术，基于其差异化的技术，在科技和市场上的直接竞争者较少，其竞争更多来自金融、政府资助、医疗保健公司的赞助等方面。在产品研发的临床试验、生物相容性测试、行政审批等方面各个企业有很多共同的需求，使行业合作变得非常重要。

16.2.7　行业监管者

全球范围内，医用敷料新产品的行政审批是一个漫长的过程。无论是美国FDA还是欧洲药监局都需要很长的评估期，给新产品的商业化进程造成了很大延误。没有监管部门的批准，功能性医用敷料产品就不能合法销售，这使行业监管者成为一个举足轻重的角色。

16.3　研发策略

医用敷料的研发是围绕人们对健康的追求，通过合理利用新材料及先进加工技术进行的商业活动。在功能性医用敷料领域，市场可以很快形成也会很快消失，现有的技术不断被更新、更好的技术替代。在市场需求和生产技术不断变化的背景下，新产品研发的成功很大程度上取决于研发策略的正确与否。新产品研发的战略规划应该把市场的需求和企业的技术力量结合起来，使企业能有效地把自身的竞争力转化为能满足市场需求的新产品。

核心竞争力是企业成功的基础。在一项对新产品开发的研究中，Cooper（COOPER，1989）发现最成功的企业往往围绕自己的技术和营销优势做有限的扩展。企业的主要战略考虑是它能否得到并保持自己的竞争优势。企业的成功取决于它的产品和服务质量，而这些质量又依赖于企业的核心竞争力。总体来说，企业应该进入有限的一些项目，而在真正进入这些项目时必须有规模、实质性地进入，并且长时期给予新产品开发项目必要的支持。

为了保证新产品开发项目的成功，在制定研发策略时应该考虑以下几个问题：

（1）企业将要进入的行业是否有足够的吸引力？

（2）企业能否有规模地进入目标市场并且长期运作？

（3）企业能否在其将要进入的行业里建立起自己的竞争优势？

（4）现有的公司结构、管理体系和企业文化能否适应新的形势？

企业的新产品开发活动应该在一个完整的战略计划指导下进行，而这个战略计划是在对市场的变化趋势、行业竞争中产生的商机、企业自己的技能、竞争力和资源作出调查研究的基础上形成的。

由于发展历史和实际应用各不相同，各种类型的功能性医用敷料的市场有很大的区别。根据市场和技术变化速度的区别，功能性医用敷料的市场可以被分为如图 16-3 所示的三大类，即稳定的市场、发展的市场和变化的市场。

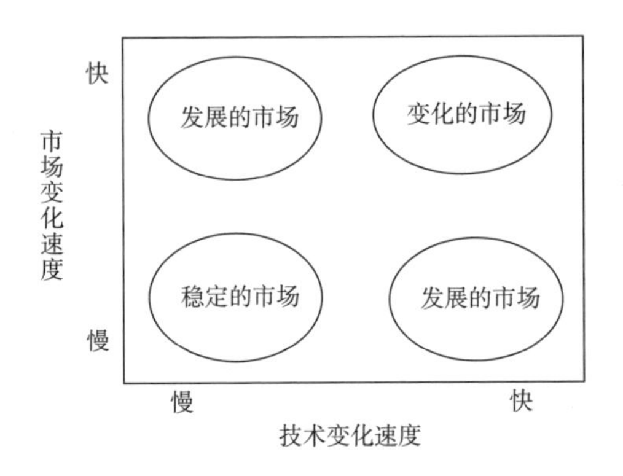

图 16-3　根据市场及技术变化速度进行的市场分类

在一个稳定的市场，如普通棉纱布，市场需求和生产技术都已经成熟，市场上的产品往往已经形成规模。在这种情况下，产品的研发策略应该注重于产品生产的规模效应，应该对产品的生产设备、生产的控制过程进行合理的整合。企业的目标应该是捍卫和提高自己的市场地位。在这样的市场里，产品的性能和生产技术都不会有很大的变化，企业的产品策略应该注重于通过降低生产成本和增强对流通渠道的控制来增加市场的占有率。产品的差别化主要体现在产品的延伸和附加内容，即企业为消费者提供的、围绕基本功能和用途的各项服务。在一个稳定的市场里，产品的开发活动往往局限于生产和营销部门，被作为客户服务的一部分，而产品的创新点往往来源于原料和产品部件的供应链之中（SANCHEZ，1996）。

在一个发展的市场，如目前正在快速发展的海藻酸钙敷料、聚氨酯敷料、水胶体敷料等各种功能性医用敷料领域中，生产技术或市场需求开始发生变化。技术的进步使产品可以得到新的、更好的性能，并且可以在新的、更好的工艺下生产。与此同时，当用户充分了解现有产品的性能后，他们会对产品产生更高层次的要求。在这种情况下，产品的生产技术和市场需求都在渐渐发生变化，企业的新产品研发策略应该注重根据市场变化积累新的资源以应对新的竞争环境，通过重整企业的运作模式来适应新技术和新市场的要求。这个战略调整的目的是使企业取得新的技能以建立企业的可持续竞争优势。在发展的市场里，尽管产品的价格优势很重要，企业的可持续竞争优势主要体现在能够使企业为自己的产品提供差别化性能的研发能力。企业的注意力应该集中在及时地引进新技术和新产品，使它们取代现有的技术和产品。新产品的研发应该注重挖掘变化的市场所需要的产品的新的性能，而产品的销售渠道也可能因为产品的变化需要调整。新产品的开发过程受制于对客户需求进行的市场调研。为了得到在市场信息、产品技术等领域里新的技能，企业应该与能够为自己提供产品开发、制造、营销等方面有互补优势的相关企业进入长期的战略合作。为了更快地向市场提供产品，企业应该采用新产品研发团队和并行工程等先进的管理方法来完成新产品的研发任务。

在一个变化的市场，如抗菌敷料、人造皮肤等产品领域，技术的高速发展使新产品的概念得到快速变化，产品的生产过程在快速地变化，而客户的需求也在变得日益复杂。在许多产品面前，客户变得十分挑剔。在这种情况下，成功的企业应该为客户提供尽可能多的选择，并且应该经常向市场引进功能更多、性能更好的产品。当企业在不断变化的市场和技术中寻找商机的时候，企业的新产品研发策略应该注重于战略的灵活性，也就是企业能够对持续变化的市场环境作出反应以保持和提高自己的竞争优势。与发展的市场不同，在一个变化的市场，企业不能只考虑如何适应市场的变化，企业应该能根据市场的变化重新组合自己的资产和技能。这些资产和技能有些是企业自己的，而更多的应该来源于企业建立的合作伙伴。在变化的市场中，企业很难预测市场和技术的长远走向。正因为如此，企业很难积累关系到自己竞争优势的资产和技能。因为市场和技术的变化速度快，对固定资产投资的风险是很大的。企业的竞争优势应该建立在相对灵活的无形资产上，如企业积累的知识产权和人力资源。因为没有一个企业可以确定和建立它所需要的所有的无形和固定资产，企业应该和尽可能多的其他相关企业建立战略合作关系，以此结合这些企业所具有的资产和技能。在一个变化的市场，企业应该建立起一个和其他相关企业形成的网络。当市场需求出现的时候，企业可以利用这个网络所提供的各种资源开发出适合市场需要的新产品。

16.4 新产品开发的定位

产品是由多个因素，包括性能、构造、成分、包装、形状、质量等组成的集合体，市场定位的作用是强化或放大其中的一些特殊因素，从而形成产品与众不同的独特形象。在新产品开发中运用市场定位，必须充分考虑技术与市场两方面的情况，以达到市场需求的满足与技术实现的可能之间的对立统一（韩可卫，2004；李金梅，2009）。

在产品的市场定位中，企业应该明确认识技术的适用性与可行性，判断其研发的新产品的市场价值，通过比较多种研发方案优化新产品的研发流程，在综合考虑各方面因素后确定产品的市场定位。正确的市场定位能促使技术要素和其他要素的高效组合，避免在产品开发中普遍存在的一意追求技术的先进性和复杂性，以及由此产生的技术与市场的脱节、产品研发与商业经营的脱节等后果。

如图 16-4 所示，新产品的研发有三个基本的定位方向。在一个稳定的市场，产品的性能已经为客户所熟悉和接受，强胜弱亡的过程使市场上形成少数几家规模较大的生产厂家。在这种情况下，“更便宜的价格”是企业能拥有的最为有力的竞争手段。在一个发展的市场，新的技术为产品更好的性能提供了可行性，而市场的日益变化也驱使客户对产品的性能有更高的要求。在这种情况下，性能成为衡量一个产品好坏的主要标准。“更好的性能”成为企业新产品开发的主要定位方向。在一个变化的市场，新技术的不断出现使新产品可以拥有各种各样的功能。新的功能拓宽了产品的应用范围，使企业能在更多的用户中营销自己的产品。在这种情况下，企业应该把自己的研发力量应用在如何使产品具有比竞争产品更多的功能上，开发出应用范围更广、使用更方便、客户更满意的产品。

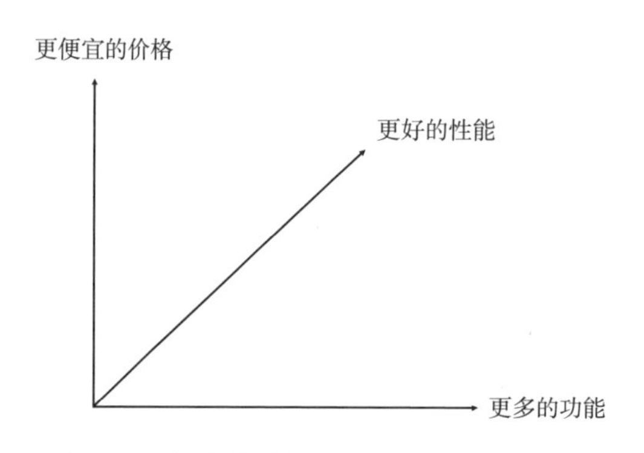

图 16-4　新产品开发过程中的三种定位原则

产品质量是客户满意度的根本保障（刘清峰，2009）。芬兰学者格朗鲁斯提出了“客户感知质量”的概念，认为产品质量具有一定的主观性，是客户对预期质量（expected quality）和实际感知质量（experienced quality）的一种对比或权衡，如果客户对产品的感知水平符合或高于其当初的预期水平，客户就会获得较高的满意度，进而认为自己购买了高质量的产品；如果客户对服务的感知低于预期水平，则认为企业提供的是低质量的产品。客户实际感受或经历的质量不仅包括产品最终的质量，还包括产品使用的过程质量，前者主要取决于技术，因此研究人员通常称为技术质量（technical quality），后者被称为功能质量（functional quality），二者在新产品的成功开发中均起重要作用。

16.5 研发过程

医用敷料是一种与人体密切接触的产品，其特殊性反应会对人体健康产生影响。一方面医用敷料通过各种作用机制为人体提供健康功效；另一方面功能性医用敷料是一种潜在的健康隐患。因此，与普通产品相比，医用敷料的研发需要一个更加科学、合理的研发流程（BROWNE，2004）。

如图 16-5 所示，在医用敷料的研发过程中首先需要确定产品在理论上具有为患者提供健康的依据。在前期研究的基础上，研发团队应该通过相关理论预测新产品给病人带来的各种健康功效。在此基础上，为了验证理论的正确性，研发团队应该建立相应的实验模型，通过对影响产品质量的各种参数进行实验，确定理论的正确性。

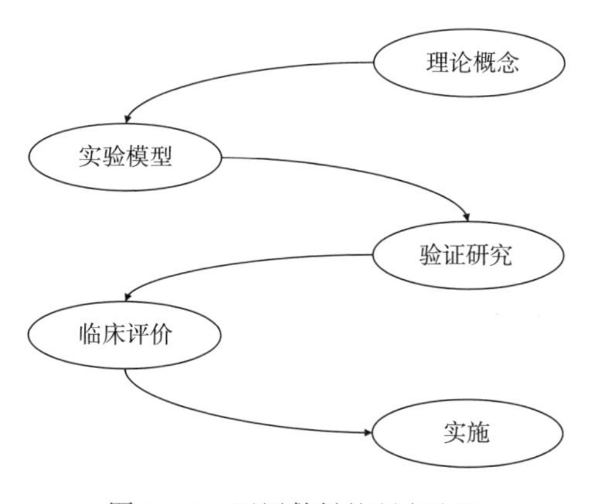

图 16-5 医用敷料的研发流程

在具体进行新产品研制的过程中，研发团队应该在实验室及动物身上进行各种验证实验。在证明实验样品具有临床需要的性能后，在人体上对样品的各项性能进行评价，确定产品的质量符合临床需要。最后，在研发样品具有满足市场需求的各项性能后，对新产品进行规模化生产（秦益民，2014）。

16.6 小结

医用敷料的研发涉及材料科学、纺织技术及医疗卫生知识的综合应用，是一个与人类健康有密切联系的跨学科领域。成功开发高质量的功能性医用敷料需要多学科、多部门的协同努力。在此过程中涉及各类企业与学术界、临床护理专业等机构的深入合作。通过行业内机构的协作，开发产品性能的论证方法、标准化的测试方法和测试仪器以及 3D 模型，由此产生符合市场需求的医用敷料。

医用敷料的研发是一个专业性很强的商业过程，需要在战略、商业和项目层面进行科学规划。在战略层面，社会、经济、政治和技术的快速变化给功能性医用敷料研发企业提供了很多商机，人口老龄化和生活水平的提高为新产品提供了需求，技术革新的步伐创造了越来越多技术上的可能性。

商业环境也给医用敷料企业形成很多潜在的威胁。全球各国在面对不断增加的医疗费用的背景下，通过行政手段降低产品的价格。同时，由于质量要求和漫长的审批过程，研发成本不断增长，迫切需要功能性医用敷料企业在保证产品质量的同时，缩短产品的研发周期。实现这个目标的一个重要手段是在围绕核心技术开展新产品研发的同时，建立一个战略合作网络对接外部研发资源，为自身的研发力量进行有效补充。

总体来说，医用敷料的成功研发需要满足以下关键要素：

（1）拥有核心技术。

（2）进入知识网络。

（3）制定一个能缩短产品从概念形成到行政审批的最佳研发战略。

（4）保持与行业主要医疗保健公司和科研院所的良好关系。

（5）拥有一个对内外部变化能快速反应的组织机构。

（6）形成一个注重团队合作和交流的管理体系。

参考文献

[1] BOOZ ALLEN & HAMILTON. New Product Development in the 1980s [M]. New York: Booz Allen & Hamilton, 1982.

[2] BROWNE N, GROCOTT P, COWLEY S, et al. Woundcare research for appropriate products (WRAP): validation of the TELER method involving users [J]. International Journal of Nursing Studies, 2004, 41 (5): 559-571.

[3] CARTER C F, WILLIAMS B R. Industry and Technical Progress [M]. London: Oxford University Press, 1957.

[4] COOPER R G, KLEINSCHMIDT E J. New product success factors: a comparison of kills versus successes and failures [J]. R&D Management,

1990, 20 (1): 47-57.
[5] COOPER A C. Research findings in strategic management with implications for R&D management [J]. R&D Management, 1989, 19 (2): 115-122.
[6] PORTER M. Competitive Advantage: Creating and Sustaining Superior Performance [M]. London: Collier Macmillan, 1985.
[7] SANCHEZ R. Strategic product creation: managing new interactions of technology, markets and organizations [J]. European Management Journal, 1996, 14: 121-130.
[8] SCOTT G M. The new age of new product development: are we there yet? [J]. R&D Management, 1998, 28 (3): 225-232.
[9] 韩可卫. 日本企业产品开发的新战略 [J]. 上海综合经济, 2004 (9): 75-76.
[10] 李金梅. 我国企业营销创新策略 [J]. 企业导报, 2009 (12): 107.
[11] 刘清峰. 基于顾客感知理论的医疗器械营销策略 [J]. 物流与采购研究, 2009, 49: 40-41.
[12] 秦益民. 医用纺织材料的研发策略 [J]. 纺织学报, 2014, 35 (2): 89-92.